第4章：素材管理
创建倒计时片头

第4章：素材管理
导入PSD素材

第6章：
自动匹配序列

第6章：
编辑点

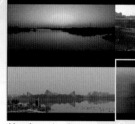

第5章：序列
创建多机位序列

第7章：字幕与图形
创建文本

第5章：序列
制作电子相册

第7章：字幕与图形
格式化字幕

第5章：序列
创建嵌套序列

第7章：字幕与图形
制作酷炫文字

第8章：运动效果
飘落的羽毛

第8章：运动效果
乘风破浪

第9章：视频过渡
双侧平推门过渡

第8章：运动效果
飞驰的列车

第9章：视频过渡
带状擦除过渡

第8章：运动效果
鲸跃长空

第9章：视频过渡
叠加溶解

第9章：视频过渡
胶片溶解

第9章：视频过渡
制作MTV字幕

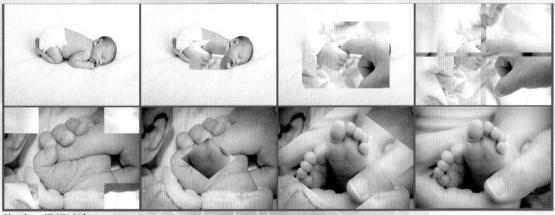

第9章：视频过渡
在素材间添加过渡效果

第10章：视频特效
四色渐变效果

第10章：视频特效
镜头光晕效果

第10章：视频特效
旋转扭曲效果

第10章：视频特效
镜像图像

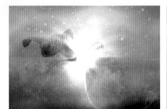

第9章：视频过渡
VR光线

第9章：视频过渡
VR色度泄漏

第10章：视频特效
方向模糊效果

第10章：视频特效
相机模糊效果

第10章：视频特效
晴天霹雳特效

本书精彩案例欣赏

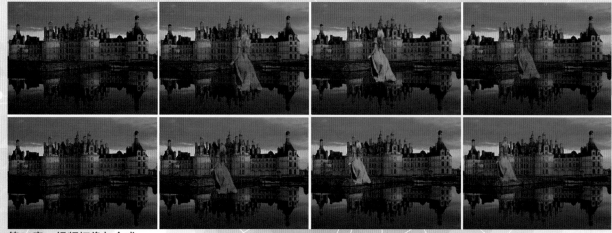

第11章：视频抠像与合成
制作古堡精灵

第11章：视频抠像与合成
自制烟花

第11章：视频抠像与合成
制作霞光万丈

素材1

差值模式

叠加模式

素材2

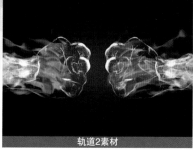
滤色模式

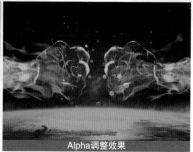
亮光模式

第11章：视频抠像与合成

轨道1素材

轨道2素材

Alpha调整效果

第11章：视频抠像与合成

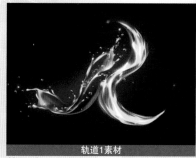
视频1轨道图像

视频2轨道图像

合成效果

第11章：视频抠像与合成

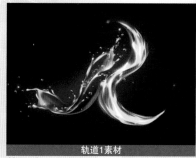
轨道1素材

轨道2素材

亮度键效果

第11章：视频抠像与合成

低饱和度　　　　　高饱和度

第12章：调色技术

原图像　　　　　灰度系数校正

第12章：调色技术

原图像　　　　　ProcAmp拆分效果　　　　　光照效果

第12章：调色技术

原图像　　　　　调整亮度　　　　　增加红色平衡

第12章：调色技术

原图像　　　　　叠加模式　　　　　增强红色

色彩均衡　　　　　增强亮度　　　　　颜色校正蒙版

第12章：调色技术

第13章：编辑音频
倒计时配音

第14章：视频渲染与输出
年货节

第14章：视频渲染与输出
导出单帧图片

第14章：视频渲染与输出
导出影片

第15章：婚礼MV
制作婚礼MV

第16章：旅游宣传
制作旅游宣传

第17章：企业宣传
制作企业宣传

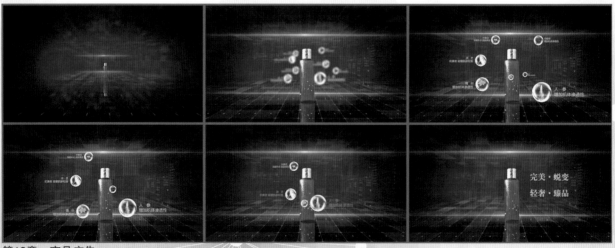

第18章：产品广告
制作化妆品广告

王楚然　刘天奇　编著

Premiere Pro 2022
视频编辑从入门到精通

清华大学出版社

北京

内 容 简 介

本书以循序渐进的讲解方式，带领读者快速掌握Premiere的精髓。全书分为18章：第1章～第6章是Premiere快速入门，主要让读者了解视频编辑基础知识，掌握Premiere Pro 2022软件的基本操作方法；第7章～第14章是进阶学习，用较大篇幅全面、详细、深入地介绍Premiere的视频编辑技术；第15章～第18章是案例实战，通过对典型案例的讲解，让读者在实践操作中获得真正有用的技能。

本书内容全面、结构清晰、图文并茂、语言精练、通俗易懂、实例丰富，适用于Premiere软件初、中级读者和Premiere培训班学生、视频编辑爱好者等。

本书配套的电子课件和实例源文件可以到http://www.tupwk.com.cn/downpage网站下载，也可以通过扫描前言中的"配套资源"二维码获取。扫描前言中的"教学视频"二维码可以直接观看教学视频。

图书在版编目(CIP)数据

Premiere Pro 2022视频编辑从入门到精通 / 王楚然，刘天奇编著. 一北京：清华大学出版社，2022.8
ISBN 978-7-302-61402-9

Ⅰ. ①P… Ⅱ. ①王… ②刘… Ⅲ. ①视频编辑软件 Ⅳ. ①TN94

中国版本图书馆CIP数据核字(2022)第134011号

责任编辑：胡辰浩
封面设计：高娟妮
版式设计：妙思品位
责任校对：成凤进
责任印制：朱雨萌

出版发行：清华大学出版社

    网　　　址：http://www.tup.com.cn，http://www.wqbook.com
    地　　　址：北京清华大学学研大厦A座　　　　　邮　　编：100084
    社 总 机：010-83470000　　　　　　　　　　邮　　购：010-62786544
    投稿与读者服务：010-62776969，c-service@tup.tsinghua.edu.cn
    质 量 反 馈：010-62772015，zhiliang@tup.tsinghua.edu.cn

印 装 者：三河市铭诚印务有限公司

经　　销：全国新华书店

开　　本：203mm×260mm　　　印　张：20.25　　彩　插：4　　　字　数：585千字

版　　次：2022年10月第1版　　　印　次：2022年10月第1次印刷

定　　价：118.00元

产品编号：096290-01

前 言

Premiere 是目前影视后期制作领域应用广泛的影视编辑软件，因强大的视频编辑处理功能而备受用户青睐。

本书主要面向 Premiere Pro 2022 的初、中级读者，从视频编辑初、中级读者的角度出发，合理安排知识点，运用简洁流畅的语言，结合丰富实用的练习和实例，由浅入深地讲解 Premiere 在影视编辑领域中的应用，让读者学习到最实用的知识，掌握 Premiere 在影视后期制作专业领域中的应用方法和技巧。

本书共分为 18 章，具体内容如下。

快速入门(第1章~第6章)

该部分内容让读者快速掌握 Premiere 软件的基本操作和视频编辑的基本技能。

第 1 章主要讲解视频编辑基础知识，包括非线性编辑技术、视频与音频的常见格式、视频编辑的基本概念、素材采集等内容。

第 2 章～第 6 章主要讲解 Premiere 软件的基本操作，包括功能设置、素材管理、序列的创建与编辑、视频编辑技术等内容。

进阶学习(第7章~第14章)

该部分在前 6 章的基础上，带领读者进入字幕、视频特效等更深层次的学习。

第 7 章主要讲解 Premiere 的字幕设计，包括标题字幕、文本和图形、新字幕、图形模板等内容。

第 8 章主要讲解 Premiere 动画效果的制作，包括设置关键帧、动画类型等内容。

第 9 章～第 12 章主要讲解 Premiere 的视频特效相关内容，包括视频过渡和视频效果的添加与设置、视频抠像与合成、调色技术等内容。

第 13 章主要讲解音频编辑，包括音频基础知识、Premiere 音频编辑基本操作、编辑音频素材、应用音频特效和音轨混合器等内容。

第 14 章主要讲解视频渲染与输出，包括 Premiere 的渲染方式、项目的渲染与生成、项目输出类型、媒体导出与设置等内容。

案例实战(第15章~第18章)

该部分通过婚礼 MV、旅游宣传片、企业宣传片和产品广告等典型案例，让读者熟悉使用 Premiere 进行影视编辑的具体操作。

本书内容丰富、结构清晰、图文并茂、通俗易懂，适合以下读者学习使用：

(1) 从事影视后期制作的工作人员；

(2) 对影视后期制作感兴趣的业余爱好者；

(3) 计算机技能培训班中学习影视后期制作的学员；

(4) 高等院校相关专业的学生。

本书由哈尔滨师范大学的王楚然和刘天奇合作编写，其中，王楚然编写了第1、3、4、5、9、10、14、15、16、17、18章，刘天奇编写了第2、6、7、8、11、12、13章。我们真切希望读者在阅读本书之后，不仅能开拓视野，还能增长实践操作技能，并能学习和总结操作的经验和规律，达到灵活运用的水平。

由于编者水平有限，书中难免存在纰漏和考虑不周之处，欢迎读者予以批评、指正。我们的邮箱是 992116@qq.com，电话是 010-62796045。

本书配套的电子课件和实例源文件可以到http://www.tupwk.com.cn/downpage网站下载，也可以扫描下方的"配套资源"二维码获取。扫描下方的"教学视频"二维码可以直接观看教学视频。

配套资源   教学视频

作　者

2022 年 5 月

目录
CONTENTS

第3章　Premiere功能设置　　▸▸ 33

第4章　素材管理　　▸▸ 45

第5章　序列　▶▶ 65

第8章　运动效果　▶▶ 125

第9章　视频过渡　▶▶ 145

第 10 章　视频特效　▶▶ 175

第11章　视频抠像与合成　▶▶ 197

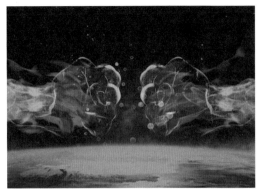

第12章　调色技术　▶▶ 221

第 13 章　编辑音频　▶▶ 235

第 14 章　视频渲染与输出　▶▶ 253

第 15 章　婚礼MV ▸▸ 267

第 16 章　旅游宣传片 ▸▸ 277

第 17 章　企业宣传片 ▸▸ 289

第 18 章　产品广告　　▶▶ 297

第1章　视频编辑基础知识

影视编辑技术经过多年的发展，已由最初直接剪接胶片的形式发展到现在借助计算机进行数字化编辑的阶段，进入了非线性编辑的数字化时代。在学习影视编辑技术之前，首先需要对视频编辑基础知识有充分的了解和认识。本章将介绍视频编辑基础知识，包括非线性编辑技术、视频编辑基本概念、视频和音频的常见格式、常用的编码解码器和素材采集等内容。

本章重点

- 非线性编辑技术
- 视频编辑基本概念
- 视频和音频的常见格式
- 常用的编码解码器
- 素材采集

1.1 非线性编辑技术

非线性编辑(简称非编)系统是计算机技术和电视数字化技术的结晶。它使电视制作的设备由分散到简约,制作速度和画面效果均有很大提高。由于非线性编辑系统特别适合蒙太奇影视编辑的手法和意识流的思维方式,因此它赋予了电视编导和制作人员极大的创作自由度。

1.1.1 非线性编辑的概念

非线性编辑(non-linear editing,NLE)是一种组合和编辑多个视频素材的方式。它使用户在编辑过程中,能够在任意时刻随机访问所有素材。非线性编辑系统是指把输入的各种音视频信号进行A/D(模/数)转换,采用数字压缩技术将其存入计算机硬盘。非线性编辑没有采用磁带,而是使用硬盘作为存储介质,记录数字化的音视频信号。由于硬盘可以满足在1/25秒(PAL制式)内完成任意一幅画面的随机读取和存储,因此可以实现音视频的非线性编辑。

非线性编辑技术融入了计算机和多媒体这两个先进领域的前端技术,集录像、编辑、特技、动画、字幕、同步、切换、调音、播出等多种功能于一体,改变了人们剪辑素材的传统观念,克服了传统编辑设备的缺点,提高了视频编辑的效率。非线性编辑系统的出现与发展,一方面使影视制作的技术含量在增加,越来越专业化;另一方面,也使影视制作更为简便,越来越大众化。一台个人计算机(PC)加装IEEE 1394卡,再配合Premiere就可以构成一个非线性编辑系统。因此,掌握Premiere之类的非线性编辑软件,就成了非线性编辑的关键,如图1-1所示。

图1-1　　Premiere进行的非线性编辑

提示:

传统的视频编辑手段称为线性编辑,又称为在线编辑,是一种直接用母带进行剪辑的方式。如果要在编辑好的录像带上插入或删除视频片段,那么在插入点或删除点之后的所有视频片段都要重新移动一次,因此在操作上很不方便,传统的电视编辑就属于此类编辑。

1.1.2　非线性编辑的特点

相对于线性编辑的制作方式，非线性编辑是指在计算机中利用数字信息进行的视频、音频编辑，只需要使用鼠标和键盘就可以完成视频编辑的操作。非线性编辑的特点体现在以下几点。

1. 浏览素材

在查看存储在磁盘上的素材时，非线性编辑系统具有极大的灵活性。用户可以用正常速度播放，也可以快速重放、慢放和单帧播放，播放速度可无级调节，也可以反向播放。

2. 帧定位

在确定帧时，非线性编辑系统的最大优点是可以实时定位，既可以手动操作进行粗略定位，也可以使用时间码精确定位到编辑点。

3. 调整素材长度

在调整素材长度时，非线性编辑系统通过时间码编辑实现精确到帧的编辑，同时吸取了影片剪接简便且直观的优点，可以参考编辑点前后的画面直接进行手工剪辑。

4. 组接素材

非线性编辑系统中各段素材的相互位置可以随意调整。在编辑过程中，可以随时删除节目中的一个或多个镜头，或向节目中的任一位置插入一段素材，也可以实现磁带编辑中常用的插入和组合编辑。

5. 素材联机和脱机

大多数非线性编辑系统采用联机编辑方式工作。这种编辑方式可充分发挥非线性编辑的特点，提高编辑效率，但同时也受到素材硬盘存储容量的限制。如果使用的非线性编辑系统支持时间码信号采集和编辑决策表(editorial determination table，EDT)输出，则可以采用脱机方式处理素材量较大的节目。

6. 复制素材

非线性编辑系统中使用的素材全都以数字格式存储，因此在复制一段素材时，不会像磁带复制那样引起画面质量的下降。

7. 视频软切换

在剪辑多机拍摄的素材或同一场景多次拍摄的素材时，可以在非线性编辑系统中采用软切换的方法模拟切换台的功能。首先保证多轨视频精确同步，然后选择其中的一路画面输出，切换点可根据节目要求任意设定。

8. 视频特效

在非线性编辑系统中制作特效时，一般可以在调整特效参数的同时观察特效对画面的影响，尤其是软件特效，还可以根据需要扩充和升级，只需复制相应的软件升级模块就能增加新的特效功能。

9. 字幕制作

字幕与视频画面的合成方式有软件和硬件两种。软件字幕实际上使用了特技抠像的方法进行处理，生成的时间较长，一般不适合制作字幕较多的节目。

10. 音频编辑

大多数基于PC的非线性编辑系统能直接从CD唱片、MIDI文件中录制波形声音文件，波形声音文件可以直接在屏幕上显示音量的变化。使用编辑软件进行多轨声音的合成时，一般也不受总的音轨数量的限制。

11. 动画制作与画面合成

由于非线性编辑系统的出现，动画的逐帧录制设备已基本被淘汰。非线性编辑系统除了可以实时录制动画，还能通过抠像实现动画与实拍画面的合成，极大地丰富了节目制作的手段。

1.1.3　非线性编辑的优势

非线性编辑的实现依靠软件与硬件的支持，相对于传统编辑技术，非线性编辑技术具有很大的优势，它集录像机、切换台、数字特技机、编辑机、多轨录音机、调音台、MIDI创作等设备于一身，几乎包括所有的传统后期制作设备。这种高度的集成性，使得非线性编辑系统的优势更为明显。因此，它能在广播电视界占据越来越重要的地位。总的来说，非线性编辑系统具有信号质量高、制作水平高、设备寿命长、便于升级、网络化等方面的优势。

1. 信号质量高

使用传统的录像带编辑节目，素材磁带要磨损多次，而机械磨损是不可弥补的。另外，为了制作特技效果，还必须"翻版"，每"翻版"一次，就会造成一次信号损失。而在非线性编辑系统中，无论如何处理或编辑节目带，都不会损失信号。信号被复制多次后，质量将是始终如一的。因此，非线性编辑系统能保证得到相当于模拟视频第二版质量的节目带，而使用线性编辑系统不会有这么高的信号质量。

2. 制作水平高

使用传统的线性编辑方法制作一个10多分钟的节目，往往需要对长达四五十分钟的素材反复进行审阅比较，然后将所选择的镜头编辑组接，并进行必要的转场、特技处理，其中包含大量机械的重复劳动。而在非线性编辑系统中，大量的素材都存储在硬盘上，可以随时调用，不必费时费力地逐帧寻找。素材的搜索极其容易，不用像传统的编辑机那样来回倒带，只需要用鼠标拖动一个滑块，就能在瞬间找到需要的那一帧画面，搜索某段、某帧素材易如反掌。整个编辑过程就像处理文字一样，既灵活又方便。

3. 设备寿命长

非线性编辑系统对传统设备的高度集成，使后期制作所需的设备降至最少，有效地节约了投资成本。而且由于是非线性编辑，故用户只需要一台录像机。在整个编辑过程中，录像机只需要启动两次，一次是输入素材，另一次是录制节目带。这样就避免了磁鼓的大量磨损，使得录像机的寿命大大延长。

4. 便于升级

影视制作水平的提高，总是对设备不断地提出新的要求，这一矛盾在传统的线性编辑系统中很难解决，因为这需要不断地进行投资。而使用非线性编辑系统，则能较好地解决这一矛盾。非线性编辑系统所采用的是易于升级的开放式结构，支持许多第三方的硬件和软件。通常，功能的增加只需要通过软件的升级就能实现。

5. 网络化

网络化是计算机的一大发展趋势，非线性编辑系统可充分利用网络方便地传输数字视频，实现资源共享，还可利用网络上的计算机协同创作，对于数字视频资源的管理、查询，更是易如反掌。在一些电视台中，非线性编辑系统都在利用网络发挥着更大的作用。

1.2　视频编辑的基本概念

像素、渲染、场等术语是视频编辑中常见的概念。在学习视频编辑之前，首先要掌握视频编辑中的基本概念。

1.2.1　像素

像素是图像编辑中的基本单位。像素是一个个有色方块，图像由许多像素以行和列的方式排列而成。文件包含的像素越多，其所含的信息也就越多，所以文件越大，图像品质也就越好。

1.2.2　渲染

渲染是指对项目进行输出操作，在应用了转场和其他效果之后，将源信息组合成单个文件的过程。

1.2.3　场

视频素材分为交错式和非交错式。交错视频的每帧由两个场(field)构成，称为场1和场2，也称为奇场(odd field)和偶场(even field)，在Premiere中称为上场(upper field)和下场(lower field)，这些场按照顺序显示在NTSC或PAL制式的监视器上，从而产生高质量的平滑图像。

1.2.4　隔行扫描

在早期的电视播放技术中，视频工程师发明了一种制作图像的扫描技术，即对视频显示器内部的荧光屏每次发射一行电子束。为防止扫描到达底部之前顶部的行消失，工程师们将视频帧分成两组扫描行：偶数行和奇数行。每次扫描（称作视频场）都会向前推进1/60秒的视频画面。在第一次扫描时，视频屏幕的奇数行从右向左绘制(第1行、第3行、第5行……)。第二次扫描偶数行，因为扫描得太快，所以肉眼看不到闪烁。此过程即称作隔行扫描。因为每个视频场都显示1/60秒，所以一个视频帧会1/30秒出现一次，视频的帧速率是30帧/秒。视频录制设备就是以这种方式设计的，即以1/60秒的速率创建隔行扫描域。

1.2.5　逐行扫描

许多更新的摄像机能一次渲染整个视频帧，因此无须隔行扫描。每个视频帧都是逐行绘制的，从第1行到第2行，再到第3行，以此类推。此过程即称作逐行扫描。某些使用逐行扫描技术进行录制的摄像机能以24帧/秒的帧速率录制，并且能生成比隔行扫描品质更高的图像。Premiere提供了用于逐行扫描设备的预设，在Premiere中编辑逐行扫描视频后，制片人就可以将其导出到类似Adobe Encore DVD之类的程序中，在其中可以创建逐行扫描DVD。

1.2.6　视频画幅大小

数字视频作品的画幅大小决定了Premiere项目的宽度和高度。在Premiere中，画幅大小是以像素为单位进行计算的。像素是计算机监视器上能显示的最小图片元素。如果正在工作的项目使用的是DV影片，那么通常使用DV标准画幅大小，即720×480像素。HDV视频摄像机可以录制1280×720像素和1400×1080像素大小的画幅。更昂贵的高清(HD)设备能以1920×1080像素进行拍摄。

在Premiere中，用户也可以在画幅大小不同于原始视频画幅大小的项目中进行工作。例如，使用用于iPod或手机视频的设置创建项目对DV影片(720×480像素)进行编辑，此项目的编辑画幅大小将是720×480像素。图1-2所示即是采用720×480像素的视频画幅。

图1-2　采用720×480像素的视频画幅

1.2.7　像素纵横比

在DV出现之前，多数台式计算机视频系统中使用的标准画幅大小是640×480像素。计算机图像是由正方形像素组成的，因此640×480像素和320×240像素(用于多媒体)的画幅大小非常符合电视的纵横比(宽度比高度)，即4∶3(每4个正方形横向像素，对应有3个正方形纵向像素)。

但是，在使用720×480像素或720×486像素的DV画幅大小进行工作时，图像不是很清晰。这是由于如果创建的是720×480像素的画幅大小，那么纵横比就是3∶2，而不是4∶3的电视标准。因此就需要使用矩形像素(比宽度更高的非正方形像素)，将720×480像素压缩为4∶3的纵横比。

在Premiere中创建DV项目时，可以看到DV像素纵横比被设置为0.9而不是1。此外，如果在Premiere中导入画幅大小为720×480像素的影片，那么像素纵横比将自动被设置为0.9。

1.2.8　视频制式

大家平时看到的电视节目都是经过视频处理后进行播放的。由于世界上各个国家对电视视频制定的标准不同，因此其制式也有一定的区别。各种制式的区别主要表现在帧速率、分辨率、信号带宽等方面，而现行的彩色电视制式有NTSC、PAL和SECAM三种。

- ⊙ NTSC(national television system committee)：这种制式主要被美国、加拿大等大部分西半球国家，以及亚洲的日本、韩国等采用。
- ⊙ PAL(phase alternation line)：这种制式主要被中国、英国、澳大利亚、新西兰等国家采用。根据其中的细节可以进一步划分成G、I、D等制式，我们国家采用的是PAL-D。
- ⊙ SECAM(sequentiel couleur a memoire)：这种制式主要被法国、东欧、中东等国家(地区)采用。这是一种按顺序传送与存储彩色信号的制式。

NTSC、PAL和SECAM三种视频制式的区别如表1-1所示。

表1-1　NTSC、PAL和SECAM三种视频制式的区别

各种电视制式的区别项	NTSC	PAL	SECAM
帧频/(帧/秒)	30	25	25
行频/(行/秒)	525	625	625
亮度带宽/MHz	4.2	6.0	6.0
色度带宽/MHz	1.4(U)，0.6(V)	1.4(U)，0.6(V)	>1.0(U)，>1.0(V)
声音载波/MHz	4.5	6.5	6.5

1.3 视频和音频的常见格式

在学习使用Premiere进行视频编辑之前，读者首先需要了解数字视频与音频技术的一些基本知识。下面将介绍常见的视频格式和音频格式。

1.3.1 常见的视频格式

目前对视频压缩编码的方法有很多，应用的视频格式也就有很多种，其中最有代表性的就是MPEG数字视频格式和AVI数字视频格式。下面介绍几种常用的视频存储格式。

1. AVI格式(audio/video interleave)

这是一种专门为微软的Windows环境设计的数字视频文件格式，这种视频格式的好处是兼容性好、调用方便、图像质量好；缺点是占用的空间大。

2. MPEG格式(motion picture experts group)

该格式包括MPEG-1、MPEG-2、MPEG-4。MPEG-1被广泛应用于VCD的制作和网络上一些供下载的视频片段，使用MPEG-1的压缩算法可以把一部120分钟时长的非视频文件的电影压缩到1.2GB左右。MPEG-2则应用在DVD的制作方面，同时在一些HDTV(高清晰电视广播)和一些高要求视频的编辑和处理上也有一定的应用空间。相对于MPEG-1的压缩算法，MPEG-2可以制作出在画质等方面性能远远超过MPEG-1的视频文件，但是容量也不小，为4～8GB。MPEG-4是一种新的压缩算法，可以将用MPEG-1压缩成1.2GB的文件压缩到300MB左右，供网络播放。

3. ASF格式(advanced streaming format)

这是微软为了和现在的Real Player竞争而创建的一种格式，它可以直接在网上观看视频节目的流媒体文件压缩格式，即一边下载一边播放，不用存储到本地硬盘上。

4. NAVI格式(newavi)

这是一种新的视频格式，由ASF的压缩算法修改而来，它拥有比ASF更高的帧速率，但是以牺牲ASF的视频流特性作为代价。也就是说，它是非网络版本的ASF。

5. DIVX格式

该格式的视频编码技术可以说是一种对DVD造成威胁的新生视频压缩格式。由于它使用的是MPEG-4压缩算法，因此可以在对文件尺寸进行高度压缩的同时，保留非常清晰的图像质量。

6. QuickTime格式

QuickTime(MOV)格式是苹果公司创建的一种视频格式，在图像质量和文件尺寸的处理上具有很好的平衡性。

7. Real Video格式(RA、RAM)

该格式主要定位于视频流应用方面，是视频流技术的创始者。它可以在56kb/s 调制解调器(modem)的拨号上网条件下实现不间断地视频播放，因此必须通过损耗图像质量的方式来控制文件的大小，图像质量通常很低。

1.3.2 常见的音频格式

音频是指一个用来表示声音强弱的数据序列，由模拟声音经采样、量化和编码后得到。不同的数字音频设备一般对应不同的音频格式文件。音频的常见格式有WAV、MIDI、MP3、WMA、MP4、VQF、Real Audio、AAC等。下面介绍几种常见的音频格式。

1. WAV格式

WAV格式是微软公司开发的一种声音文件格式，也称为波形声音文件，是最早的数字音频格式。Windows平台及其应用程序都支持这种格式。这种格式支持MSADPCM、CCITT A_LAW等多种压缩算法，并支持多种音频位数、采样频率和声道。标准的WAV文件和CD格式一样，也是44.1kHz的采样频率，速率为88kb/s，16位量化位数，因此WAV的音质和CD差不多，也是目前广为流行的声音文件格式。

2. MP3格式

MP3的全称为MPEG Audio Layer-3。Layer-3是Layer-1、Layer-2以后的升级版产品。与其前身相比，Layer-3具有最好的压缩率，其应用最为广泛。

3. Real Audio格式

Real Audio是由Real Networks公司推出的一种文件格式，其最大的特点是可以实时传输音频信息，现在主要用于网上在线音乐欣赏。

4. MP3 Pro格式

MP3 Pro由瑞典的Coding科技公司开发，其中包含两大技术：一是来自Coding科技公司所特有的解码技术，二是由MP3的专利持有者——法国汤姆森多媒体公司和德国Fraunhofer集成电路协会共同研发的一项译码技术。

5. MP4格式

MP4是采用美国电话电报公司(AT&T)所开发的、以"知觉编码"为关键技术的音乐压缩技术，由美国网络技术公司(GMO)及RIAA联合发布的一种新的音乐格式。MP4在文件中采用了保护版权的编码技术，只有特定用户才可以播放，这有效地保护了音乐版权。另外，MP4的压缩比达到1∶15，体积比MP3更小，音质却没有下降。

6. MIDI格式

MIDI(musical instrument digital interface)又称乐器数字接口，是数字音乐电子合成乐器的国际统一标准。它定义了计算机音乐程序、数字合成器及其他电子设备之间交换音乐信号的方式，规定了不同厂家的电子乐器与计算机连接的电缆、硬件及设备的数据传输协议，可以模拟多种乐器的声音。

7. WMA格式

WMA(windows media audio)是微软开发的用于Internet音频领域的一种音频格式。WMA格式的音质要强于MP3格式，更远胜于RA格式。WMA的压缩比一般可以达到1∶18。WMA还支持音频流技术，适合网上在线播放。

8. VQF格式

VQF格式是由雅马哈公司和NTT公司共同开发的一种音频压缩技术，它的核心是通过减少数据流量但保持音质的方法来达到更高的压缩比，压缩比可达到1∶18。因此，相同情况下压缩后的VQF文件的体积比MP3的要小30%~50%，更利于网上传播，同时音质极佳，接近CD音质(16位44.1kHz立体声)。

1.4 常用的编码解码器

在生成预演文件及最终节目影片时，需要选择一种合适的、针对视频和音频的编码解码器程序。当在计算机显示器上预演或播放时，一般使用软件压缩方式；而当在电视机上预演或播放时，则需要使用硬件压缩方式。

1.4.1 常用的视频编码解码器

在影片制作中，常用的视频编码解码器包括如下几种。

- Indeo Video 5.10：一种常用于在Internet上发布视频文件的压缩方式。这种编码解码器能够快速压缩所指定的视频，而且该编码解码器还采用了逐步下载方式，以适应不同的网络速度。
- Microsoft RLE：用于压缩包含大量平缓变化颜色区域的帧。它使用空间的89位全长编码(Run-Length Encoding, RLE)压缩器，在质量参数被设置为100%时，几乎没有质量损失。
- Microsoft Video1：它是一种有损的空间压缩的编码解码器，支持深度为8位或16位的图像，主要用于压缩模拟视频。
- Intel Indeo(R) Video R3.2：用于压缩从CD-ROM导入的24位视频。同Microsoft Video1编码解码器相比，其优点在于包含较高的压缩比、较好的图像质量及较快的播入速度。对于未使用有损压缩的源数据，应用Indeo Video编码解码器可获得最佳的效果。
- Cinepak Codec by Radius：用于从CD-ROM导入或从网络下载的24位视频文件。同Video编码解码器相比，它具有较高的压缩比和较快的播入速度，并可设置播入数据率，但当数据低于30kb/s时，图像质量明显下降。它是一种高度不对称的编码解码器，即解压缩要比压缩快得多。建议在输出最终版本的节目文件时，使用这种编码解码器。
- DiveX:MPEG-4Fast-Motion和DiveX:MPEG-4Low-Motion：当系统安装MPEG-4的视频插件后，就会出现这两种视频编码解码器，用来输出MPEG-4格式的视频文件。MPEG-4格式的图形质量接近于DVD，声音质量接近于CD，而且具有相当高的压缩比，因此是一种非常出色的视频编码解码器，从而能够在多媒体领域迅速壮大起来。MPEG-4主要应用于视频电话(video phone)、视频电子邮件(video E-mail)和电子新闻(electronic news)等，其传输速率要求在4800~6400b/s，分辨率为176×144像素。MPEG-4利用窄的带宽，通过帧重建技术压缩和传输数据，以最小的数据获取最佳的图像质量。
- Intel Indeo(TM) Video Raw：使用该视频编码解码器能捕获图像质量极高的视频，其缺点就是要占用大量的磁盘空间。

1.4.2 常用的音频编码解码器

在影片制作中，常用的音频编码解码器包括如下几种。

- Dsp Group True Speech (TM)：该音频编码解码器适用于压缩以低数据率在Internet上传播的语音。
- GSM 6.10：该音频编码解码器适用于压缩语音，在欧洲用于电话通信。

- Microsoft ADPCM：该音频编码解码器是数字CD的格式，是一种用于将声音和模拟信号转换为二进制信息的技术，它通过一定的时间采样来取得相应的二进制数，是能存储CD质量音频的常用数字化音频格式。
- IMA：该音频编码解码器由Interactive Multimedia Association (IMA)开发，是关于ADPCM的一种实现方案，适用于压缩交叉平台上使用的多媒体声音。
- CCITTU和CCITT：该音频编码解码器适用于语音压缩，用于国际电话与电报通信。

1.5 视频编辑软件

视频编辑软件是对视频源进行非线性编辑的软件。下面介绍视频编辑软件的作用和常用的视频编辑软件。

1.5.1 视频编辑软件的作用

视频编辑软件除剪辑视频外，还可以对视频进行编辑，即对图片、视频、源音频等素材进行重组编码工作。重组编码是将图片、视频、音频等素材进行线性编辑后，根据视频编码规范进行重新编码，转换成新的格式。

视频编辑软件的主要作用如下。

1．进行素材再加工

视频编辑软件不仅仅是对素材的简单合成，还包括了对原有素材进行再加工，实现导出视频独特展示效果，如图片间的转场、添加特效、字幕同步、字幕特效、视频截取、添加音效等。

2．视频文件导出

作为视频编辑软件，最终生成模式必须为视频或音频。视频编辑软件的最终合成视频格式可以刻录为光盘，实现家庭影碟机共享的需要。

1.5.2 常用的视频编辑软件

常见视频编辑软件较多，如《会声会影》《爱剪辑》、Camtasia Studio、Premiere 、After Effects等，各软件的特点如下。

- 《会声会影》：该软件是一款功能强大的视频编辑软件，具有图像抓取和编修功能，可以抓取和转换MV、DV、V8、TV和实时记录抓取画面文件，可导出多种常见的视频格式。缺点是缺少专业软件的一些编辑功能，如钢笔工具、炫酷特效等，并有用户反映在采集或渲染时会出现程序出错、不能渲染生成视频文件等问题。
- 《爱剪辑》：该软件是一款容易使用的视频剪辑软件，软件的安装和操作十分方便。缺点是缺少专业软件的一些编辑功能，并且创建的每个视频都会存在《爱剪辑》的片头。
- Camtasia Studio：该软件是一款专门录制屏幕动作的工具。它还具有即时播放和编辑压缩的功能，可以对视频片段进行剪辑、添加转场效果。缺点是插件少，特效转场等功能不够强大，常常作为录制屏幕动作的工具，不适合进行视频编辑。

- Premiere：该软件是目前流行的非线性编辑软件，提供了采集、剪辑、调色、美化音频、字幕添加、输出、DVD刻录的一整套流程。该软件易学、高效、精确，可以提升用户的创作能力和创作自由度，是视频编辑爱好者和专业人士必不可少的超神利器。
- After Effects：该软件是一种能与Premiere相媲美的数字视频编辑应用程序。After Effects集成了强大的视频特效，能够创建十几种合成动作和文字效果。

注意：

尽管After Effects在视频编辑中有着许多优点，但它并不能取代Premiere进行影视编辑。After Effects更侧重于影视特效制作，如果要进行高效的影视编辑工作，首选工具还是Premiere。

1.6　视频编辑三大要素

使用Premiere进行视频编辑时，有三大要素是必须掌握的，分别是视频的画面、声音和色彩。

1.6.1　视频画面

视频画面可以给观众带来视觉上的冲击，给观众最直观的感受。无论在电影还是电视，或是在其他视频形式中，视频画面都是传递信息的主要媒介，是叙述故事情节、表达思想感情的主要方式。在Premiere中可以通过监视器面板预览视频画面的效果，如图1-3所示。

图1-3　预览视频画面

1.6.2　声音

声音可以带给观众听觉上的感受，可以调和视频面画的气氛。在Premiere中，声音素材通常是放在音频轨道上进行编辑的，如图1-4所示。

图1-4　编辑声音素材

1.6.3 色彩

色彩是视频画面的组成部分，是传递情感的重要部分。不同的画面色彩可以产生不同的感受，图1-5和图1-6所示的画面分别体现了淡雅和热情的色彩效果。

图1-5　淡雅的色彩　　　　　　图1-6　热情的色彩

1.7　素材采集

Premiere项目中视频素材的质量通常决定着作品的效果。决定素材源质量的主要因素之一是如何采集视频，Premiere提供了非常高效可靠的采集选项。

1.7.1 实地拍摄素材

实地拍摄是取得素材的常用方法。在进行实地拍摄之前，应检查好电池电量，并实地考察现场场地的大小、灯光情况、主场景的位置，然后选定自己拍摄的位置，以便确定要拍摄的内容。

拍摄完毕后，可以在DV摄像机中回放所拍摄的片段，也可以通过DV摄像机的S端子或AV输出与电视机连接，在电视机上欣赏。如果要对所拍的片段进行编辑，则必须将DV摄像机里所存储的视频素材传输到计算机中，这个过程称为视频素材的采集。

提示：

将DV摄像机与计算机的IEEE 1394接口连接好后，就可以开始采集文件了。具体的操作步骤可以参考硬件附带的说明书。

1.7.2 在Premiere中进行素材采集

将数码摄像机连接在计算机上，然后将摄像机开关设置在VCR档位，打开电源开关，即可在Premiere中开始采集素材。

1. 连接采集设备

如果计算机有IEEE 1394接口(如图1-7所示)，就可以使用IEEE 1394连接线(如图1-8所示)将数字化的数据从DV摄像机直接传送到计算机中。DV和HDV摄像机实际上在拍摄时已经数字化并压缩了信号，因此，IEEE 1394接口是已数字化的数据和Premiere之间的一条通道。

图1-7　IEEE 1394接口　　　　图1-8　IEEE 1394连接线

要将DV或HDV摄像机连接到计算机的IEEE 1394端口非常简单，只需将IEEE 1394线缆插进摄像机的DV入/出插孔，然后将另一端插进计算机的IEEE 1394插孔即可。

2. 采集素材

启动Premiere应用程序，新建一个项目，选择"文件"|"捕捉"命令，打开"捕捉"对话框，如图1-9所示。在"捕捉"对话框的左下方有一些控制按钮，用这些控制按钮可以控制影片的播放，找到需要的场景片段。其中，中间的上排按钮从左到右分别是"快退""倒退一帧""播放""前进一帧""快进"按钮；第二排是快速搜索滑动钮，根据向右调节的程度可以控制影片从慢进到快进，根据向左调节的程度可以控制影片从慢退到快退；下排按钮是一个微调转动钮。

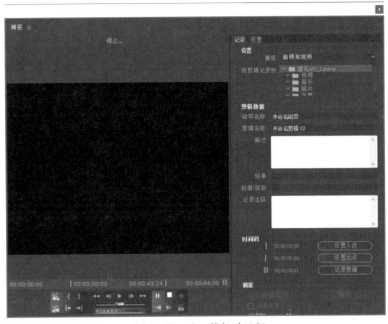

图1-9　Premiere捕捉对话框

在"捕捉"对话框右侧选择"设置"选项卡，可以进行捕捉格式、位置、设备等设置，如图1-10所示。单击"编辑"按钮，打开"捕捉设置"对话框，可以在"捕捉格式"下拉列表框中选择捕捉的格式，如图1-11所示。

图1-10　进行捕捉设置

图1-11　选择捕捉格式

1.8 疑难解答

问： 非线性编辑相比线性编辑的优势是什么？

答： 线性编辑的主要特点是录像带必须按照相应的顺序进行编辑。因此，线性编辑只能按照视频的先后播放顺序进行编辑工作。非线性编辑是借助计算机来进行数字化制作，几乎所有的工作都在计算机中完成，不再需要那么多的外部设备，对素材的调用也是瞬间实现，不用反反复复地在磁带上寻找，突破了单一的时间顺序编辑限制，可以按各种顺序排列，具有快捷简便、随机的特性。非线性编辑只要上传一次就可以进行多次编辑，信号质量始终不会变低，所以节省了设备、人力，提高了效率。

问： 哪种视频格式是专门为微软Windows环境设计的数字式视频文件格式，这种视频格式的优缺点是什么？

答： AVI(audio/video interleave)格式是专门为微软Windows环境设计的数字式视频文件格式。该视频格式的好处是兼容性好、调用方便、图像质量好；缺点是占用空间大。

问： 哪种视频格式被广泛应用于VCD的制作和网络上一些供下载的视频片段？

答： MPEG视频格式被广泛应用于VCD的制作和网络上一些供下载的视频片段。

问： 为什么安装模拟/数字采集卡后，仍然无法进行视频捕捉操作？

答： 在计算机上，大多数模拟/数字采集卡允许进行设备控制，用户可以启动和停止摄像机或录音机，以及指定到想要录制的录像带位置。如果安装模拟/数字采集卡后，仍然无法进行视频捕捉操作，是因为并非所有的板卡都是使用相同的标准设计的，某些板卡可能与Premiere不兼容。

第2章　初识Premiere Pro 2022

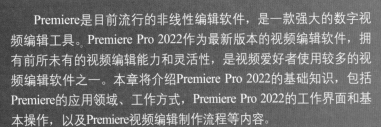

Premiere是目前流行的非线性编辑软件，是一款强大的数字视频编辑工具。Premiere Pro 2022作为最新版本的视频编辑软件，拥有前所未有的视频编辑能力和灵活性，是视频爱好者使用较多的视频编辑软件之一。本章将介绍Premiere Pro 2022的基础知识，包括Premiere的应用领域、工作方式，Premiere Pro 2022的工作界面和基本操作，以及Premiere视频编辑制作流程等内容。

本章重点

● Premiere的常见术语
● 安装与卸载Premiere
● Premiere Pro 2022工作界面
● Premiere Pro 2022项目操作
● Premiere视频编辑的基本流程

二维码教学视频

【练习2-1】卸载Premiere　　　【练习2-2】调整面板大小
【练习2-3】调整面板位置　　　【练习2-4】设置浮动面板
【练习2-5】新建项目文件

2.1 Premiere快速入门

Premiere是一款视频编辑软件,在学习使用它进行视频编辑之前,首先需要了解一些有关它的基础知识。

2.1.1 Premiere的应用领域

Premiere拥有创建动态视频作品所需的所有工具,使用该视频编辑软件可以合成和制作各种视频,其应用领域主要包括以下几方面。

- ◉ 进行影视节目编辑。
- ◉ 进行综艺娱乐、人物访谈、街访的节目剪辑。
- ◉ 制作抖音、快手中的短视频,如旅拍和剧情短片。
- ◉ 制作广告宣传片。
- ◉ 制作自媒体短视频电影,如混剪、解说、音乐类、科普等。
- ◉ 从事专业视频剪辑工作。

2.1.2 Premiere的工作方式

在传统或线性视频产品中,所有作品元素都被传送到录像带中。在编辑过程中,最终作品需要电子编辑到最终录像带或节目录像带中。即使在编辑过程中使用了计算机,录像带的线性或模拟本质也会使整个过程非常耗时。

非线性编辑程序(如Premiere)完全颠覆了整个视频编辑过程。数字视频和Premiere消除了传统编辑过程中耗时的制作过程。使用Premiere时,不必到处寻找磁带或者将它们放入磁带机和从中移走它们。制作人使用Premiere时,所有的作品元素都被数字化到磁盘中。Premiere中项目"面板内的图标代表了作品中的各个元素,无论是一段视频素材、声音素材,还是一幅静帧图像都被当作元素。面板中代表最终作品的图标称为时间轴。时间轴的焦点是视频和音频轨道,它们是横过屏幕从左延伸到右的平行条。当需要使用视频素材、声音素材或静帧图像时,只需在"项目"面板中将其选中并拖动到时间轴中的一个轨道上即可。可以依次将作品中的项目放置或拖动到不同的轨道上。在工作时,可以通过单击时间轴的期望部分访问自己作品的任意部分,也可以单击或拖动一段素材的起始或末尾,以缩短或延长其持续时间。

要调整编辑内容,可以在Premiere的素材源监视器和节目监视器中逐帧查看和编辑素材,也可以在素材源监视器面板中设置出点和入点。设置入点是指定素材开始播放的位置,设置出点是指定素材停止播放的位置。因为所有素材都已经数字化(而且没有使用录像带),所以Premiere能够快速调整所编辑的最终作品。

2.1.3 Premiere的常见术语

Premiere是革新性的非线性视频编辑应用软件,可以在完成编辑后方便快捷地随意修改而不损害图像质量。在学习使用Premiere进行视频编辑之前,首先要掌握视频编辑中的常见术语。

1. 动画

在Premiere的视频编辑中,动画是指通过迅速显示一系列连续的图像而产生动作模拟效果,如图2-1所示。

图2-1　动画效果

2. 帧

帧是影像动画中最小单位的单幅影像画面，相当于电影胶片上的每格镜头。电视、电影中的影片虽然都是动画影像，但这些影片其实都是通过一系列连续的静态图像组成的，在单位时间内的这些静态图像就称为帧。由于人眼对运动物体具有视觉残像的生理特点，因此当某段时间内一组动作连续的静态图像依次快速显示时，就会被"感觉"成一段连贯的动画。

3. 关键帧

关键帧(key frame)是素材中的一个特定帧，它被标记是为了特殊编辑或控制整个动画。当创建一个视频时，在需要大量数据传输的部分指定关键帧，有助于控制视频回放的平滑程度。

4. 帧速率

电视或显示器上每秒扫描的帧数称为帧速率。帧速率的大小决定了视频播放的平滑程度。帧速率越高，动画效果越平滑，反之就会有阻塞。在视频编辑中也常常利用这样的特点，通过改变一段视频的帧速率，来实现快动作与慢动作的表现效果。

> **提示：**
>
> 在Premiere中，帧速率是非常重要的，它能帮助测定项目中动作的平滑度。通常，项目的帧速率与视频影片的帧速率相匹配。例如，如果使用DV设备将视频直接采集到Premiere中，那么采集速率会被设置为29.97帧/秒，以匹配为Premiere的DV项目设置的帧速率。

5. 时间码

在视频编辑中，通常用时间码来识别和记录视频数据流中的每帧。从一段视频的起始帧到终止帧，其间的每帧都有一个唯一的时间码地址。根据动画和电视工程师协会(society of motion picture and television engineers，SMPTE)使用的时间码标准，其格式是小时:分钟:秒:帧或hours:minutes:seconds:frames。一段长度为00:02:31:15的视频片段的播放时间为2分钟31秒15帧，如果以30帧/秒的帧速率播放，则播放时间为2分钟31.5秒。

> **提示：**
>
> 由于技术的原因，NTSC制式实际使用的帧速率是29.97帧/秒而不是30帧/秒，因此在时间码与实际播放时间之间有0.1%的误差。为了解决这个误差问题，设计了丢帧(drop-frame)格式，即在播放时每分钟要丢两帧(实际上是有两帧不显示而不是从文件中删除)，这样可以保证时间码与实际播放时间一致。与丢帧格式对应的是不丢帧(non-drop-frame)格式，它忽略时间码与实际播放帧之间的误差。

6. 导入

导入是将一组数据从一个程序置入另一个程序的过程。文件一旦被导入，数据将被改变以适应新的程序，而不会改变源文件。

7. 导出

导出是在应用程序之间分享文件的过程。导出文件时，要使数据转换为接收程序可以识别的格式，源文件将保持不变。

8. 过渡效果

在Premiere的视频编辑中，过渡效果是一个视频素材代替另一个视频素材的切换过程。

2.1.4 Premiere支持的文件格式

作为一款功能强大的视频编辑软件，Premiere支持多种视频、音频和其他格式，以满足用户的视频编辑需求。

1. Premiere支持的视频格式

目前对视频压缩编码的方法有很多，应用的视频格式也就有很多种。Premiere支持绝大部分的视频格式，主要包括AVI、MPEG、ASF、NAVI、DIVX等。

2. Premierer支持的音频格式

音频是指一个用来表示声音强弱的数据序列，由模拟声音经采样、量化和编码后得到。不同数字音频设备一般对应不同的视频格式文件。Premiere支持绝大部分的音频格式，主要包括WAV、MIDI、MP3、WMA、VQF、RealAudio、AAC等。

3. Premiere支持的其他格式

除了视频和音频对象，Premiere还支持一些常用的图片和字幕素材，如JPG、BMP、TIF、PSD、SRT等格式的素材。

注意：

Premiere支持绝大部分的视频编解码格式。如果在影片制作过程中缺少某种编解码格式，则不能使用该类型的素材。用户可以在相应的网站下载并安装这些解码器。在正确安装各种常用的音视频解码器后，用户才能在Premiere中导入相应的素材文件，以及将项目文件输出为相应的影片格式。

2.2 安装与卸载Premiere

本节将介绍Premiere的安装与卸载方法，该软件的安装和卸载操作与其他软件基本相同。

2.2.1 安装Premiere Pro 2022的系统要求

随着软件版本的不断更新，Premiere的视频编辑功能越来越强大，同时文件的安装大小也"与日俱增"。为了能够让用户完美地体验所有功能的应用，安装Premiere Pro 2022时对计算机的硬件配置提出了一定要求，即安装Premiere Pro 2022必须使用64位Windows 10或更高版本的Windows操作系统，如表2-1所示。

表2-1　Premiere Pro 2022对操作系统的硬件要求

操作系统	Microsoft Windows 10(64位)版本或更高版本
处理器	英特尔®第7代或更高版本的CPU，或相当的AMD
内存	8GB RAM(建议使用16GB RAM或更高)
显示器分辨率	1920×1080像素或更高
磁盘空间	安装需要8GB
声卡	兼容ASIO或Microsoft Windows驱动程序模型

2.2.2 安装Premiere Pro 2022

Premiere Pro 2022的安装十分简单。下载并解压Premiere Pro 2022安装文件，打开Premiere Pro 2022安装文件夹，然后双击Setup.exe安装文件图标，如图2-2所示。然后根据向导提示设置安装路径，如图2-3所示。

设置好安装路径后，单击"继续"按钮，即可开始安装Premiere Pro 2022，系统将显示安装的进程，如图2-4所示。安装完成后，系统将提示完成安装，如图2-5所示。

图2-2 双击Setup.exe图标　　图2-3 安装的向导提示　　图2-4 显示安装进程　　图2-5 提示安装完成

2.2.3 卸载Premiere

如果要将计算机中的Premiere删除，可以通过Windows的"设置"面板将其卸载。本节将以卸载旧版本的Premiere应用程序为例，讲解卸载Premiere的方法。

【练习2-1】卸载Premiere。

文件路径	无
技术掌握	卸载Premiere

01 单击屏幕左下方的"开始"菜单按钮，在弹出的菜单中单击"设置"命令，如图2-6所示。

02 在弹出的窗口中单击"应用"链接，如图2-7所示。

03 在新出现的窗口的左侧单击"应用和功能"选项，如图2-8所示。

04 在窗口右侧选择要卸载的Premiere应用程序，然后单击"卸载"按钮，即可将指定的Premiere程序卸载，如图2-9所示。

图2-6 单击"设置"命令　　　　图2-7 单击"应用"链接

图2-8 单击"应用和功能"选项　　　图2-9 单击"卸载"按钮

2.3 启动和退出Premiere

在使用Premiere进行视频编辑前，需要启动Premiere应用程序；结束视频编辑后，可以退出Premiere应用程序。

2.3.1 启动Premiere Pro 2022

安装好Premiere Pro 2022后，可以通过以下两种方法来启动它。

◉ 双击桌面上的Premiere Pro 2022快捷图标 **Pr**，启动Premiere Pro 2022。

◉ 单击计算机屏幕左下角的"开始"菜单按钮 ⊞，然后找到并选择Adobe Premiere Pro 2022命令，启动Premiere Pro 2022。

执行上述操作后，可以进入程序的启动画面，如图2-10所示。随后将出现主页界面，用户通过该界面可以打开最近编辑的几个影片项目文件，以及执行新建项目和打开项目的操作，如图2-11所示。

◉ 新建项目：单击此按钮，可以创建一个新的项目文件并进行视频编辑。

◉ 打开项目：单击此按钮，可以开启一个在计算机中已有的项目文件。

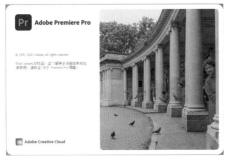

图2-10　启动画面

图2-11　主页界面

提示：

默认状态下，Adobe Premiere Pro 2022可以显示用户最近使用过的多个项目文件的路径，它们以名称列表的形式显示在"最近使用项"一栏中，用户只需单击所要打开项目的文件名，就可以快速地打开该项目文件。

2.3.2 退出Premiere Pro 2022

在完成视频编辑后，可以使用以下3种常用方法退出Premiere Pro 2022应用程序。

◉ 选择"文件"|"退出"命令，即可退出Premiere应用程序，如图2-12所示。

◉ 单击窗口右上角的"关闭"按钮 ✕，即可退出Premiere应用程序，如图2-13所示。

◉ 按Ctrl+ Q组合键即可退出Premiere应用程序。

图2-12　选择"退出"命令　　图2-13　单击"关闭"按钮

2.4 Premiere Pro 2022工作界面

为了方便使用Premiere Pro 2022进行视频编辑，首先需要熟悉Premiere Pro 2022的工作界面，以及掌握该工作界面的调整方法。

2.4.1 切换Premiere Pro 2022工作区

由于视频编辑的内容不同，Premiere Pro 2022分为"编辑""效果""字幕""音频""颜色"等多种模式的工作区，不同工作区的工作界面也不相同。选择"窗口"|"工作区"命令，即可在其子菜单中选择合适的工作区，如图2-14所示。

图2-14 选择工作区

1. 编辑模式的工作区

"编辑"模式工作区更适合视频剪辑编辑使用。在该模式下，"监视器"和"时间轴"面板是主要的工作区域，如图2-15所示。

2. 效果模式的工作区

"效果"模式工作区更适合视频特效的添加和编辑使用。在该模式下，会显示"效果"和"效果控制"面板，如图2-16所示。

图2-15 编辑模式的工作区

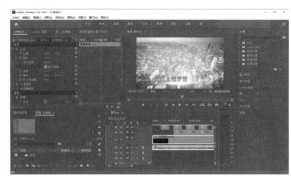

图2-16 效果模式的工作区

3. 颜色模式的工作区

"颜色"模式工作区便于用户随机观察视频色彩变化前后的效果。在该模式下，会显示"Lumetri范围"和"Lumetri颜色"面板，如图2-17所示。

4. 字幕模式的工作区

"字幕"模式工作区便于用户观察文本字幕和图形效果。在该模式下，会显示"文本"和"基本图形"面板，如图2-18所示。

5. 音频模式的工作区

"音频"模式工作区便于用户对音频素材进行剪辑编辑。在该模式下，会显示"音频剪辑混合器"和"音轨混合器"面板，如图2-19所示。

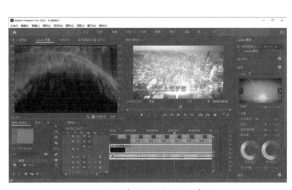

图2-17 颜色模式的工作区

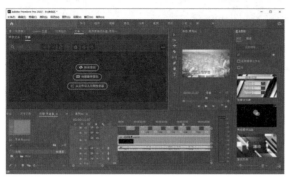 

图2-18　字幕模式的工作区　　　　　　　　　图2-19　音频模式的工作区

> **提示：**
>
> 选择"窗口"|"工作区"|"所有面板"命令，可以显示所有的工作面板。

2.4.2　认识Premiere Pro 2022工作界面

　　启动Premiere Pro 2022应用程序，然后新建一个项目，可以进入之前使用的工作区模式。默认情况下，Premiere Pro 2022的工作界面主要由菜单栏和各部分功能面板组成。图2-20所示为"编辑"模式下的工作界面及分布图。

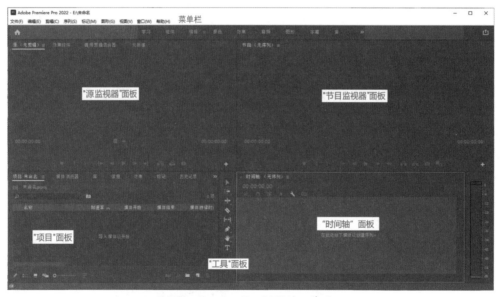

图2-20　Premiere Pro 2022的工作界面

> **提示：**
>
> Premiere Pro 2022的功能面板是使用Premiere进行视频编辑的重要工具，主要包括"项目""时间轴""监视器"等功能面板，本节将介绍其中几种常用面板的主要功能。

1. 菜单栏

　　Premiere Pro 2022的菜单栏按照功能进行划分，包括"文件""编辑""剪辑""序列""标记""图形""视图""窗口""帮助"共9个主菜单，如图2-21所示。

文件(F)	编辑(E)	剪辑(C)	序列(S)	标记(M)	图形(G)	视图(V)	窗口(W)	帮助(H)

图2-21 Premiere Pro 2022的菜单栏

- ◉ 文件：主要包括新建、打开项目、保存、关闭、捕捉、导入和导出等操作命令。
- ◉ 编辑：主要包括撤销、重做、剪切、复制、查找、快捷键和首选项等操作命令。
- ◉ 剪辑：主要包括制作子剪辑、编辑子剪辑、源设置、嵌套，以及对素材进行重命名、插入、替换、修改、启用、取消链接、修改速度和持续时间等操作命令。
- ◉ 序列：主要包括序列设置、应用视频过渡、应用音频过渡、添加轨道、删除轨道，以及对时间轴上的素材进行操作的命令。
- ◉ 标记：主要包括对素材进行入点、出点等标记操作和转入标记等操作命令。
- ◉ 图形：主要包括安装动态图形模版、新建图层，以及对图形的对齐、排列、选择等操作命令。
- ◉ 视图：主要包括显示模式、显示标尺、显示参考线、添加参考线等命令。
- ◉ 窗口：主要包括切换工作区模式、打开或关闭各个工作面板等命令。
- ◉ 帮助：主要包括提供相关帮助说明文档的索引命令。

2. "项目"面板

"项目"面板是存放视频、音频素材和其他作品元素的地方。当所工作的项目中包含许多作品元素时，"项目"面板就显得格外重要，如图2-22所示。

3. "时间轴"面板

"时间轴"面板并非仅用于查看，它也是可交互的。使用鼠标把视频和音频素材、图形和字幕从"项目"面板拖到时间轴中，即可创作自己的作品。"时间轴"面板是视频作品的基础，创建序列后，在"时间轴"面板中可以组合项目的视频与音频序列、特效、字幕和切换效果，如图2-23所示。

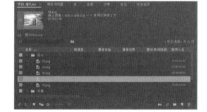

图2-22 "项目"面板

图2-23 "时间轴"面板

4. "监视器"面板

监视器面板主要用于在创建作品时对它进行预览。Premiere Pro 2022提供了3种不同的监视器面板，即"源监视器""节目监视器""参考监视器"面板。

- ◉ 源监视器："源监视器"面板用于显示还未放入时间轴的视频序列中的源影片，如图2-24所示。可以使用"源监视器"面板设置素材的入点和出点，然后将它们插入或覆盖到自己的作品中。"源监视器"面板也可以显示音频素材的音频波形，如图2-25所示。

图2-24 "源监视器"面板

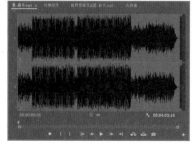

图2-25 显示音频波形

- ◉ 节目监视器："节目监视器"面板用于显示在时间轴的视频序列中组装的素材、图形、特效和切换效果，如图2-26所示。要在"节目监视器"面板中播放序列，只需单击窗口中的"播放-停止切换"按钮▶或按空格键即可。如果在Premiere中创建了多个序列，则可以在"节目监视器"面板的序列下拉列表中选择其他序列作为当前的节目内容，如图2-27所示。

- 参考监视器：在许多情况下，"参考监视器"面板是另一个节目监视器。许多Premiere编辑操作使用它来调整颜色和音调，因为在"参考监视器"面板中查看视频示波器(可以显示色调和饱和度级别)的同时，可以在"参考监视器"面板中查看实际的影片，如图2-28所示。

图2-26　"节目监视器"面板　　　图2-27　选择其他序列　　　图2-28　"参考监视器"面板

5. "音轨混合器"面板

使用"音轨混合器"面板，可以混合不同的音频轨道、创建音频特效和录制叙述材料，如图2-29所示。使用"音轨混合器"面板，还可以查看混合音频轨道并应用音频特效。

6. "效果"面板

使用"效果"面板，可以快速应用多种音频效果、视频效果和视频过渡。例如，"视频过渡"素材箱中包含3D运动、伸缩、划像、擦除等过渡类型，如图2-30所示。

7. "效果控件"面板

使用"效果控件"面板，以快速创建音频效果、视频效果和视频过渡。例如，在"效果"面板中选定一种效果，然后将它直接拖到"效果控件"面板中，就可以对素材添加这种效果。"效果控件"面板中包含一个特有的时间轴和缩放时间轴的滑块控件，如图2-31所示。

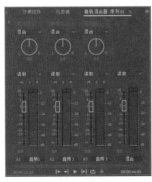

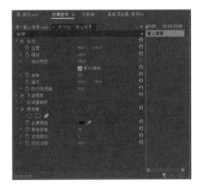

图2-29　"音轨混合器"面板　　　图2-30　"效果"面板　　　图2-31　"效果控件"面板

8. "工具"面板

Premiere "工具"面板中的工具主要用于在"时间轴"面板中编辑素材，如图2-32所示。在"工具"面板中单击某个工具即可激活它。

9. "信息"面板

"信息"面板提供了关于素材和切换效果，乃至时间轴中空白间隙的重要信息。选择一段素材、切换效果或时间轴中的空白间隙后，可以在"信息"面板中查看素材或空白间隙的大小、持续时间，以及开始点和结束点，如图2-33所示。

图2-32　"工具"面板

10. "历史记录"面板

使用Premiere的"历史记录"面板，可以无限制地执行撤销操作。进行编辑工作时，"历史记录"面板会记录作品的制作步骤。要返回到项目以前的状态，只需单击"历史记录"面板中的历史状态即可，如图2-34所示。如果需要清除"历史记录"面板中的所有历史，则可以单击面板右方的下拉菜单按钮，然后选择"清除历史记录"命令，如图2-35所示。要删除某个历史状态，可以在"历史记录"面板中选中它并单击"删除重做操作"按钮 🗑 。

图2-33 "信息"面板

图2-34 "历史记录"面板

图2-35 选择"清除历史记录"命令

注意：

如果在"历史记录"面板中通过单击某个历史状态来撤销一个动作，然后继续工作，那么所单击状态之后的所有步骤都会从项目中移除。

2.4.3 调整Premiere Pro 2022操作界面

Premiere Pro 2022的所有面板都可以任意编组或停靠。停靠面板时，它们会连接在一起，因此调整一个面板的大小时，会改变其他面板的大小。图2-36和图2-37显示的是调整监视器面板大小的前后对比效果，在扩大监视器面板时，会使监视器下方的面板变小。

图2-36 调整监视器面板大小前

图2-37 调整监视器面板大小后

1. 调整面板的大小

要调整面板的大小，可以使用鼠标拖动面板之间的分隔线，如左右拖动面板间的纵向边界线，或上下拖动面板间的横向边界线，从而改变面板的大小。

【练习2-2】调整面板大小。

文件路径	第2章\调整面板
技术掌握	调整Premiere各面板的大小

01 启动Premiere Pro 2022应用程序，选择"文件"｜"打开项目"命令，如图2-38所示，打开"打开项目"对话框，选择素材文件所在的路径，然后选择要打开的项目文件，如图2-39所示。

02 单击"打开"按钮，将所选的项目文件打开，效果如图2-40所示。

图2-38 选择命令　　　　　　图2-39 "打开项目"对话框

03 将光标移到"工具"面板和"时间轴"面板之间，然后左右拖动面板间的边界线，可以改变"工具"面板和"时间轴"面板的大小，如图2-41所示。

04 将光标移到"监视器"面板和"项目"面板之间，然后上下拖动面板间的边界线，可以改变监视器面板和"项目"面板的大小，如图2-42所示。

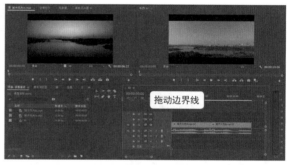

图2-40 打开项目文件　　　　　　图2-41 左右调整面板边界

图2-42 上下调整面板边界

提示：

> 如果改变了面板在屏幕上的大小和位置，可以通过选择"窗口"｜"工作区"｜"重置为保存的布局"命令返回初始设置；如果已经在特定位置按特定大小组织好了窗口，选择"窗口"｜"工作区"｜"另存为新工作区"命令，可以保存此配置。在命名与保存工作区之后，工作区的名称会出现在"窗口"｜"工作区"子菜单中，无论何时想使用此工作区，只需单击其名称即可。

2. 面板的编组与停靠

单击选项面板左上角的缩进点并拖动面板，可以在一个组中添加或移除面板。如果想将一个面板停靠到另一个面板上，则可以单击并将它拖到目标面板的顶部、底部、左侧或右侧，然后在停靠面板变暗后释放鼠标。

【练习2-3】调整面板位置。

文件路径	第2章\调整面板
技术掌握	调整面板的位置

01 选择并拖动"源监视器"面板到"节目监视器"面板中，可以将"源监视器"面板添加到"节目监视器"面板组中，如图2-43所示。

02 选择并拖动"元数据"面板到"音轨混合器：02"面板的右方，可以改变"元数据"面板和"音轨混合器：02"面板的位置，如图2-44所示。

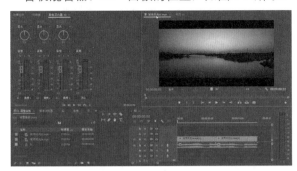 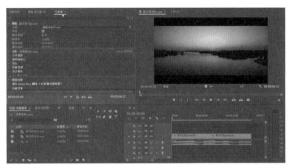

图2-43　拖动"源监视器"面板　　　　　　　图2-44　拖动"元数据"面板

提示：

在拖动面板进行编组的过程中，如果对结果满意，则释放鼠标；如果不满意，则按Esc键取消操作。如果想将一个面板从当前编组中移除，则可以将其拖到其他地方，从而将其从当前编组中移除。

3. 创建浮动面板

在面板标题处单击鼠标右键，或者单击面板右方的下拉菜单按钮 ，在弹出的菜单中选择"浮动面板"命令，可以将当前的面板创建为浮动面板。

【练习2-4】设置浮动面板。

文件路径	第2章\调整面板
技术掌握	将面板创建为浮动面板

01 选中"节目监视器"面板，在该面板的标题处单击鼠标右键，或者单击该面板右方的下拉菜单按钮 ，弹出的菜单如图2-45所示。

02 在弹出的菜单中选择"浮动面板"命令，即可将"节目监视器"面板创建为浮动面板，如图2-46所示。

图2-45　弹出的菜单　　　　　　图2-46　浮动面板

提示：

将浮动面板拖动到其他面板组中，可以将浮动面板嵌入该面板组。

4. 打开和关闭面板

在进行视频编辑时，如果想打开被关闭的面板，可以在"窗口"菜单中选择相应的名称将其打开；如果想关闭某个面板，可以选中该面板，然后选择"文件"|"关闭"命令，或是单击该面板(如"源监视器"面板)中的菜单按钮 ，在弹出的菜单中选择"关闭面板"命令，如图2-47所示，即可关闭该面板，如图2-48所示。

图2-47　选择"关闭面板"命令

图2-48　关闭"源监视器"面板

提示：

按Ctrl+W组合键可以执行"关闭"命令。关闭某个面板后，用户可以在"窗口"菜单中选择面板名称对应的命令，将隐藏的面板打开。在"窗口"菜单中可以查看某个面板是否打开或关闭，面板命令前方有√标记，表示该面板处于打开状态，反之则已被关闭。图2-49所示的"文本""源监视器"等面板前方没有√标记，表示这些面板已被关闭。

图2-49　查看某个面板是否打开或关闭

2.5　Premiere Pro 2022项目操作

使用Premiere Pro 2022进行视频编辑，首先需要掌握Premiere项目的新建、打开、保存和关闭操作。

2.5.1　新建项目

在Premiere Pro 2022中进行影视编辑之前，需要新建一个项目。新建Premiere项目文件有两种方式：一种是在主页界面中新建项目文件；另一种是在进入工作界面后，使用菜单命令新建项目文件。

1. 在主页界面中新建项目

启动Premiere Pro 2022应用程序后，在打开的主页界面中单击"新建项目"按钮，如图2-50所示，即可打开"新建项目"对话框，如图2-51所示。

在"新建项目"对话框中可以选择"常规""暂存盘"和"收录设置"选项卡，对其中的参数进行相应设置。在"新建项目"对话框中完成各项的设置后，单击"确定"按钮，即可进入Premiere Pro 2022工作界面，并创建新的项目。

图2-50　单击"新建项目"选项

图2-51　"新建项目"对话框

2. 使用菜单命令新建项目

在进入Premiere Pro 2022工作界面后，如果要新建一个项目文件，可以选择"文件"|"新建"|"项目"命令，打开"新建项目"对话框，创建新的项目文件。

【练习2-5】新建项目文件。

文件路径	第2章\新建项目
技术掌握	创建新的项目文件

01 启动Premiere Pro 2022应用程序，选择"文件"|"新建"|"项目"命令，如图2-52所示。

02 在打开的"新建项目"对话框中输入项目的名称，如图2-53所示。

03 单击"位置"选项右侧的"浏览"按钮，打开"请选择新项目的目标路径"对话框，在其中选择要保存项目的文件夹，然后单击"选择文件夹"按钮，如图2-54所示。

04 返回"新建项目"对话框，单击"确定"按钮，即可完成新建项目的操作。"项目"面板中将显示新建的项目对象，如图2-55所示。

图2-52　选择命令　　　　　图2-53　输入新项目的名称

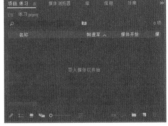

图2-54　选择保存项目的位置　　　图2-55　新建的项目

提示：

按Ctrl+Alt+N组合键可以执行"新建项目"命令。

2.5.2　打开项目

当计算机中存在需要编辑的项目文件时，可以在主页界面中通过"打开项目"按钮打开项目文件，或是在进入工作界面后，使用菜单命令打开项目文件。

1. 在主页界面中打开项目

启动Premiere Pro 2022应用程序，在主页界面中单击"打开项目"按钮，如图2-56所示。在打开的"打开项目"对话框中选择需要打开的项目文件，然后单击"打开"按钮，即可打开所选项目文件，如图2-57所示。

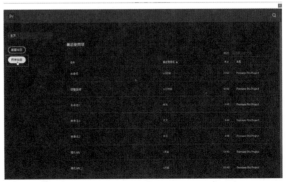

图2-56　单击"新建项目"选项

2. 使用菜单命令打开项目

进入Premiere Pro 2022工作界面后，选择"文件"|"打开"命令，打开"打开项目"对话框，即可选择并打开所需项目文件。

> **提示：**
>
> 按Ctrl+O组合键可以执行"打开项目"命令；选择"文件"|"打开最近使用的内容"命令，在子菜单中可以选择并打开最近使用过的项目文件。

图2-57 "新建项目"对话框

2.5.3 保存项目

在进行视频编辑的过程中，应及时对项目文件进行保存，可以避免因死机或停电等意外状况而造成的编辑数据丢失。保存项目的命令包括"保存""另存为""保存副本""保存全部"，各命令的作用如下。

- ◉ 保存：选择该命令，会直接以原路径和原文件名对当前项目文件进行保存。
- ◉ 另存为：选择该命令，将打开"保存项目"对话框，在对话框中可以重新设置项目文件的保存位置、文件名和保存类型，如图2-58所示。

图2-58 另存项目

- ◉ 保存副本：使用该命令可以保留原项目对象，并将当前修改的项目保存为一个项目副本。选择该命令，将打开"保存项目"对话框，可以设置项目副本的保存位置、文件名和保存类型，项目副本的默认名称为原项目名称加副本文字，如图2-59所示。
- ◉ 保存全部：在编辑多个项目文件时，使用该命令可以对所有打开的目项文件进行保存。

图2-59 保存副本

> **提示：**
>
> 按Ctrl+S组合键可以执行"保存"命令；按Ctrl+Shift+S组合键可以执行"另存为"命令；按Ctrl+Allt+S组合键可以执行"保存副本"命令。

2.5.4 关闭项目

完成项目文件的编辑后，可以将项目文件关闭。在Premiere Pro 2022中包括"关闭项目""关闭所有项目""关闭所有其他项目"3种关闭项目文件的操作。

- ◉ 关闭项目：选择该命令，将关闭当前选择的项目。
- ◉ 关闭所有项目：选择该命令，将关闭当前打开的所有项目。
- ◉ 关闭所有其他项目：选择该命令，将关闭所选项目以外的所有项目。

> **提示：**
>
> 按Ctrl+ Shift+W组合键可以执行"关闭项目"命令。

2.6　影视制作前的准备

要制作出一部完整的影片，必须先具备创作构思和准备素材这两个要素。创作构思是一部影片的灵魂，素材则是组成它的各个部分。

1. 策划剧本

剧本的策划重点在于创作的构思，这是一部影片的灵魂所在。当脑海中有了一个绝妙的构思后，应该马上用笔将它描述出来，这就是通常所说的影片的剧本。

剧本的策划是制作一部优秀视频作品的首要工作。在编写剧本时，首先要拟定一个比较详细的提纲，然后根据这个提纲尽量做好细节描述，并将其作为在Premiere中进行素材编辑的参考指导。剧本策划的形式有很多种，如绘画式、小说式等。

2. 准备素材

素材是组成视频节目的各个部分，Premiere所做的工作只是将其穿插组合成一个连贯的整体。

可以通过DV摄像机将拍摄的视频内容通过数据线直接保存到计算机中，并将其作为素材，不过旧式摄像机拍摄出来的影片还需要进行视频采集后才能存入计算机。根据脚本的内容将素材收集齐备后，应先将这些素材保存到计算机中指定的文件夹内，以便进行管理，然后即可展开影视制作和编辑工作。

在Premiere中经常使用的素材如下。

- 通过视频采集卡采集的数字视频avi文件。
- 由Premiere或其他视频编辑软件生成的avi和mov文件。
- wav格式和mp3格式的音频数据文件。
- 无伴音的flc或fli格式文件。
- 各种格式的静态图像，包括bmp、jpg、tif、psd和pcx等。
- flm(Filmstrip)格式的文件。
- 由Premiere制作的字幕文件。

2.7　Premiere视频编辑的基本流程

本节将介绍运用Premiere进行视频编辑的过程。通过本节的学习，读者可以了解如何一步一步地制作出完整的视频影片。

1. 建立项目

Premiere数字视频作品在此称为项目而不是视频产品，其原因在于使用Premiere不仅能创建作品，还可以管理作品资源，以及创建和存储字幕、切换效果和特效。因此，工作的文件不仅仅是一份作品，事实上是一个项目。在Premiere中创建一份数字视频作品的第一步是新建一个项目。

2. 导入作品元素

在Premiere项目中可以放置并编辑视频、音频和静帧图像。所有的媒体影片称为素材，在编辑影片时，必须先将素材保存在磁盘上。即使视频存储在数字摄像机上，也需要转移到计算机磁盘上。Premiere可以采集数字视频素材，并将其自动存储到项目中。模拟媒体(如动画电影和录像带)必须先数字化，之后才能在Premiere中使用。打开Premiere"项目"面板之后，必须先导入各种图形与声音元素，然后才能进行视频作品的编辑。

3. 添加字幕素材

如果计算机中存在需要的文字素材，用户可以直接将其导入"项目"面板进行使用；如果计算机中不存在需要的文字素材，则可以通过创建字幕的方式新建一个文字素材。

4. 创建序列

序列是指作品的视频、音频、特效和切换效果等各组成部分的顺序集合。在序列中对素材进行编辑，是视频编辑的重要环节。建立好项目并导入素材后，需要创建序列，然后在序列中组接素材，并对素材进行编辑。

5. 编辑视频素材

将素材拖曳到"时间轴"面板的视频轨道中后，还需要对素材进行修改编辑，以达到符合视频编辑要求的效果，如控制素材的播放速度、时间长度等。

6. 应用效果

在编辑视频节目的过程中，使用视频过渡效果能使素材间的连接更加和谐、自然。对素材使用视频效果，可以使一个影视片段的视觉效果更加丰富多彩。对素材使用效果后，可以在"效果控件"面板中进行编辑。

7. 创建关键帧动画

使用Premiere进行视频编辑的过程中，还可以为静态的图像素材添加关键帧动画。对素材创建关键帧动画的操作可以在"效果控件"面板中完成。

8. 编辑音频

音频素材通常是在视频效果编辑好之后，再根据视频内容添加并编辑音频对象。将音频素材导入"时间轴"面板中后，如果音频的长度与视频不相符，用户可以通过编辑音频的持续时间来改变音频长度，但是音频的节奏也将发生相应的变化。如果音频过长，则可以通过剪切多余的音频内容来修改音频的长度。

9. 生成影片

生成影片是将编辑好的项目文件以视频的格式输出，输出的效果通常是动态的且带有音频效果。在输出影片时，应根据实际需要为影片选择一种压缩格式。在输出影片之前，应先做好项目的保存工作，并对影片的效果进行预览。

2.8 疑难解答

问：安装Premiere Pro 2022时，提示"操作系统不满足此安装程序的最低系统要求"怎么办？

答：安装Premiere Pro 2022时，必须使用64位Windows 10或更高版本的Windows操作系统，如果已经是64位Windows 10版本，仍提示"操作系统不满足此安装程序的最低系统要求"，则需要将Windows系统更新到最新系统。在桌面的"开始"菜单中选择"设置"命令，打开"Windows设置"窗口，单击"更新和安全"按钮，进入"Windows更新"窗口进行系统更新。

问：为什么在安装Premiere Pro 2022时，总是在安装进程到2%时就提示失败？

答：出现这种情况通常是因为计算机中之前已经安装了其他版本的Premiere软件，从而发现冲突现象，用户可以将之前的软件卸载掉，再安装Premiere Pro 2022程序。

问：在Premiere进行视频编辑中，帧和关键帧有什么不同？

答：帧是影像动画中最小单位的单幅影像画面，相当于电影胶片上的每一格镜头。一帧就是一幅静止的画面，连续的帧就形成了动画，如电视图像等；关键帧是素材中的一个特定帧，它被标记是为了特殊编辑或控制整个动画。当创建一个视频时，在需要大量数据传输的部分指定关键帧，有助于控制视频回放的平滑程度。

问：Premiere的工作界面被调乱了怎么办？

答：如果Premiere的工作界面被调乱了，可以通过选择"窗口"｜"工作区"｜"重置为保存的布局"命令返回初始设置。

第3章 Premiere功能设置

在Premiere中可以进行项目设置、界面外观设置、功能参数设置，还可以为命令、工具和面板功能自定义快捷键，从而提高工作效率。本章将学习创建Premiere项目、设置项目、设置首选项，以及设置键盘快捷方式。

本章重点
- 项目设置
- 首选项设置
- 键盘快捷键设置

二维码教学视频
【练习3-1】自定义命令快捷键
【练习3-2】修改命令快捷键

3.1 项目设置

选择"文件"|"新建"|"项目"命令,在打开的"新建项目"对话框中可以根据需要对项目进行设置。

3.1.1 项目常规设置

在"新建项目"对话框的"常规"选项卡中可以设置新建项目的常规参数,其中主要选项的作用如下。

- 显示格式(视频):本设置决定了帧在"时间轴"面板中播放时Premiere所使用的帧数,以及是否使用丢帧或不丢帧时间码,如图3-1所示。
- 显示格式(音频):使用音频显示格式可以将音频单位设置为毫秒或音频采样。就像视频中的帧一样,音频采样是用于编辑的最小增量,如图3-2所示。

图3-1 显示视频格式 　　　　　图3-2 显示音频格式

- 捕捉格式:在"捕捉格式"下拉列表中可以选择所要采集视频或音频的格式,其中包括DV和HDV两种格式。

3.1.2 项目暂存盘设置

在"新建项目"对话框中选择"暂存盘"选项卡,可以设置视频和音频的采集路径、项目临时文件的保存位置等,如图3-3所示。

图3-3 设置项目暂存盘

- ◉ 捕捉的视频：存放视频采集文件的地方，默认为相同项目，也就是与Premiere主程序所在的目录相同。单击右侧的"浏览"按钮可以更改路径。
- ◉ 捕捉的音频：存放音频采集文件的地方，默认为相同项目，也就是与Premiere主程序所在的目录相同。单击右侧的"浏览"按钮可以更改路径。
- ◉ 视频预览：放置预演影片的文件夹。
- ◉ 音频预览：放置预演声音的文件夹。
- ◉ 项目自动保存：在编辑视频的过程中，项目临时文件的保存位置。
- ◉ CC库下载：下载Creative Cloud程序库的临时文件位置。
- ◉ 动态图形模板媒体：动态图形模板媒体的临时文件位置。

3.1.3 项目收录设置

在"新建项目"对话框中选择"收录设置"选项卡，可以对Premiere收录选项进行设置，如图3-4所示。

图3-4 项目收录设置

> **注意：**
>
> 要进行项目收录设置，首先需要下载并安装Adobe Media Encoder程序。

3.2 首选项设置

首选项用于设置Premiere的外观、功能等效果，用户可以根据自己的习惯及项目编辑的需要，对相关的选项进行设置。选择"编辑"|"首选项"命令，在"首选项"菜单的子命令中可以选择各个选项对象，如图3-5所示。

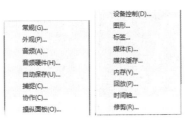

图3-5 "首选项"菜单命令

3.2.1 常规设置

选择"编辑"|"首选项"|"常规"命令，打开"首选项"对话框。该对话框中会显示常规选项的内容，在此可以设置一些通用的选项，如图3-6所示。

常规设置中主要选项的作用如下。

⊙ 启动时：用于设置启动Premiere后，是显示主页还是直接打开最近使用的文件项目，如图3-7所示。

⊙ 素材箱：用于设置关于素材箱(即文件夹)管理的3组操作所对应的结果，包括"打开新选项卡""在当前处打开"和"在新窗口中打开"，如图3-8所示。

⊙ 项目：用于设置打开新建项目的方式，包括"打开新选项卡"和"在新窗口中打开"两种方式。

图3-6 "首选项"对话框

图3-7 设置启动选项

图3-8 设置素材箱管理结果

3.2.2 外观设置

在"首选项"对话框中选择"外观"选项，然后拖动"亮度"选项组的滑块，可以修改Premiere操作界面的亮度。图3-9和图3-10所示分别是较暗外观和较亮外观的效果。

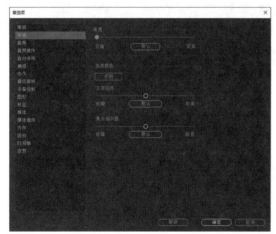

图3-9 较暗外观

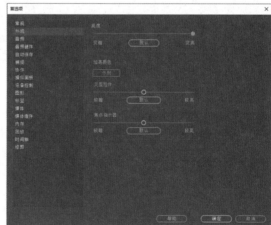

图3-10 较亮外观

3.2.3 音频设置

在"首选项"对话框中选择"音频"选项，可以设置音频的播放方式及轨道等参数，如图3-11所示。用户还可以在"音频硬件"选项中进行音频的输入和输出设置，如图3-12所示。

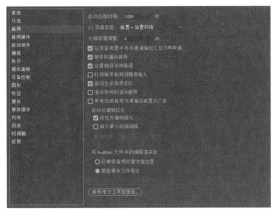

图3-11 设置音频选项　　　　图3-12 设置音频硬件选项

音频设置中主要选项的作用如下。

⊙ 自动匹配时间：设置声音文件与软件的匹配时长，系统默认为1秒。

⊙ 5.1混音类型：设置5.1音频播放声音时音频的混合方式。

3.2.4 自动保存设置

在"首选项"对话框中选择"自动保存"选项，可以
设置项目文件自动保存的时间间隔和最大保存项目数，如
图3-13所示。

图3-13 自动保存设置

3.2.5 捕捉设置

在"首选项"对话框中选择"捕捉"选项，可以在视频
和音频的采集过程中对可能出现的问题进行设置，如图3-14
所示。

图3-14 捕捉设置

3.2.6 设备控制设置

在"首选项"对话框中选择"设备控制"选项，可
以设置设备的控制程序及相关选项。单击"设备"下拉列
表，可以选择设备对象，如图3-15所示。

图3-15 设备控制设置

3.2.7 图形设置

在"首选项"对话框中选择"图形"选项，可以设置文本样式和缺少字体的替换设置，如图3-16
所示。

图3-16　图形设置

3.2.8 标签设置

在"首选项"对话框中选择"标签"选项，在"标签颜色"选项区域可以设置标签的具体颜色；在"标签默认值"选项区域可以设置素材箱(即文件夹)、序列、视频、音频、影片、静止图像等对象所对应的标签颜色，如图3-17所示。

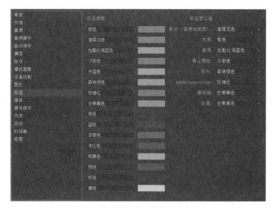

图3-17　标签设置

3.2.9 媒体设置

在"首选项"对话框中选择"媒体"选项，可以设置媒体的时基、时间码和开始帧位置，如图3-18所示。

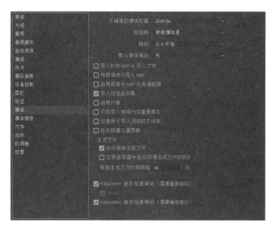

图3-18　媒体设置

3.2.10　媒体缓存设置

在"首选项"对话框中选择"媒体缓存"选项，可以设置媒体的缓存位置和缓存管理相关选项，如图3-19所示。

图3-19　媒体缓存设置

3.2.11　内存设置

在"首选项"对话框中选择"内存"选项，可以设置分配给Adobe相关软件产品使用的内存，以及优化渲染的方式，如图3-20所示。

图3-20　内存设置

3.2.12　时间轴设置

在"首选项"对话框中选择"时间轴"选项，可以设置视频和音频过渡默认持续时间、静止图像默认持续时间和时间轴播放自动滚屏方式等，如图3-21所示。

图3-21　时间轴设置

- ⊙ 视频过渡默认持续时间：设置视频过渡的默认持续时间。
- ⊙ 音频过渡默认持续时间：设置音频过渡的默认持续时间。
- ⊙ 静止图像默认持续时间：设置静止图像的默认持续时间。
- ⊙ 时间轴播放自动滚屏：当某个序列的时长超过可见时间轴长度时，在回放期间，可选择不同的方式来自动滚动时间轴，包括"不滚动""页面滚动"和"平滑滚动"3种方式。

3.2.13　修剪设置

在"首选项"对话框中选择"修剪"选项，可以设置修剪素材时的偏移量，如图3-22所示。

图3-22　修剪设置

3.3　键盘快捷键设置

使用键盘快捷方式可以提高工作效率，Premiere为激活工具、打开面板及访问大多数菜单命令都提供了键盘快捷方式。这些命令是预置的，但也可以进行修改。

3.3.1　自定义菜单命令快捷键

选择"编辑"|"快捷键"命令，打开"键盘快捷键"对话框，在该对话框中可以修改或创建"应用程序"和"面板"两个部分的快捷键，如图3-23所示。

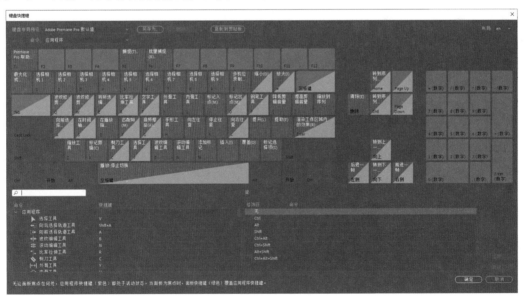

图3-23　"键盘快捷键"对话框

默认状态下，"键盘快捷键"对话框中会显示"应用程序"类型的键盘命令。若要更改或创建其中的键盘设置，可以单击下方列表中的三角形按钮，展开包含相应命令的菜单标题，然后对其进行相应的修改或创建操作。

【练习3-1】自定义命令快捷键。

文件路径	无
技术掌握	自定义快捷键

01 选择"编辑"|"快捷键"命令,打开"键盘快捷键"对话框,在"命令"下拉列表中选择"应用程序"选项,如图3-24所示。

02 在面板下方的"命令"列表框中展开需要的命令菜单(例如,单击"序列"菜单命令选项旁边的三角形按钮,可展开其中的命令选项),如图3-25所示。

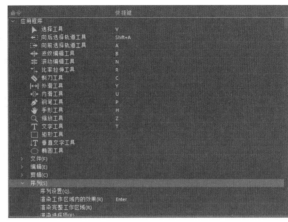

图3-24　选择"应用程序"选项　　　　图3-25　展开命令选项

03 在命令(如"序列设置")对应的快捷键位置单击,"快捷键"列表中将出现一个文本框▆▆×,如图3-26所示。

04 按下一个功能键或组合键(如Ctrl+P),为指定的命令创建键盘快捷键,如图3-27所示。然后单击"确定"按钮,即可为选择的命令创建一个相应的快捷键。

图3-26　在命令对应的快捷键位置单击　　　　图3-27　为命令设置快捷键

【练习3-2】修改命令快捷键。

文件路径	无
技术掌握	修改快捷键

01 选择"编辑"|"快捷键"命令,打开"键盘快捷键"对话框,在下方的"命令"列表框中选择要修改快捷键的菜单命令(例如,单击"编辑"菜单命令下的"全选"命令),然后单击命令后面的快捷键文本框,将其激活,如图3-28所示。

02 重新按下一个功能键或组合键(如Ctrl+Shift+Q),重设该命令的键盘快捷键,此时将增加一个快捷键文本框,如图3-29所示。

图3-28 激活要修改的命令快捷键　　　　图3-29 重设命令的键盘快捷键

03 单击该命令原来快捷键文本框右方的删除按钮，将原有的命令快捷键删除，然后单击"确定"按钮即可修改该命令的快捷键，如图3-30所示。

图3-30 修改命令的键盘快捷键

3.3.2 自定义工具快捷键

Premiere为每个工具提供了键盘快捷键。在"键盘快捷键"对话框的"命令"下拉列表中选择"应用程序"选项，然后在下方的"命令"列表框中可以重新设置各个工具的快捷键，如图3-31所示。

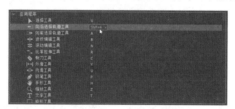

图3-31 工具的键盘快捷键

3.3.3 自定义面板快捷键

若要创建或修改面板的键盘命令，可以在"键盘快捷键"对话框的"命令"下拉列表中选择对应的面板选项(如"项目面板")，如图3-32所示，即可在下方的"命令"列表框中对该面板中的各个功能进行快捷键设置，如图3-33所示。

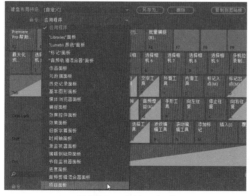 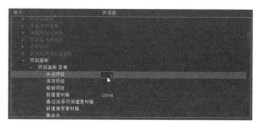

图3-32 选择面板选项　　　　　　　图3-33 自定义面板快捷键

3.3.4　保存自定义快捷键

更改键盘命令后，在"键盘快捷键"对话框中"键盘布局预设"下拉列表的右方单击"另存为"按钮，如图3-34所示。然后在弹出的"键盘布局设置"对话框中设置键盘布局预设名称并单击"确定"按钮，如图3-35所示，即可添加并保存自定义设置，从而可以避免改写Premiere的默认设置。

图3-34　单击"另存为"按钮　　　　图3-35　保存自定义设置

注意：

如果快捷键设置错误或者想删除某个命令快捷键，只需在"键盘快捷键"对话框中选择该快捷键后，单击"清除"按钮即可。另外，用户也可以单击"键盘快捷键"对话框中的"还原"按钮，撤销快捷键的设置操作。

3.3.5　载入自定义快捷键

保存自定义快捷键后，在下次启动Premiere时，可以通过"键盘快捷键"对话框载入自定义的快捷键。

在"键盘快捷键"对话框的"键盘布局预设"下拉列表中选择自定义的快捷键(如"自定义")选项，如图3-36所示，即可载入自定义快捷键。

图3-36　载入自定义快捷键

3.3.6　删除自定义快捷键

创建自定义快捷键后，也可以在"键盘快捷键"对话框中将其删除。打开"键盘快捷键"对话框，在"键盘布局预设"下拉列表中选择要删除的自定义快捷键，然后单击"删除"按钮，即可将其删除，如图3-37所示。

图3-37　删除自定义快捷键

注意：

在"键盘快捷键"对话框的"键盘布局预设"下拉列表中选择Adobe Premiere Pro CS6、Avid Media Composer 5等其他应用程序，可以载入相应程序的预设快捷键。

3.4 疑难解答

问：在使用Premiere进行视频编辑后，会出现许多名为Adobe Premiere Pro Auto-Save的文件夹，该文件夹及其内的文件有没有什么用处？

答：名为Adobe Premiere Pro Auto-Save的文件夹是编辑视频自动生成的暂存文件夹，用于暂时存放编辑视频的备份文件。只要编辑的视频文件没有损坏或丢失，可以定期清除这些暂存文件夹，以免生成越来越多的该类文件夹，占用磁盘空间。

问：在使用Premiere进行视频编辑一段时间后，发现计算机中<C：>盘的可用空间越来越少，这是为什么？

答：使用Premiere进行视频编辑时，会生成媒体缓存文件，这些文件默认情况下存放在C:\Users\Administrator\AppData\Roaming\Adobe\Common文件夹中，当缓存文件过多时，便会影响磁盘的可用空间，用户可以定期对媒体缓存文件夹的数据进行清理。

问：如果计算机的内存较小，用什么方法可以提高Premiere的使用内存？

答：选择"编辑"|"首选项"|"内存"命令，打开"首选项"对话框，降低"为其他应用程序保留的内存"的值，即可提高Premiere的使用内存。

问：当Premiere中的快捷键与其他软件发生冲突时，该怎么办？

答：当Premiere中的快捷键与其他软件发生冲突时，可以选择"编辑"|"快捷键"命令，打开"键盘快捷键"对话框，在该对话框中可以修改与其他软件发生冲突的快捷键。

第4章　素材管理

使用Premiere进行视频编辑时，将所需素材导入"项目"面板后，对素材进行合理管理，可便于在视频编辑时进行使用。本章将介绍Premiere中的素材管理，包括导入素材、管理素材、在监视器面板中设置素材、创建Premiere元素等。

本章重点

- 导入素材
- 管理素材
- 在监视器面板中设置素材
- 创建Premiere元素

二维码教学视频

【练习4-1】导入常规素材　　　　　【练习4-2】导入静帧序列图片

【练习4-3】导入PSD图像　　　　　【练习4-4】嵌套导入项目文件

【练习4-5】对素材进行分类管理　　【练习4-6】链接脱机素材

【练习4-7】设置素材入点和出点　　【练习4-8】设置素材标记

【练习4-9】创建和编辑子素材　　　【练习4-10】创建颜色遮罩

【4.6】上机实训——创建倒计时片头

4.1 导入素材

编辑视频之前，需要将素材导入"项目"面板。执行导入命令有如下3种方法。

- ⊙ 选择"文件"|"导入"命令。
- ⊙ 在"项目"面板的空白处右击，在弹出的快捷菜单中选择"导入"命令。
- ⊙ 在"项目"面板的空白处双击。

4.1.1 导入常规素材

这里所讲的常规素材是指适用于Premiere Pro 2022常用文件格式的素材，以及文件夹和字幕文件等。

【练习4-1】导入常规素材。

文件路径	第4章\常规素材
技术掌握	在Premiere中导入常用的素材

01 选择"文件"|"新建"|"项目"命令，新建一个项目。

02 在"项目"面板的空白处右击，在弹出的快捷菜单中选择"导入"命令，如图4-1所示。

03 在打开的"导入"对话框中选择素材存放的位置，然后选择要导入的素材，如图4-2所示。

图4-1 选择"导入"命令

图4-2 选择素材

04 在"导入"对话框中选择素材后，单击"打开"按钮，即可将选择的素材导入"项目"面板。

05 在"项目"面板中导入素材后，可以使用图标视图或列表视图显示项目中的元素对象。单击"项目"面板左下方的"图标视图"按钮■后，所有作品元素都将以图标形式显示在屏幕上，如图4-3所示。单击"列表视图"按钮■■后，所有作品元素都将以列表形式显示在屏幕上，如图4-4所示。

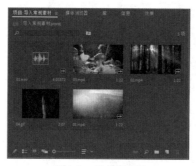

图4-3 图标视图

图4-4 列表视图

注意:

在导入媒体素材时，如果文件导入失败，通常是因为在计算机中没有安装相应的视频解码器，这时只需要下载并安装相应的视频解码器即可。例如，图4-5所示的情况是缺少mov格式的解码器，需要下载并安装QuickTime播放器，安装完此播放器后即可安装mov格式的解码器。

图4-5 文件导入失败提示

4.1.2　导入序列素材

　　序列素材是指按照名称编号顺序排列的一组格式相同的静态图片，每帧图片的内容之间有着时间延续上的关系。将静帧序列素材导入"项目"面板后，可以在预览区域预览素材的效果。

　　【练习4-2】导入静帧序列图片。

文件路径	第4章\静帧序列
技术掌握	在Premiere中导入序列素材

　　01　新建一个项目，选择"文件"|"导入"命令。

　　02　在打开的"导入"对话框中选择素材存放的位置，选择静帧序列图片中的任意一张图片，然后选中"图像序列"复选框，如图4-6所示。

　　03　在"导入"对话框中单击"打开"按钮，即可将指定文件夹中的序列图片以连续的影片形式导入"项目"面板，如图4-7所示。

图4-6　选中"图像序列"复选框

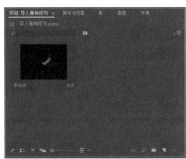
图4-7　导入序列素材

　　04　在"项目"面板标题处右击，在弹出的快捷菜单中选择"预览区域"命令，如图4-8所示。

　　05　此时"项目"面板的左上方将出现一个预览区域，选择导入的序列素材，单击"播放-停止切换"按钮▶，即可在此区域中预览序列素材的效果，如图4-9所示。

图4-8　选择"预览区域"命令

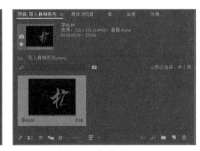
图4-9　预览素材效果

4.1.3　导入PSD格式素材

　　Premiere Pro 2022可以支持多种文件格式，包括由Photoshop制作的PSD格式的文件。在导入PSD格式的素材时，需要指定导入的图层，也可以将素材的图层合并后导入。

　　【练习4-3】导入PSD图像。

文件路径	第4章\PSD图像
技术掌握	在Premiere中导入PSD格式素材

　　01　新建一个项目，选择"文件"|"导入"命令。

　　02　在打开的"导入"对话框中选择并打开"PSD图像.PSD"素材，如图4-10所示。

　　03　在打开的导入对话框中设置导入PSD素材的方式为"合并所有图层"，如图4-11所示。

　　04　单击"确定"按钮，即可将PSD素材图像以合并图层后的效果导入"项目"面板，如图4-12所示。

图4-10 选择PSD素材

图4-11 设置导入方式

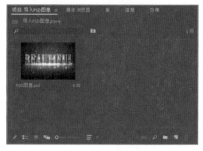
图4-12 导入合并图像

05 如果需要导入分层图像，可以在导入对话框中单击"导入为"选项的下拉按钮，在下拉列表中选择"各个图层"选项，如图4-13所示。

06 在导入对话框的图层列表中选择要导入的图层，如图4-14所示。

07 单击"确定"按钮，即可将选中的图层导入"项目"面板，导入的图层素材将自动存放在以素材命名的素材箱中，如图4-15所示。

图4-13 选择"各个图层"选项

图4-14 选中图层

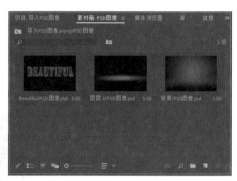
图4-15 导入PSD素材

4.1.4 嵌套导入项目文件

Premiere Pro 2022不仅能导入各种媒体素材，还可以将一个项目文件以素材形式导入另一个项目文件，这种导入方式称为嵌套导入。

【练习4-4】嵌套导入项目文件。

文件路径	第4章\嵌套导入
技术掌握	在Premiere中嵌套导入项目文件

01 新建一个项目，选择"文件"|"导入"命令。

02 在打开的"导入"对话框中选择要导入的嵌套项目文件，然后单击"打开"按钮，如图4-16所示。

03 在打开的"导入项目"对话框中设置"嵌套对象01"的项目导入类型为"导入整个项目"，然后单击"确定"按钮，如图4-17所示。

图4-16 选中项目文件

图4-17 选择导入类型

04 继续在"导入项目"对话框中设置"嵌套对象02"的项目导入类型为"导入整个项目",然后单击"确定"按钮,如图4-18所示。

05 将选择的项目导入"项目"面板,此时导入的项目会包含两个项目文件的所有素材和序列,如图4-19所示。

图4-18　选择导入类型

图4-19　导入项目文件

4.2　管理素材

素材管理是影视编辑过程中的一个重要环节,在"项目"面板中对素材进行合理的管理,可以为后期的影视编辑工作带来事半功倍的效果。

4.2.1　分类管理素材

Premiere Pro 2022"项目"面板中的素材箱类似于Windows操作系统中的文件夹,用于对"项目"面板中的各种文件进行分类管理。

当"项目"面板中的素材过多时,应该创建素材箱来对素材进行分类管理。在"项目"面板中创建素材箱有如下3种常用方法。

⊙ 选择"文件"|"新建"|"素材箱"命令。

⊙ 在"项目"面板中的空白处单击鼠标右键,在弹出的快捷菜单中选择"新建素材箱"命令,如图4-20所示。

⊙ 单击"项目"面板右下方的"新建素材箱"按钮 ,即可创建一个素材箱。

所创建的素材箱依次以"素材箱""素材箱01""素材箱02"……作为默认名称,用户可以在激活名称的情况下对素材进行重命名,如图4-21所示。

图4-20　选择"新建素材箱"命令

图4-21　重命名素材箱

【练习4-5】对素材进行分类管理。

文件路径	第4章\分类管理素材
技术掌握	在Premiere中分类管理素材

01 选择"文件"|"新建"|"项目"命令，新建一个项目。

02 在"项目"面板中导入图像、视频和音乐素材，如图4-22所示。

03 单击"项目"面板中的"新建素材箱"按钮 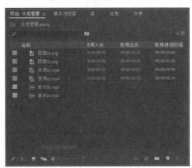，并将新建的素材箱命名为"图像"，然后按Enter键进行确认，完成素材箱的创建，如图4-23所示。

04 选择"项目"面板中的两幅图像素材，然后将这些图像拖到"图像"素材箱上，即可将选择的素材放入"图像"素材箱中，如图4-24所示。

图4-22　导入素材　　　　图4-23　新建素材箱

05 继续创建名为"视频"和"音频"的素材箱，并将素材拖入相应的素材箱中，如图4-25所示。

图4-24　将素材放入素材箱中　　　图4-25　分类存放素材

06 单击各个素材箱前面的三角形按钮，可以折叠素材箱，隐藏其中的内容，如图4-26所示。再次单击素材箱前面的三角形按钮，即可展开素材箱中的内容。

07 双击素材箱(如"图像")，可以单独打开该素材箱，并显示该素材箱中的内容，如图4-27所示。

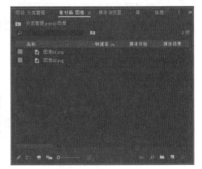

图4-26　折叠素材箱　　　　图4-27　打开素材箱

> **注意：**
>
> 如果导入了一个素材文件夹，那么Premiere将为素材创建一个新的素材箱，并使用原文件夹的名称。将素材放入素材箱，可以对素材箱中的素材进行统一管理和修改。例如，在选中素材箱对象后，按Delete键，可以删除指定的素材箱及其内容；也可以在选择素材箱后，一次性地对素材箱中素材的速度和持续时间进行修改。

4.2.2　设置素材持续时间

选择"项目"面板上的素材，然后选择"剪辑"|"速度/持续时间"命令，或者右击"项目"面板上的素材，在弹出的快捷菜单中选择"速度/持续时间"命令，如图4-28所示。打开"剪辑速度/持续时间"对话框，输入一个持续时间值并单击"确定"按钮，如图4-29所示，即可对素材设置新的持续时间。

"剪辑速度/持续时间"对话框中的持续时间"00:00:03:00"，表示对象的持续时间为3秒；如果持续时间是"00:00:03:10"，则表示对象的持续时间为3秒10帧。单击该对话框中的"链接"按钮，可以解除速度和持续时间之间的约束链接。

图4-28 选择"速度/持续时间"命令　　图4-29 输入持续时间值

4.2.3 设置素材播放速度

选择"项目"面板上的视频素材，然后选择"剪辑"|"速度/持续时间"命令，在打开的"剪辑速度/持续时间"对话框中修改"速度"值，如图4-30所示。然后单击"确定"按钮，即可将素材的速度修改为设置的速度，如图4-31所示。

图4-30 修改速度值　　图4-31 查看素材的播放速度

提示：

在"剪辑速度/持续时间"对话框的"速度"文本中设置的值为素材原速度的百分比，设置的值为大于100的数值会加快视频素材的播放速度，设置的值为0～99的数值将减慢视频素材的播放速度。另外，视频的播放速度与持续时间成反比，素材的播放速度越慢，其持续时间越长；反之，其持续时间越短。

4.2.4 倒放影片素材

倒放影片素材也是在制作特殊效果时经常使用到的技术。选中素材，选择"剪辑"|"速度/持续时间"命令，打开"剪辑速度/持续时间"对话框，然后选中"倒放速度"复选框，可以反向播放素材，如图4-32所示。

提示：

在很多短视频制作中，经常使用倒放影片的形式，达到令人不可思议的效果，以博取观众的眼球。例如，将一个人从高处跳下的视频进行倒放，可以得到从低处向上飞跃的效果。

图4-32 设置倒放素材

4.2.5 重命名素材

对素材文件进行重命名,可以更加方便、准确地查看素材。在"项目"面板中选择素材后,单击素材的名称,即可激活素材名称,如图4-33所示。此时只需要输入新的文件名称,然后按下Enter键即可完成素材的重命名操作,如图4-34所示。

图4-33 激活名称

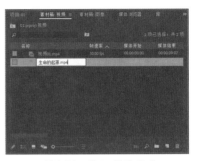

图4-34 输入新的名称

4.2.6 链接脱机素材

脱机素材是当前并不存在的素材文件的占位符,可以记忆丢失的源素材信息。在视频编辑中遇到素材文件丢失时,不会毁坏已编辑好的项目文件。脱机文件在"项目"面板中显示的媒体类型信息为问号,如图4-35所示;脱机素材在监视器窗口中显示为脱机媒体文件,如图4-36所示。

图4-35 脱机素材

图4-36 脱机媒体文件

> **注意:**
>
> 脱机文件只起到占位符的作用,在节目的合成中没有实际内容。如果最后要在Premiere中输出的话,需要将脱机文件用所需的素材替换,或定位链接计算机中的素材。

【练习4-6】链接脱机素材。

文件路径	第4章\链接素材
技术掌握	在Premiere中链接脱机素材

01 打开"脱机素材.prproj"项目文件,"项目"面板中的"夜景01.jpg"素材为脱机文件,如图4-37所示。

02 在脱机素材上单击鼠标右键,在弹出的快捷菜单中选择"链接媒体"命令,如图4-38所示。

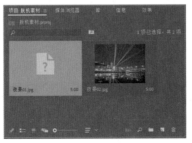

图4-37 打开项目文件

图4-38 选择"链接媒体"命令

03 在打开的"链接媒体"对话框中单击"查找"按钮，如图4-39所示。

图4-39 单击"查找"按钮

04 在打开的查找对话框中找到并选择"照片01.jpg"素材，如图4-40所示。单击对话框中的"确定"按钮，即可完成脱机文件的链接，"项目"面板中将显示链接的素材，如图4-41所示。

图4-40 选择链接素材

图4-41 显示链接素材

4.2.7 替换素材

当项目中的素材需要更换成其他素材时，可以通过替换素材的方式更换项目中的素材。在"项目"面板中右击素材，在弹出的快捷菜单中选择"替换素材"命令，如图4-42所示。在打开的替换对话框中选择作为替换素材的对象，如图4-43所示。然后单击"选择"按钮，即可使用所选素材替换"项目"面板中指定的素材。

图4-42 选择"替换素材"命令

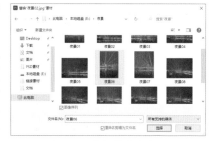

图4-43 选择替换素材

4.2.8 清除素材

在影视编辑过程中，清除多余的素材，可以减少管理素材的复杂程度。在Premiere中清除素材的常用方法有如下3种。

◉ 在"项目"面板中右击素材，在弹出的快捷菜单中选择"清除"命令。

- 在"项目"面板中选择要清除的素材，然后单击"清除"按钮 🗑。
- 选择"编辑"|"移除未使用资源"命令，可以将未使用的素材清除。

4.3　在监视器面板中设置素材

在编辑视频的过程中，通常需要打开源监视器，以便查看源素材(将用于在节目中使用的素材)的效果。

4.3.1　在源监视器中查看素材

在"项目"面板中双击素材，或将素材拖入"源监视器"面板，即可在"源监视器"面板中显示该素材的效果，"源监视器"面板顶部将显示素材的名称。

如果"源监视器"面板中有多个素材，可以在"源监视器"面板中单击标题按钮 ☰，在打开的下拉列表中选择素材进行切换，如图4-44所示。选择的素材将出现在"源监视器"面板中，如图4-45所示。

图4-44　选择素材　　　　　　　图4-45　切换素材

4.3.2　查看安全区域

"源监视器"和"节目监视器"面板都允许查看安全区域。监视器的安全框用于显示动作和字幕所在的安全区域。这些框指示图像区域在监视器的视图区域内是安全的，包括那些可能被扫描的图像区域。

在"源监视器"面板中右击鼠标，在弹出的快捷菜单中选择"安全边距"命令，如图4-46所示。当安全区域的边界显示在监视器中时，内部安全区域就是字幕安全区域，而外部安全区域则是动作安全区域，如图4-47所示。

图4-46　选择"安全边距"命令　　　图4-47　显示安全区域

4.3.3　素材的帧定位

在"源监视器"面板中可以精确地查找素材片段的每一帧，具体而言，可以进行如下一些操作。

- 在"源监视器"面板左下方的时间码文本框中单击,将其激活为可编辑状态,输入需要跳转的准确时间,如图4-48所示。然后按Enter键进行确认,即可精确地定位到指定的帧位置,如图4-49所示。

图4-48 输入要跳转到的帧位置　　　　图4-49 帧定位

- 单击"前进一帧"按钮 ▶,可以使画面向前移动一帧。如果按住Shift键的同时单击该按钮,则可以使画面向前移动5帧。
- 单击"后退一帧"按钮 ◀,可以使画面向后移动一帧。如果按住Shift键的同时单击该按钮,则可以使画面向后移动5帧。
- 直接拖动当前时间指示器到要查看的位置。

4.3.4 在源监视器中修整素材

由于采集的素材包含的影片总是多于所需的影片,因此在将素材放到"时间轴"面板的某个视频序列中时,有时需要先在"源监视器"面板中设置素材的入点和出点,从而节省在"时间轴"面板中编辑素材的时间。

【练习4-7】设置素材入点和出点。

文件路径	第4章\修整素材
技术掌握	在"源监视器"面板中设置素材入点和出点

01 新建一个项目,然后在"项目"面板中导入素材文件,如图4-50所示。

02 双击"项目"面板中的素材,或将素材拖入"源监视器"面板,"源监视器"面板中将显示素材效果,如图4-51所示。

图4-50 导入素材　　　　图4-51 显示素材

03 将时间指示器移到需要设置为入点的位置(如第5秒处),如图4-52所示.

04 选择"标记"|"标记入点"命令,或者在"源监视器"面板中单击"标记入点"按钮 ⟨,即可为素材设置入点,如图4-53所示。

图4-52 移动时间指示器　　　　图4-53 设置素材入点

05 将时间指示器移到需要设置为出点的位置(如第10秒处),然后选择"标记"|"标记出点"命令,或者单击"标记出点"按钮，如图4-54所示,即可为素材设置出点。将时间指示器从出点位置移开,可看到出点处的右括号标记,如图4-55所示。

图4-54 设置素材出点

图4-55 出点标记

06 选择"标记"|"转到入点"命令,或单击"源监视器"面板中的"转到入点"按钮，即可转到素材的入点,如图4-56所示。

07 选择"标记"|"转到出点"命令,或单击"源监视器"面板中的"转到出点"按钮，即可转到素材的出点,如图4-57所示。

08 单击"源监视器"面板右下方的"按钮编辑器"按钮，在弹出的面板中将"从入点到出点播放视频"按钮拖到"源监视器"面板下方的工具按钮栏中,如图4-58所示。

09 在"源监视器"面板中单击添加的"从入点到出点播放视频"按钮，可以在"源监视器"面板中预览素材在入点和出点之间的视频,如图4-59所示。

图4-56 单击"转到入点"按钮

图4-57 单击"转到出点"按钮

图4-58 添加工具按钮

图4-59 播放入点到出点间的视频

4.3.5 设置素材标记

如果想返回素材中的某个特定帧，可以设置一个标记作为参考点。在"源监视器"面板或时间轴序列中，标记显示为三角形。

【练习4-8】设置素材标记。

文件路径	第4章\素材标记
技术掌握	在"源监视器"面板中设置素材标记

01 新建一个项目，在"项目"面板中导入素材，如图4-60所示。

02 双击导入的素材，在"源监视器"面板中显示素材效果，如图4-61所示。

03 单击"源监视器"面板右下方的"按钮编辑器"按钮，在弹出的面板中将"转到上一标记"按钮和"转到下一标记"按钮拖到"源监视器"面板下方的工具按钮栏中，如图4-62所示。

图4-60 导入素材 图4-61 显示素材

04 将时间指示器移到第5帧，选择"标记"|"添加标记"命令，或单击"添加标记"按钮，即可在该位置添加一个标记，标记会出现在时间标尺上方，如图4-63所示。

05 继续在第1秒和第1秒19帧的位置各添加一个标记，如图4-64所示。

图4-62 添加按钮 图4-63 添加标记

06 选择"标记"|"转到上一标记"命令，或单击"转到上一标记"按钮，即可将时间指示器移到上一个标记位置，如图4-65所示。

07 选择"标记"|"转到下一标记"命令，或单击"转到下一标记"按钮，可以将时间指示器移到下一个标记位置。

图4-64 添加两个标记 图4-65 转到上一标记

08 选择"标记"|"清除所选标记"命令，可以清除当前时间指示器所在位置的标记，如图4-66所示。

09 选择"标记"|"清除所有标记"命令，可以清除所有的标记，如图4-67所示。

图4-66 清除当前标记 图4-67 清除所有标记

4.4 主素材和子素材

如果正在处理一个较长的视频项目，那么有效地组织视频和音频素材将有助于确保工作效率。Premiere 可以在主素材中创建子素材，从而对主素材进行细分管理。

4.4.1 认识主素材和子素材

子素材是父级主素材的子对象，它们可以同时用在一个项目中。

- ⊙ █ 主素材：当首次导入素材时，它会作为"项目"面板中的主素材。可以在"项目"面板中重命名和删除主素材，而不会影响原始的硬盘文件。
- ⊙ █ 子素材：子素材是主素材的一个更短的、经过编辑的版本，但又独立于主素材。可以将一个主素材分解为多个子素材，并在"项目"面板中快速访问它们。如果从项目中删除主素材，它的子素材仍会保留在项目中。

在对主素材和子素材进行脱机和联机等操作时，将出现如下几种情况。

- ⊙ 如果使一个主素材脱机，或者从"项目"面板中将其删除，那么其实并未从磁盘中将素材文件删除，子素材和子素材实例仍然是联机的。
- ⊙ 如果使一个子素材脱机，并从磁盘中删除素材文件，那么子素材及其主素材将会脱机。
- ⊙ 如果从项目中删除子素材，那么不会影响主素材。
- ⊙ 如果使一个子素材脱机，那么它在时间轴序列中的实例也会脱机，但是其副本将会保持联机状态，基于主素材的其他子素材也会保持联机。
- ⊙ 如果重新采集一个子素材，那么它会变为主素材。子素材在序列中的实例被链接到新的子素材电影胶片，它们不再被链接到旧的子素材上。

4.4.2 创建和编辑子素材

编辑素材时，在时间轴中处理更短的素材比处理更长的素材效率更高。在Premiere Pro 2022中创建和编辑子素材的方法如下。

【练习4-9】创建和编辑子素材。

文件路径	第4章\子素材
技术掌握	创建和编辑子素材

01 新建一个项目，在"项目"面板中导入一个素材(即主素材)，如图4-68所示。

02 双击主素材文件，在"源监视器"面板中打开该素材，如图4-69所示。

03 将"源监视器"面板的当前时间指示器移到期望入点的时间位置(如第2秒)，然后单击"标记入点"按钮 █ ，添加一个入点标记，如图4-70所示。

图4-68 导入主素材

图4-69 在"源监视器"面板中打开主素材

04 将当前时间指示器移到期望出点的时间位置(如第5秒),然后单击"标记出点"按钮 ，添加一个出点标记,如图4-71所示。

图4-70 为主素材设置入点　　　图4-71 为主素材设置出点

05 选择"剪辑"|"制作子剪辑"命令,打开"制作子剪辑"对话框,为子素材输入一个名称,如图4-72所示。

06 在"制作子剪辑"对话框中单击"确定"按钮,即可在"项目"面板中创建一个子素材,该子素材的持续时间为15秒,如图4-73所示。

07 选择创建的子素材,然后选择"剪辑"|"编辑子剪辑"命令,打开"编辑子剪辑"对话框,重新设置素材的开始时间(即入点)和结束时间(即出点),如图4-74所示。

图4-72 输入子素材的名称　　　图4-73 创建子素材

08 在"编辑子剪辑"对话框中单击"确定"按钮,完成对子素材入点和出点的编辑,"项目"面板中将显示编辑后的开始点(即入点)和结束点(即出点),如图4-75所示。

图4-74 重新设置素材的入点和出点　　　图4-75 编辑后的入点和出点

4.4.3 将子素材转换为主素材

在创建好子素材后,还可以将子素材转换为主素材。选择"剪辑"|"编辑子剪辑"命令,在弹出的"编辑子剪辑"对话框中选中"转换到源剪辑"复选框,如图4-76所示。然后单击"确定"按钮,即可将子素材转换为主素材,其在"项目"面板中的图标将变为主素材图标,如图4-77所示。

图4-76 选中"转换到源剪辑"复选框　　　图4-77 转换子素材为主素材

4.5　创建Premiere元素

在使用Premiere进行视频编辑的过程中，借助Premiere自带的背景元素，可以为文本或图像创建颜色遮罩、透明视频、彩条、倒计时片头等对象。

创建Premiere元素有如下两种方法。

- 选择"文件"|"新建"命令，在子菜单中选择创建Premiere元素的命令，如图4-78所示。
- 在"项目"面板中单击"新建项"按钮，在弹出的快捷菜单中选择创建的Premiere元素的命令，如图4-79所示。

图4-78　创建Premiere元素的命令

图4-79　单击"新建项"按钮

4.5.1　创建颜色遮罩

Premiere的颜色遮罩与其他视频蒙版不同，它是一个覆盖整个视频帧的纯色遮罩。颜色遮罩可用作背景或创建最终轨道之前的临时轨道占位符。使用颜色遮罩的优点之一是其具有通用性，在创建完颜色遮罩后，通过单击颜色遮罩即可轻松修改颜色。

【练习4-10】创建颜色遮罩。

文件路径	第4章\颜色遮罩
技术掌握	创建颜色遮罩背景素材

01 选择"文件"|"新建"|"颜色遮罩"命令，打开"新建颜色遮罩"对话框，如图4-80所示。

02 设置视频宽度和高度等信息，然后单击"确定"按钮，在打开的"拾色器"对话框中选择遮罩颜色，如图4-81所示。

图4-80　"新建颜色遮罩"对话框

图4-81　选择遮罩颜色

03 选择好颜色后，单击"确定"按钮，关闭"拾色器"对话框。然后在出现的"选择名称"对话框中输入颜色遮罩的名称，如图4-82所示。

04 单击"确定"按钮，颜色遮罩会自动在"项目"面板中生成，如图4-83所示。

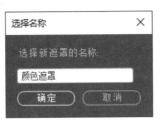

图4-82 输入名称　　　　图4-83 生成颜色遮罩

4.5.2 创建透明视频

选择"文件"|"新建"|"透明视频"命令，打开"新建透明视频"对话框，如图4-84所示。在"新建透明视频"对话框中设置视频的宽度和高度等信息后，单击"确定"按钮，即可创建一个"透明视频"素材，如图4-85所示。

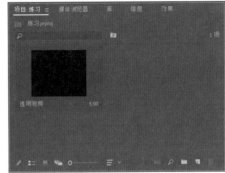

图4-84 "新建透明视频"对话框　　　图4-85 创建"透明视频"素材

4.5.3 创建彩条

单击"项目"面板中的"新建项"按钮，在弹出的菜单中选择"彩条"命令，在打开的"新建色条和色调"对话框中设置视频的宽度和高度等信息，如图4-86所示。单击"确定"按钮，即可创建设置好的彩条对象，如图4-87所示。

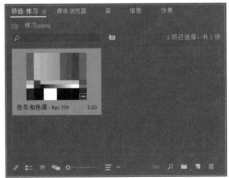

图4-86 "新建色条和色调"对话框　　　图4-87 创建彩条

4.5.4 创建黑场视频

黑场视频通常加在视频片头，或者加在两个素材的中间，其作用是增加转场效果，不至于画面切换得太突然。

选择"文件"|"新建"|"黑场视频"命令,在打开的"新建黑场视频"对话框中设置对象的宽度和高度等信息,如图4-88所示。单击"确定"按钮,即可创建设置好的黑场视频,如图4-89所示。

图4-88 "新建黑场视频"对话框 图4-89 创建黑场视频

注意:

在Premiere中创建自带的背景元素后,可以通过双击元素对象对其进行编辑。但是,彩条、黑色视频和透明视频只有唯一的状态,因此不能对其进行重新编辑。

4.6 上机实训——创建倒计时片头

文件路径	第4章\倒计时片头
技术掌握	创建倒计时片头素材

本节上机实训将讲解创建影片倒计时片头元素。使用Premiere Pro 2022新建对象中的"通用倒计时片头"命令,可以创建系统预设的影片开始前的倒计时片头效果,本例最终效果如图4-90所示。

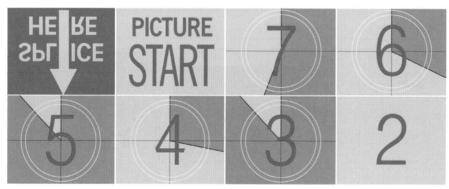

图4-90 案例最终效果

01 在"项目"面板中单击"新建项"按钮,在弹出的快捷菜单中选择"通用倒计时片头"命令,打开"新建通用倒计时片头"对话框,如图4-91所示。

02 在"新建通用倒计时片头"对话框中单击"确定"按钮,打开"通用倒计时设置"对话框,如图4-92所示。

图4-91 "新建通用倒计时片头"对话框

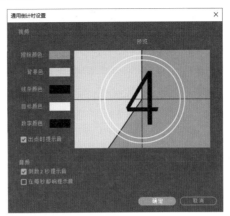

图4-92 "通用倒计时设置"对话框

03 在"通用倒计时设置"对话框中单击"数字颜色"图标,打开"拾色器"对话框,设置数字颜色为红色,然后单击"确定"按钮,如图4-93所示。

04 返回"通用倒计时设置"对话框,单击"确定"按钮,即可创建设置好的倒计时片头,如图4-94所示。

图4-93 "拾色器"对话框

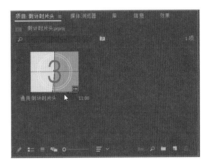

图4-94 创建设置好的倒计时片头

05 将创建好的倒计时片头拖入"源监视器"面板,单击"播放-停止切换"按钮,可以在"源监视器"面板中预览倒计时片头效果,如图4-95所示。

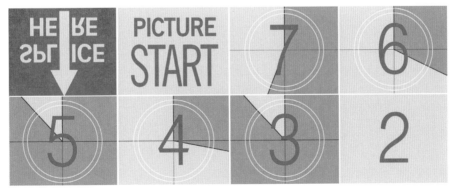

图4-95 倒计时预览效果

4.7 疑难解答

问：设置素材的入点和出点后，发现不需要设置的入点和出点，该怎么办？

答：如果发现不需要设置的素材入点和出点，可以选择"标记"|"清除入点"命令，清除设置的入点；选择"标记"|"清除出点"命令，清除设置的出点；选择"标记"|"清除入点和出点"命令，清除设置的入点和出点。

问：在清除素材标记时，"标记"菜单中的命令呈灰色，并且无法执行其中的命令，是出于什么原因？

答：出现这种情况通常是因为没有选中用于设置标记的"源监视器"面板，这种情况只需要选中"源监视器"面板，即可执行"标记"菜单中的命令。

问：在Premiere中如何导入带有透明部分的图像？

答：在Premiere直接导入素材即可保留图像的透明部分。要导入带透明内容的图像，可以先在Photoshop软件中制作好具有透明内容的图像。

问：在导入图像素材之前，如何设置导入素材的默认持续时间？

答：选择"编辑"|"首选项"|"时间轴"命令，打开"首选项"对话框，在"静止图像默认持续时间"文本框中输入新值，即可修改导入静止图像的默认持续时间。

第5章 序 列

Premiere的视频编辑主要在序列中进行操作。Premiere创建的序列会显示在"时间轴"面板中，在"时间轴"面板中对序列素材进行编辑后，再将一个个的片段组接起来，就完成了视频的编辑操作。本章将介绍Premiere Pro 2022视频编辑的相关知识，包括创建序列、认识"时间轴"面板、轨道设置、在序列中添加素材、嵌套序列和多机位序列等内容。

本章重点

● 认识"时间轴"面板

● 创建与设置序列

● 在序列中添加素材

● 轨道控制

二维码教学视频

【练习5-1】创建小视频预设序列

【练习5-2】创建嵌套序列

【练习5-3】创建多机位序列

【5.5】上机实训——制作电子相册

5.1 时间轴面板

Premiere创建的序列存放在"时间轴"面板中，视频编辑工作的大部分操作是在"时间轴"面板中进行的，"时间轴"面板用于组接"项目"面板中的各种片段，是按时间排列片段、制作影视节目的编辑面板。

5.1.1 时间轴面板功能划分

在创建序列前，"时间轴"面板只有标题、时间码和工具选项，而且这些选项处于不可用的灰色状态，如图5-1所示。

将素材添加到"时间轴"面板，或选择"文件"|"新建"|"序列"命令，创建一个序列后，"时间轴"面板将变为包括序列影视节目的工作区、视频轨道、音频轨道和各种工具组成的面板，如图5-2所示。

图5-1 "时间轴"面板

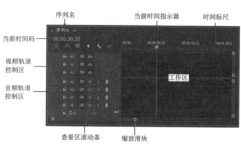

图5-2 "时间轴"面板功能

提示：

如果在Premiere程序窗口中看不到"时间轴"面板，可以通过双击"项目"面板中的序列图标将其打开，或是选择"窗口"|"时间轴"命令将其打开。

5.1.2 时间轴控件与标尺

"时间轴"面板中的时间轴标尺图标和控件决定了观看影片的方式，以及Premiere渲染和导出的区域。

- 时间标尺：时间标尺是时间间隔的可视化显示，它将时间间隔转换为每秒包含的帧数，对应项目的帧速率。标尺上出现的数字之间的实际刻度数取决于当前的缩放级别，用户可以拖动查看区滚动条或缩放滑块进行调整。

- 当前时间码：在时间轴上移动当前时间指示器时，当前时间码显示框中会指示当前帧所在的时间位置。可以单击时间码显示框并输入一个时间，以快速跳到指定的帧处。输入时间时不必输入分号或冒号，例如，单击时间码显示框并输入35215后按Enter键，如图5-3所示，即可移到帧03:52:15的位置，如图5-4所示。

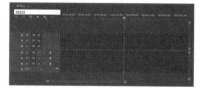

图5-3 输入时间

图5-4 快速跳至指定帧

- 当前时间指示器：当前时间指示器是标尺上的蓝色图标。可以单击并拖动当前时间指示器在影片上缓缓移动，也可以单击标尺区域中的某个位置，将当前时间指示器移到特定帧处，如图5-5所示。
- 查看区滚动条：单击并拖动查看区滚动条，可以更改时间轴中的查看位置，如图5-6所示。

图5-5 拖动时间指示器　　图5-6 拖动查看区滚动条

- 缩放滑块：单击并拖动查看区滚动条两边的缩放滑块，可以更改时间轴中的缩放级别。缩放级别决定标尺的增量和在"时间轴"面板中显示的影片长度。
- 工作区：时间轴标尺的下面是Premiere的工作区，用于指定将要导出或渲染的工作区。

提示：

若要放大时间轴的时间标尺，可单击查看区滚动条两边的缩放滑块并向内拖动，如图5-7所示。若要缩小时间轴的时间标尺，可单击查看区滚动条两边的缩放滑块并向外拖动，如图5-8所示。

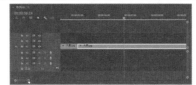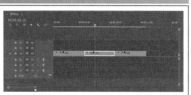

图5-7 向内拖动缩放滑块　　图5-8 向外拖动缩放滑块

5.1.3 视频轨道控制区

"时间轴"面板的重点是视频和音频轨道，视频轨道提供了视频影片、转场和效果的可视化表示。使用时间轴轨道选项可以添加和删除轨道，并控制轨道的显示方式，还可以控制在导出项目时是否输出指定轨道，以及锁定轨道和指定是否在视频轨道中查看视频帧。

轨道控制的图标和轨道选项如图5-9所示，下面分别介绍常用图标和选项的功能。

- 对齐：该按钮触发Premiere的对齐到边界命令。当打开对齐功能时，一个序列的帧对齐到下一个序列的帧，这种磁铁似的效果有助于确保产品中没有间隙。打开对齐功能后，"对齐"按钮显示为被按下的状态。此时，将一个素材向另一个邻近的素材拖动时，它们会自动吸附在一起，这可以防止素材之间出现时间间隙。
- 添加标记：使用序列标记，可以设置想要快速跳至的时间轴上的点。序列标记有助于在编辑时将时间轴中的工作分解。要设置未编号标记，将当前时间指示器拖到想要设置标记的地方，然后单击"添加标记"按钮即可，图5-10所示为设置的标记效果。

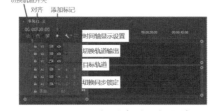

图5-9 轨道中的图标和选项　　图5-10 设置标记

- 目标轨道：当使用素材源监视器插入影片，或者使用节目监视器或修整监视器编辑影片时，Premiere会改变时间轴中当前目标轨道中的影片。要指定一个目标轨道，只需单击此轨道左侧的"目标轨道"图标即可。
- 切换轨道输出：单击"切换轨道输出"眼睛图标可以打开或关闭轨道输出，这可以避免在播放期间或导出时在"节目监视器"面板中查看轨道。若要再次打开输出，只需再次单击此按钮,眼睛图标会再次出现,指示导出时将在"节目监视器"面板中查看轨道。

- ◉ 切换同步锁定:轨道锁定是一个安全特性,可以防止意外编辑。当一个轨道被锁定时,不能对轨道进行任何更改。单击"切换轨道锁定"图标后,此图标将出现锁定标记 🔒 ,指示轨道已被锁定。若要对轨道解锁,再次单击该图标即可。

- ◉ 将序列作为嵌套或个别剪辑插入并覆盖 🔳 :用于将新序列作为嵌套或个别剪辑插入并覆盖原序列。

- ◉ 时间轴显示设置:单击该按钮 🔧 ,可以弹出用于设置时间轴显示样式的菜单,如图5-11所示。例如,启用"显示视频缩览图"选项后,在展开轨道时,可以显示素材的缩览图,如图5-12所示。

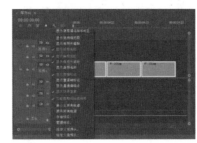

图5-11 时间轴显示设置菜单

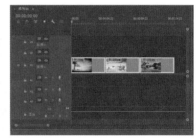

图5-12 显示视频缩览图

5.1.4 音频轨道控制区

音频轨道中的时间轴控件与视频轨道的时间轴控件类似。音频轨道提供了音频素材、转场和效果的可视化表示。

- ◉ 目标轨道:若要将一个轨道转变为目标轨道,单击其左侧的"A1""A2"或"A3"图标即可。
- ◉ M/S:单击M按钮,转换为静音轨道;单击S按钮,转换为独奏轨道。
- ◉ 轨道锁定开关:此图标控制轨道是否被锁定。当轨道被锁定后,不能对轨道进行更改。单击轨道锁定开关图标,可以打开或关闭轨道锁定。当轨道被锁定时,将会出现锁形图标 🔒 。

提示:

> Premiere可以提供各种不同的音频轨道,包括标准音频轨道、子混合轨道、主音轨道及5.1轨道。标准音频轨道用于WAV和AIFF素材。子混合轨道用于为轨道的子集创建效果,而不是为所有轨道创建效果。使用Premiere音轨混合器,可以将音频放到主音轨道和子混合轨道中。5.1轨道是一种特殊轨道,仅用于立体声音频。

5.1.5 显示音频时间单位

默认情况下,Premiere以帧的形式显示时间轴间隔。用户可以在"时间轴"面板中单击快捷菜单按钮,然后在快捷菜单中选择"显示音频时间单位"命令,如图5-13所示,即可将时间轴单位更改为音频时间单位,音频时间单位以毫秒或音频采样的形式显示,如图5-14所示。

图5-13 选择"显示音频时间单位"命令

图5-14 显示音频时间单位

5.2 创建序列

将"项目"面板中的素材拖到"时间轴"面板中，即可创建一个以素材名命名的序列。用户也可以通过新建命令，在"时间轴"面板中创建一个新序列，并且可以设置序列的名称、视频大小和轨道数等参数，新建的序列会作为一个新的选项卡自动添加到"时间轴"面板中。

5.2.1 新建序列

选择"文件"|"新建"|"序列"命令，打开"新建序列"对话框，在下方的"序列名称"文本框中输入序列的名称，如图5-15所示。在"序列预设""设置"和"轨道"选项卡中设置好需要的参数，然后单击"确定"按钮，即可在"时间轴"面板中新建一个序列，如图5-16所示。

图5-15 输入序列名称

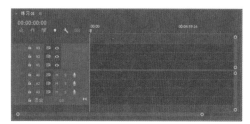

图5-16 新建序列

5.2.2 序列预设

在"新建序列"对话框中选择"序列预设"选项卡，在"可用预设"列表中选用所需的序列预设参数。选择序列预设后，该对话框的"预设描述"区域中将显示该预设的编辑模式、画面大小、帧速率、像素长宽比和位数深度设置，以及音频设置等，如图5-15所示。

Premiere为NTSC电视和PAL标准提供了DV(数字视频)格式预设。如果正在使用HDV或HD进行工作，也可以选择预设。用户还可以更改预设，同时将自定义预设保存起来，用于其他项目。

- ◉ 如果所工作的DV项目中的视频不准备用于宽银幕格式(16：9的纵横比)，则可以选择"标准48kHz"选项。该预设将声音品质指示为48kHz，它用于匹配素材源影片的声音品质。
- ◉ 24P预设用于以24帧/秒拍摄且画幅大小是720×480的逐行扫描影片(松下和佳能制造的摄像机在此模式下拍摄)。如果有第三方视频采集卡，则可以看到其他预设，专门用于辅助采集卡工作。
- ◉ 如果使用DV影片，则可以不必更改默认设置。

5.2.3 序列常规设置

在"新建序列"对话框中选择"设置"选项卡，在该选项卡中可以设置序列的常规参数，如图5-17所示。

◉ 编辑模式：编辑模式是由"序列预设"选项卡中选定的预设所决定的。使用编辑模式选项，可以设置时间轴的播放方法和压缩方式。选择DV预设，编辑模式将自动设置为DV NTSC或DV PAL。如果不想选择某种预设，那么可以直接从"编辑模式"下拉列表中选择一种编辑模式或选择自定义模式重新设置参数，选项如图5-18所示。

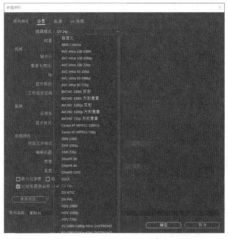

图5-17　"设置"选项卡　　　　　图5-18　"编辑模式"下拉列表

◉ 时基：也就是时间基准。在计算编辑精度时，"时基"选项决定了Premiere如何划分每秒的视频帧。在大多数项目中，时间基准应该匹配所采集影片的帧速率。对于DV项目来说，时间基准设置为29.97并且不能更改。应当将PAL项目的时间基准设置为25，影片项目设置为24，移动设备设置为15。"时基"设置也决定了"显示格式"区域中的哪个选项可用。"时基"和"显示格式"选项决定了时间轴窗口中标尺核准标记的位置。

◉ 帧大小：项目的画面大小是其以像素为单位的宽度和高度决定的。第一个数字代表画面宽度，第二个数字代表画面高度。如果选择了DV预设，则画面大小设置为DV默认值(720×480)。如果使用DV编辑模式，则不能更改项目的画面大小。但是，如果是使用桌面编辑模式创建的项目，则可以更改画面大小。如果是为Web或光盘创建的项目，那么在导出项目时可以缩小其画面大小。

◉ 像素长宽比：本设置应匹配图像像素的形状，像素长宽比即图像中一个像素宽与高的比值。对于在图形程序中扫描或创建的模拟视频和图像，需选择方形像素。根据所选择的编辑模式的不同，"像素长宽比"选项的设置也会不同。例如，如果选择了"DV 24p"编辑模式，则像素长宽比可以从0.9和1.2中进行选择，此格式用于宽银幕影片，如图5-19所示。如果选择"自定义"编辑模式，则可以自由选择像素长宽比，如图5-20所示，此格式多用于方形像素。如果胶片上的视频是由变形镜头拍摄的，则选择"变形2：1(2.0)"选项，这样镜头会在拍摄时压缩图像，但投影时可变形放映镜头可以反向压缩，以创建宽银幕效果。D1/DV项目的默认设置是0.9。

图5-19　选择用于宽银幕影片的格式　　　图5-20　自由选择像素长宽比

如果需要更改所导入素材的帧速率或像素长宽比(因为它们可能与项目设置不匹配)，可在"项目"面板中选定此素材，然后选择"剪辑"|"修改"|"解释素材"命令，打开"修改剪辑"对话框。若要更改帧速率，可在该对话框中单击"采用此帧速率"选项，然后在文本编辑框中输入新的帧速率；若要更改像素长宽比，可单击"符合"选项，然后从像素长宽比列表中进行选择。

- ⊙ 场：在将项目导出到录像带中时，就要用到场。每个视频帧都会分为两个场，它们会显示1/60秒。在PAL标准中，每个场会显示1/50秒。在"场"下拉列表中可以选择"高场优先"或"低场优先"选项，这取决于系统期望得到什么样的场。
- ⊙ 采样率：音频采样值决定了音频品质。采样值越高，提供的音质越好。建议将此设置保持为录制时的值。如果将此设置更改为其他值，则需要更多处理过程，而且还可能降低品质。
- ⊙ 视频预览：用于指定使用Premiere时如何预览视频。大多数选项是由项目编辑模式决定的，因此不能更改。例如，对于DV项目而言，任何选项都不能更改。如果选择HD编辑模式，则可以选择一种文件格式。如果预览部分中的选项可用，则可以选择组合文件格式和色彩深度，以便在重放品质、渲染时间和文件大小之间取得最佳平衡。

5.2.4 序列轨道设置

在"新建序列"对话框中选择"轨道"选项卡，在该选项卡中可以设置"时间轴"窗口中的视频和音频轨道数，也可以选择是否创建子混合轨道和数字轨道，如图5-21所示。

在"视频"选项组中的数值框中可以重新对序列的视频轨道数进行设置；在"音频"选项组中的"主"音轨下拉列表框中可以选择主音轨的类型，如图5-22所示。单击"添加轨道"按钮⊕，则可以增加默认的音频轨道数，在下方的轨道列表中还可以设置音频轨道的名称、类型等参数。

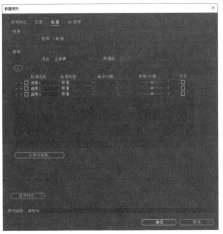

图5-21 "轨道"选项卡

图5-22 选择主音轨类型

在"轨道"选项卡中更改设置并不会改变当前时间轴，如果通过选择"文件"|"新建"|"序列"命令的方式创建一个新序列，则添加了新序列的时间轴就会显示新设置。

【练习5-1】创建小视频预设序列。

文件路径	无
技术掌握	创建预设序列

[01] 选择"文件"|"新建"|"序列"命令，打开"新建序列"对话框，在"新建序列"对话框中选择"设置"选项卡，设置"编辑模式"和"帧大小"参数，如图5-23所示。

[02] 选择"轨道"选项卡，设置视频轨道数，然后单击"保存预设"按钮，如图5-24所示。

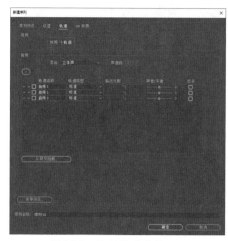

图5-23　设置常规参数　　　　　　　　　　图5-24　设置轨道参数

03 在打开的"保存序列预设"对话框中为该自定义预设命名，也可以在"描述"文本框中输入一些有关该预设的说明性文字，如图5-25所示。

04 单击"确定"按钮，即可保存设置的序列预设参数，保存的预设将出现在"序列预设"选项卡的"自定义"素材箱中，如图5-26所示。

图5-25　命名自定义预设　　　　　　　　　图5-26　新建的预设序列

5.2.5　关闭和打开序列

创建序列后，序列会在"项目"面板中生成。在"时间轴"面板中单击序列名称前的"关闭"按钮，可以将"时间轴"面板中的序列关闭；关闭"时间轴"面板中的序列后，双击"项目"面板中的序列项目，可以在"时间轴"面板中重新打开该序列。

5.2.6　在序列中添加素材

将素材导入"项目"面板后，需要将素材添加到"时间轴"面板的序列中，然后在"时间轴"面板中对序列素材进行视频编辑。将素材按照顺序分配到时间轴上的操作就是装配序列。

在Premiere中创建序列后，可以通过如下几种方法将"项目"面板中的素材添加到"时间轴"面板的序列中。

- 在"项目"面板中选择素材，然后将其从"项目"面板拖到"时间轴"面板的序列轨道中。
- 选中"项目"面板中的素材，然后选择"素材"|"插入"命令，将素材插入当前时间指示器所在的目标轨道上。插入素材时，该素材会被放到序列中，并将插入点所在的影片推向右边。
- 选中"项目"面板中的素材，然后选择"素材"|"覆盖"命令，将素材插入当前时间指示器所在的目标轨道上。插入素材时，该素材会被放到序列中，插入的素材将替换当前时间指示器后面的素材。
- 双击"项目"面板中的素材，会在"源监视器"面板中将其打开，设置好素材的入点和出点后，单击"源监视器"面板中的"插入"或"覆盖"按钮，或者选择"素材"|"插入"或"素材"|"覆盖"命令，将素材添加到"时间轴"面板中。

5.3 轨道控制

在视频编辑过程中，通常需要添加、删除视频或音频轨道等操作。本节将介绍添加轨道、删除轨道和重命名轨道的方法。

5.3.1 添加轨道

选择"序列"|"添加轨道"命令，或者右击轨道名称并从弹出的快捷菜单中选择"添加轨道"命令；打开如图5-27所示的"添加轨道"对话框，在此可以选择要创建的轨道类型和轨道放置的位置。图5-28所示为添加视频轨道后的效果。

图5-27 "添加轨道"对话框

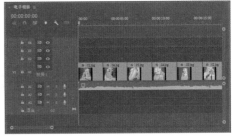

图5-28 添加视频轨道

5.3.2 删除轨道

在删除轨道之前，需要先确定是删除目标轨道还是空轨道。如果要删除一个目标轨道，应先将该轨道选中，然后选择"序列"|"删除轨道"命令，或者右击轨道名称并从弹出的快捷菜单中选择"删除轨道"命令，打开"删除轨道"对话框，如图5-29所示。在该对话框中可以选择删除空轨道、目标轨道或音频子混合轨道，在删除轨道的列表框中还可以选择要删除的某一个轨道，如图5-30所示。

图5-29 "删除轨道"对话框

图5-30 选择要删除的轨道

5.3.3 重命名轨道

要重命名一个音频或视频轨道，首先应展开该轨道并显示其名称，然后右击轨道名称，在出现的快捷菜单中选择"重命名"命令，如图5-31所示。然后对轨道进行重命名，完成操作后按下Enter键即可，如图5-32所示。

图5-31　选择"重命名"命令

图5-32　重命名视频轨道

5.3.4 锁定与解锁轨道

在进行视频编辑时，对当前暂时不需要进行操作的轨道进行锁定，可以避免因轨道选择错误而导致视频编辑错误。当需要对锁定的轨道进行操作时，可以再将其解锁，从而提高视频编辑效率。

锁定轨道的操作很简单，选择需要锁定的轨道，然后单击轨道前方的"切换轨道锁定"按钮🔓，如图5-33所示。此时该按钮将变成锁定状态🔒，轨道上将出现斜线图形，这表示该轨道已被锁定而无法进行操作，如图5-34所示。

图5-33　单击"切换轨道锁定"按钮

图5-34　锁定视频轨道

5.4　嵌套序列

在"时间轴"面板中放置两个序列之后，可以将一个序列复制到另一个序列中，或者编辑一个序列并将其嵌套到另一个序列中。

【练习5-2】创建嵌套序列。

文件路径	第5章\嵌套序列
技术掌握	创建嵌套序列

01　新建一个项目文件，在"项目"面板中导入素材，如图5-35所示。

02　选择"文件"|"新建"|"序列"命令，新建一个"大海01"序列，在视频轨道1中添加3个素材，如图5-36所示。

图5-35　导入素材

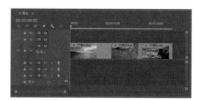

图5-36　在视频轨道中添加素材

在序列中添加素材时，如果所设置的序列帧大小、像素长宽比或场扫描模式与项目中导入的素材不匹配，将弹出"剪辑不匹配警告"对话框，如图5-37所示。用户可以单击"更改序列设置"按钮，自动修改序列的设置，从而使序列快速匹配素材的参数。

图5-37 "剪辑不匹配警告"对话框

03 选择"文件"|"新建"|"序列"命令，新建一个名为"大海02"的序列，在视频轨道1中添加另外2个素材，如图5-38所示。

04 将"项目"面板中的"大海01"序列以素材的形式拖入"大海02"序列的视频轨道2中，即可将"大海01"序列嵌套在"大海02"序列中，如图5-39所示。

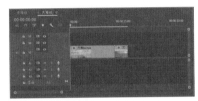

图5-38 添加影片素材

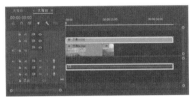

图5-39 创建嵌套序列

05 选择嵌套在"大海02"序列中的"大海01"序列，然后选择"剪辑"|"嵌套"命令，打开"嵌套序列名称"对话框，为嵌套序列命名，如图5-40所示。单击"确定"按钮，即可完成对嵌套序列的重命名，如图5-41所示。

图5-40 为嵌套序列命名

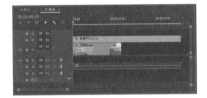

图5-41 重命名嵌套序列

06 在"节目监视器"面板中对编辑好的视频进行播放，可以预览视频的效果，如图5-42所示。

图5-42 实例效果

嵌套的优点是：将其在"时间轴"面板中嵌套多次，就可以重复使用编辑过的序列。每次将一个序列嵌套到另一个序列中时，可以对其进行修整并更改该序列的切换效果。当将一个效果应用到嵌套序列时，Premiere会将该效果应用到序列中的所有素材中，这样能够方便地将同一效果应用到多个素材中。

5.5 多机位序列

Premiere软件中提供的多机位序列编辑功能是指将影片导入Premiere后，就可以进行一次多机位编辑。

Premiere可以创建最多源自4个视频源的多机位素材。完成一次多机位编辑后，还可以返回到这个序列，并且能很容易地将一个机位拍摄的影片替换成另一个机位拍摄的影片。

【练习5-3】创建多机位序列。

文件路径	第5章\嵌套序列
技术掌握	创建多机位序列

01 新建一个项目，在"项目"面板中导入4个素材，如图5-43示。

02 选择"文件"|"新建"|"序列"命令，在"新建序列"对话框中设置视频轨道数为4，如图5-44所示。

03 将"项目"面板中的各素材分别添加到"时间轴"面板中的不同视频轨道中，如图5-45示。

04 选中视频轨道中的4个素材，然后选择"剪辑"|"同步"命令，打开"同步剪辑"对话框，设置同步点并单击"确定"按钮，如图5-46所示。

图5-43　导入素材

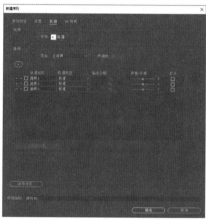

图5-44　设置视频轨道数为4

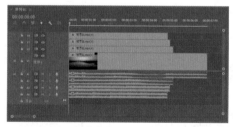

图5-45　将素材添加到视频轨道中

图5-46　"同步剪辑"对话框

"同步剪辑"对话框中各选项的作用如下。

- ⊙ 剪辑开始：选择该选项，可以同步素材的入点。
- ⊙ 剪辑结束：选择该选项，可以同步素材的出点。
- ⊙ 时间码：在时间码读数中单击并拖动，或者通过键盘输入一个时间码。如果想要进行同步，则只使用分、秒和帧即可，保持"忽略小时"复选框为选中状态。
- ⊙ 剪辑标记：选择该选项，可以同步选中的素材标记。
- ⊙ 音频：用于设置音频轨道的声道。

05 选择"文件"|"新建"|"序列"命令，创建一个作为目标序列的新序列(用于记录最终编辑结果)，然后将带有同步视频的源序列从"项目"面板拖到目标序列的一个轨道中，从而将源序列嵌入目标序列，如图5-47所示。

06 单击嵌入的序列将其选中,然后选择"剪辑"|"多机位"|"启用"命令,即可激活多机位编辑功能。

07 在"节目监视器"面板中右击,在弹出的快捷菜单中选择"显示模式"|"多机位"命令,如图5-48所示。

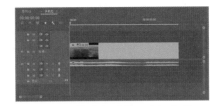

图5-47 将源序列嵌入目标序列

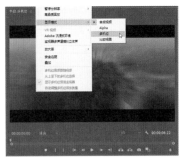

图5-48 选择"多机位"命令

08 在"节目监视器"面板预览多机位效果,如图5-49所示。

图5-49 多机位效果

注意:

只有在"时间轴"面板中选中了嵌入的序列,才能执行"剪辑"|"多机位"|"启用"命令。

5.6 上机实训——制作电子相册

文件路径	第5章\电子相册
技术掌握	创建序列并编辑素材

本节上机实训将通过创建电子相册,讲解创建序列并在序列中编辑素材的应用,本例最终效果如图5-50所示。

图5-50 案例最终效果

01 新建一个项目文件，然后执行"导入"命令，在"项目"面板中导入照片素材，如图5-51所示。

02 选中所有导入的照片素材，然后选择"剪辑"|"速度/持续时间"命令，打开"剪辑速度/持续时间"对话框，设置所有照片素材的持续时间为3秒，如图5-52所示。

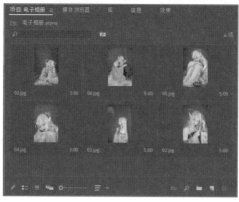

图5-51 导入照片素材 　　图5-52 设置素材持续时间

03 选择"文件"|"新建"|"序列"命令，打开"新建序列"对话框，选择一种预设序列，然后在"序列名称"文本框中输入序列名称，如图5-53所示。

04 选择"设置"选项卡，设置编辑模式为"自定义"、帧大小的水平值为960、垂直值为1440，如图5-54所示。

图5-53 设置序列 　　　　　　图5-54 设置帧大小

> **注意：**
> 设置帧大小时，应根据原素材大小进行设置，设置的帧大小应等于或小于原素材的大小。

05 在"项目"面板中选择"01.jpg"素材，然后将其拖动到"时间轴"面板的视频1轨道中，即可将选择的素材添加到当前序列中，如图5-55所示。

06 在"项目"面板中选择其余5张照片，然后将其拖动到"时间轴"面板的视频1轨道中，使其入点与前面素材的出点对齐，效果如图5-56所示。

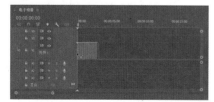
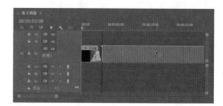

图5-55 添加素材 　　　　　　图5-56 添加其他素材

注意:

在开启"对齐"功能的状态下,所添加素材的入点可以自动对齐到附近对象的入点、出点,或是时间指示器的位置。开启"对齐"功能,在添加素材时,相邻的素材会自动吸附在一起,这样可以防止素材之间出现时间间隙。

07 执行"导入"命令,在"项目"面板中导入音频素材,如图5-57所示。

08 在"项目"面板中选择并拖动音频素材到"时间轴"面板的音频轨道1中,如图5-58所示。

09 在"节目监视器"面板中预览添加到序列中的素材效果,发现图片太大,不能完全显示出来,如图5-59所示,接下来需要调整素材在序列中的显示效果。

10 在序列中选中所有的素材,然后右击其中的一张图片,在弹出的快捷菜单中选择"缩放为帧大小"命令,如图5-60所示,即可在"节目监视器"面板中完全显示图片效果。

11 单击"节目监视器"面板中的"播放-停止切换"按钮 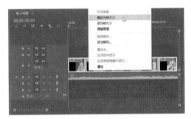,可以预览"时间轴"面板中编辑好的效果,如图5-61所示。

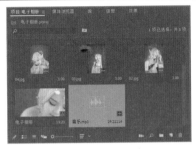

图5-57 导入音频素材

图5-58 在轨道中添加音频素材

图5-59 图片显示不全

图5-60 选择"缩放为帧大小"命令

图5-61 预览效果

5.7 疑难解答

问:将素材添加到"时间轴"面板的序列中时,后面添加的素材的入点总是自动与其他素材的入点或出点对齐,如果要使所添加素材的入点与其他素材的入点或出点相隔一定的距离,该怎么办?

答：在默认情况下，为防止素材之间出现时间间隙，系统开启了"对齐"功能，在这种状态下，所添加素材的入点将自动对齐到附近对象的入点、出点，或是时间指示器的位置。如果要使所添加素材的入点与其他素材的入点或出点相隔一定的距离，可以先将时间指示器移动到指定的时间位置，然后将素材入点移动到时间指示器附近，素材的入点即可吸附到时间指示器处。

问：在"时间轴"面板中添加素材时，发现素材编辑图标在"时间轴"面板中显示太短，不方便进行编辑，该怎么办？

答：当素材编辑图标在"时间轴"面板中显示太短，而不方便进行编辑时，可以在"时间轴"面板下方的查看区中将滚动条两边的缩放滑块向内拖动，这样即可放大时间轴的时间标尺，从而可以放大显示其中的素材编辑图标；反之，将滚动条两边的缩放滑块向外拖动，即可缩小时间轴中的时间标尺，从而缩小显示其中的素材编辑图标。

问：在"时间轴"面板中编辑素材时，不小心关闭了当前操作的序列，该如何将其打开？

答：如果在"时间轴"面板中关闭了当前操作的序列，可以在"项目"面板中找到序列，然后双击序列图标，即可将其打开。

问：在创建序列时，如果不清楚需要设置的序列的帧大小、像素长宽比等参数，该怎么办？

答：在创建序列时，如果不清楚需要设置的序列的帧大小、像素长宽比等参数，可以先随意设置其中的参数，然后在序列中添加主要素材，当弹出"剪辑不匹配警告"对话框时，单击"更改序列设置"按钮，系统将根据素材的相关参数自动修改序列的设置。

第6章　视频编辑技术

Premiere的视频编辑功能十分强大,使用Premiere的选择工具即可编辑整个项目。但是,如果要进行精确编辑,则还需要使用Premiere更深层次的编辑功能。本章将介绍Premiere"工具"面板中的编辑工具、在序列中编辑素材等内容。

本章重点

● Premiere编辑工具
● 在序列中编辑素材

二维码教学视频

6.1 Premiere编辑工具

在"工具"面板中，合理使用其中的编辑工具，可以快速编辑素材的入点和出点。Premiere的编辑工具如图6-1所示。

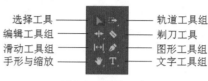

选择工具 ——— 轨道工具组
编辑工具组 ——— 剃刀工具
滑动工具组 ——— 图形工具组
手形与缩放 ——— 文字工具组

图6-1 编辑工具

6.1.1 选择工具

选择工具▶在编辑素材中是最常用的工具，可以对素材进行选择、移动，还可以选择并调节素材的关键帧，也可以在"时间轴"面板中通过拖动素材的入点和出点，为素材设置入点和出点。

6.1.2 编辑工具组

单击编辑工具组右下角的三角形按钮，可以展开并选择该组中的工具，其中包含波纹编辑工具、滚动编辑工具和比率拉伸工具，如图6-2所示。

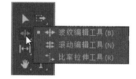

图6-2 展开编辑工具组

1. 波纹编辑工具

使用"波纹编辑工具"▌◄可以编辑一个素材的入点和出点，而不影响相邻的素材。在减小前一个素材的出点时，Premiere会将下一个素材向左拉近，而不改变下一个素材的入点，这样就改变了整个作品的持续时间。

【练习6-1】波纹编辑素材的入点或出点。

文件路径	第6章\编辑工具
技术掌握	使用"波纹编辑工具"编辑素材的入点或出点

01 新建一个项目，然后在"项目"面板中导入素材，如图6-3所示。

02 新建一个序列，将导入的素材添加到时间轴的视频1轨道中，如图6-4所示。

03 下面对第一个素材的出点进行调整。单击"工具"面板中的"波纹编辑工具"按钮▌◄，或按B键选择波纹编辑工具。将光标移到第一个素材的出点处，然后单击并向左拖动以减小该素材的长度，如图6-5所示。

04 改变第一个素材的出点后，相邻素材将向前移动，与前面的素材连接在一起，其持续时间将保持不变，整个序列的持续时间将发生改变，如图6-6所示。

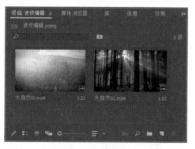

图6-3 导入素材

图6-4 在视频1轨道中添加素材

图6-5 向左拖动前面素材的出点

图6-6 波纹编辑素材后的效果

2. 滚动编辑工具

在"时间轴"面板中选择"滚动编辑工具" ⚏，通过单击并拖动一个素材的边缘，可以修改素材的入点或出点。当单击并拖动边缘时，下一个素材的持续时间会根据前一个素材的变动自动调整。例如，如果第一个素材增加5帧，那么就会从下一个素材中减去5帧。这样，使用"滚动编辑工具"编辑素材时，不会改变所编辑节目的持续时间。

【练习6-2】滚动编辑素材的入点和出点。

文件路径	第6章\编辑工具
技术掌握	使用"滚动编辑工具"编辑素材的入点或出点

01 新建一个项目，导入两个素材，然后在"源监视器"面板中分别设置两个素材的入点和出点，如图6-7和图6-8所示。

02 新建一个序列，将设置了入点和出点后的两个素材依次拖到"时间轴"面板的视频1轨道中，并使它们组接在一起，如图6-9所示。

03 单击"工具"面板中的"滚动编辑工具"按钮 ⚏，或按N键选择滚动编辑工具，然后将光标移到两个邻接素材的边界处，如图6-10所示。

04 按住鼠标并拖动素材即可修整素材。向右拖动边界，会增加第一个素材的出点，并减小后一个素材的入点，如图6-11所示。"节目监视器"面板中会显示编辑入点和出点时的预览效果，如图6-12所示。

05 向左拖动边界，会减小第一个素材的出点，并增加后一个素材的入点，如图6-13所示。"节目监视器"面板中会显示编辑入点和出点时的预览效果，如图6-14所示。

图6-7　设置入点和出点(一)

图6-8　设置入点和出点(二)

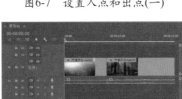

图6-9　在轨道中添加素材

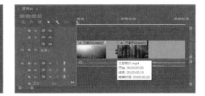

图6-10　移动光标

图6-11　向右拖动边界

图6-12　预览效果(一)

图6-13　向左拖动边界

图6-14　预览效果(二)

3. 比率拉伸工具

"比率拉伸工具" ◆ 用于对素材的速度进行相应的调整，如图6-15所示，从而达到改变素材持续时间的目的，如图6-16所示。

图6-15　使用"比率拉伸工具"

图6-16　改变素材持续时间

6.1.3　滑动工具组

滑动工具组中包含外滑工具和内滑工具，其具体作用如下。

1. 外滑工具

使用"外滑工具" ↔ 可以改变夹在另外两个素材之间的素材的入点和出点，而且保持中间素材的原有持续时间不变。单击并拖动素材时，素材左右两边的素材不会改变，序列的持续时间也不会改变。

【练习6-3】外滑编辑素材的入点和出点。

文件路径	第6章\编辑工具
技术掌握	使用"外滑编辑工具"编辑素材的入点或出点

01　新建一个项目，然后将素材导入"项目"面板，如图6-17所示。

02　在"源监视器"面板中设置"大自然03.mp4"素材的入点和出点。

03　新建一个序列，将3个素材依次添加到"时间轴"面板的视频1轨道中，如图6-18所示。

04　单击"工具"面板中的"外滑工具"按钮 ↔，或按Y键选择外滑工具，然后按住鼠标并拖动视频1轨道中的中间素材，可以改变选中素材的入点和出点。此时，中间素材的入点和出点会发生变化，而整个序列的持续时间没有改变，如图6-19所示。"节目监视器"面板中会显示外滑编辑入点和出点时的预览效果，如图6-20所示。

图6-17　导入素材

图6-18　在视频1轨道中添加素材

图6-19　拖动中间的素材

图6-20　编辑入点和出点时的预览效果

注意：

虽然"外滑工具"通常用来编辑两个素材之间的素材，但是即使一个素材不是位于另外两个素材之间，也可以使用外滑工具编辑它的入点和出点。

2. 内滑工具

与外滑工具类似，"内滑工具"  也用于编辑序列中位于两个素材之间的素材。不过在使用"内滑工具"  进行拖动的过程中，中间素材的入点和出点会保持不变，而相邻素材的持续时间会发生改变。

滑动编辑素材的出点和入点时，向右拖动会增加前一个素材的出点，而使后一个素材的入点发生延后；向左拖动会减小前一个素材的出点，而使后一个素材的入点发生提前。这样，所编辑素材的持续时间和整个节目的持续时间没有改变。

【练习6-4】内滑编辑素材的入点和出点。

文件路径	第6章\编辑工具
技术掌握	使用"内滑编辑工具"编辑素材的入点或出点

01 新建一个项目，在"项目"面板中导入3个视频素材，然后在"源监视器"面板中设置各个素材的入点和出点。

02 新建一个序列，将3个素材依次添加到"时间轴"面板的视频1轨道中，如图6-21所示。

03 单击"工具"面板中的"内滑工具"按钮 ，或按U键选择内滑工具。然后按住鼠标并拖动位于两个素材之间的素材来调整素材的入点和出点。向左拖动可以缩短前一个素材的持续时间，并加长后一个素材的持续时间，如图6-22所示。

图6-21　在视频1轨道中添加素材

图6-22　向左拖动素材

04 向右拖动可以加长前一个素材的持续时间并缩短后一个素材的持续时间，如图6-23所示。"节目监视器"面板中显示了对所有素材的影响，而整个序列的持续时间没发生改变，如图6-24所示。

图6-23　向右拖动素材

图6-24　预览效果

6.1.4　其他工具

除了前面介绍的工具，"工具"面板中还包括轨道选择工具、剃刀工具、手形工具、缩放工具、图形工具组和文字工具组等，各个工具的功能如下。

- ⊙ 向前选择轨道工具 ：展开轨道工具组，可以选择该工具。使用该工具在某一轨道中单击鼠标，可以选择该轨道中光标及其右侧的所有素材。

- ⊙ 向后选择轨道工具 ：展开轨道工具组，可以选择该工具。使用该工具在某一轨道中单击鼠标，可以选择该轨道中光标及其左侧的所有素材。

- ⊙ 剃刀工具 ：用于分割素材。选择剃刀工具后单击素材，会将素材分为两段，每段素材将产生新的入点和出点。

- ⊙ 手形工具 ：用于改变"时间轴"窗口的可视化区域，有助于编辑一些较长的素材。

- ⊙ 缩放工具 ：单击手形工具组右下角的三角形按钮，展开该工具组，可以选择缩放工具。该工具用来调整"时间轴"面板中时间单位的显示比例。按下Alt键，可以在放大和缩小模式间进行切换。

◉ 图形工具组：包含钢笔工具 、矩形工具 ■ 和椭圆工具 ●。使用钢笔工具可以在"时间轴"面板中设置素材的关键帧，还可以在"节目监视器"面板中绘制图形；使用矩形工具可以在"节目监视器"面板中绘制矩形；使用椭圆工具可以在"节目监视器"面板中绘制椭圆形。

◉ 文字工具组：包含文字工具 **T** 和垂直文字工具 **IT**。文字工具用于创建横排文字；垂直文字工具用于创建垂直文字。

6.2 在序列中编辑素材

"时间轴"面板是Premiere用于放置序列的地方，用户可以在"时间轴"面板中对序列中的素材进行各种编辑操作。

6.2.1 选择和移动素材

将素材放置在"时间轴"面板中后，用户可能还需要重新排列素材的位置。用户可以选择一次移动一个素材，或者同时移动几个素材，还可以单独移动某个素材的视频或音频。

1. 使用选择工具

在"时间轴"面板中移动单个素材时，最简单的方法是使用"工具"面板中的选择工具 ▶，选择并拖动素材。使用"工具"面板中的选择工具可以进行以下操作。

◉ 单击素材，可以将其选中。然后拖动素材，可以移动素材的位置。

◉ 按住Shift键的同时单击想要选择的多个素材，或者通过框选的方式选择多个素材。

◉ 如果想选择素材的视频部分而不要音频部分，或者想选择音频部分而不要视频部分，可以在按住Alt键的同时单击素材的视频或音频部分。

2. 使用轨道选择工具

如果想快速选择某个轨道上的多个素材，或者从某个轨道中删除一些素材，可以使用"工具"面板中的"向前选择轨道工具" ➡ 或"向后选择轨道工具" ◀ 进行选择。

选择"向前选择轨道工具" ➡ 后，单击轨道中的素材，可以选择所单击的素材及该素材右侧的所有素材，如图6-25所示；选择"向后选择轨道工具" ◀ 后，单击轨道中的素材，可以选择所单击的素材及该素材左侧的所有素材，如图6-26所示。

图6-25 向前选择素材　　　　图6-26 向后选择素材

6.2.2 设置序列素材的持续时间

在"序列"中设置素材的播放速度和持续时间，与在"项目"面板设置素材的播放速度和持续时间的方法相似。在"序列"中选中要修改的素材，然后选择"剪辑"|"速度/持续时间"命令，或右击

该素材，在弹出的快捷菜单中选择"速度/持续时间"命令，打开"剪辑速度/持续时间"对话框，即可修改该素材的播放速度和持续时间，如图6-27所示。

提示：

> 在"序列"中修改素材的播放速度和持续时间时，不会影响"项目"面板中的素材。

图6-27 "剪辑速度/持续时间"对话框

6.2.3 调整素材入点和出点

将素材添加到"时间轴"面板的序列中，用户可以通过"选择工具"或使用标记命令为序列中的素材设置入点和出点。

1. 拖动设置素材的入点和出点

在"时间轴"面板的序列中设置素材的入点和出点，可以改变素材输出为影片后的持续时间。使用"选择工具"可以快速调整素材的入点和出点。

【练习6-5】设置序列素材入点和出点。

文件路径	第6章\入点和出点
技术掌握	在序列中设置素材的入点和出点

01 新建一个项目文件和一个序列，然后在"项目"面板中导入两个素材，如图6-28所示。然后将"项目"面板中的素材添加到"时间轴"面板的视频1轨道中。

02 设置素材的入点：单击"工具"面板中的"选择工具"按钮 ，将光标移到"时间轴"面板中素材的左边缘(入点)，选择工具将变为一个向右的边缘图标，如图6-29所示。

03 单击并按住鼠标左键，然后向右拖动鼠标到想作为素材入点的地方，即可设置素材的入点。在拖动素材左边缘(入点)时，时间码读数会显示在该素材的下方，如图6-30所示。松开鼠标左键，即可在"时间轴"面板中重新设置素材的入点，如图6-31所示。

04 设置素材的出点：选择"选择工具" 后，将光标移到"时间轴"面板中素材的右边缘(出点)，此时选择工具将变为一个向左的边缘图标。

05 单击并按住鼠标左键，然后向左拖动鼠标到想作为素材出点的地方，即可设置素材的出点，如图6-32所示。松开鼠标左键，即可在"时间轴"面板中重新设置素材的出点，如图6-33所示。

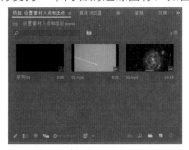

图6-28 导入素材

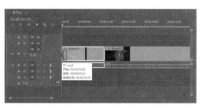

图6-29 将光标移动到素材的左边缘

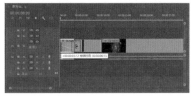

图6-30 拖动素材的入点

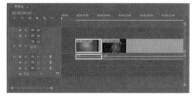

图6-31 更改素材的入点

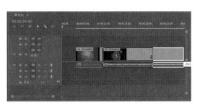

图6-32 拖动素材的出点

图6-33 更改素材的出点

2. 切割编辑素材

使用"工具"面板中的"剃刀工具"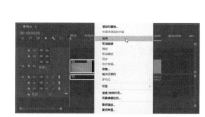可以将素材切割成两段,从而可快速设置素材的入点和出点,并且可以将不需要的部分删除。

6.2.4 启用和禁用素材

在进行视频编辑的过程中,使用"节目监视器"面板播放项目时,如果不想看到素材的视频,可以将其禁用,而不必将其删除。

选择"剪辑"|"启用"命令,将"启用"的复选标记移除,或者右击"时间轴"面板中的素材,在弹出的快捷菜单中选择"启用"命令,将"启用"的复选标记移除,如图6-34所示。这样即可将选中的素材设置为禁用状态,禁用素材将不能在"节目监视器"面板中显示,如图6-35所示。

图6-34 移除"启用"复选标记　　　图6-35 禁用素材

6.2.5 调整素材的排列

进行视频编辑时,有时需要将"时间轴"面板中的某个素材放置到另一个区域。但是,在移动某个素材后,就会在移除素材的地方留下一个空隙,如图6-36和图6-37所示。为了避免这个问题,Premiere提供了"插入""提取"或"覆盖"的方式来移动素材。

图6-36 移动素材前

图6-37 移动素材后

1. 插入素材

在Premiere中,通过"插入"方式排列素材,可以在节目中的某个位置快速添加一个素材,且在各个素材之间不留下空隙。

【练习6-6】通过插入方式重排素材。

文件路径	第6章\素材排列
技术掌握	在序列中通过插入方式重排素材

01　新建一个项目和一个序列，在"项目"面板中导入4个素材，如图6-38所示。

02　将"项目"面板中的"城市风光01.mp4"和"城市风光04.mp4"素材添加到"时间轴"面板的视频1轨道中，如图6-39所示。

03　在"时间轴"面板中将时间指示器移到"城市风光01.mp4"素材的出点处，如图6-40所示。

04　在"项目"面板中选中"城市风光02.mp4"素材，然后选择"剪辑"|"插入"命令，即可将"城市风光02.mp4"素材插入"城市风光01.mp4"素材的后面，如图6-41所示。

05　在"时间轴"面板中将时间指示器移到"城市风光01.mp4"素材的中间，如图6-42所示。

06　在"项目"面板中选中"城市风光03.mp4"素材，然后选择"剪辑"|"插入"命令，即可将"城市风光03.mp4"素材插入"城市风光01.mp4"素材的中间，如图6-43所示。

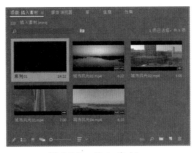

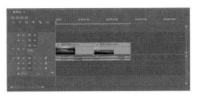

图6-38　导入素材　　　　　　　图6-39　在时间轴中添加素材

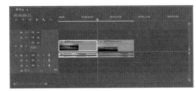

图6-40　移动时间指示器至出点处　　图6-41　在时间轴中插入素材(一)

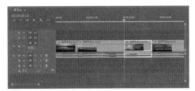

图6-42　移动时间指示器至中间　　图6-43　在时间轴中插入素材(二)

2. 提取素材

使用"提取"方式可以在移除素材之后闭合素材的间隙。按住Ctrl键，将一个素材或一组选中的素材拖到新位置，然后释放鼠标，即可通过提取方式重排素材。

【练习6-7】通过提取方式重排素材。

文件路径	第6章\素材排列
技术掌握	在序列中通过提取方式重排素材

01　新建一个项目文件，在"项目"面板中导入4个素材。

02　新建一个序列，将"项目"面板中的素材依次添加到"时间轴"面板的视频1轨道中，如图6-44所示。

03　按住Ctrl键的同时，选择视频1轨道中的"城市风光02.mp4"素材，如图6-45所示。

04　将"城市风光02.mp4"素材拖到"城市风光04.mp4"素材的出点处，如图6-46所示。释放鼠标，即可完成素材的提取，如图6-47所示。

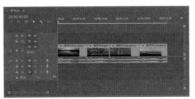

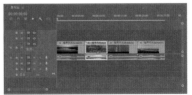

图6-44　在时间轴中添加素材　　　图6-45　按住Ctrl键选择素材

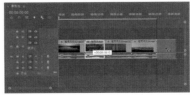

图6-46　拖动素材　　　　　　　　图6-47　提取素材

3. 覆盖素材

以"覆盖"方式重排素材,可以使用某个素材将时间指示器所在位置的素材覆盖。在"项目"面板中选择一个素材,然后在"时间轴"面板中将时间指示器移到指定位置,再选择"剪辑"|"覆盖"命令,即可使用选择的素材将时间指示器后面的素材覆盖;或者在"时间轴"面板中将一个素材拖到另一个素材的位置,即可将其覆盖。

【练习6-8】通过覆盖方式重排素材。

文件路径	第6章\素材排列
技术掌握	在序列中通过覆盖方式重排素材

01 新建一个项目文件,在"项目"面板中导入4个素材。

02 新建一个序列,将"项目"面板中的"城市风光01.mp4"~"城市风光03.mp4"3个素材依次添加到"时间轴"面板的视频1轨道中。然后将时间指示器移到"城市风光01.mp4"素材的出点处,如图6-48所示。

03 在"项目"面板中选择"城市风光04.mp4"素材,然后选择"剪辑"|"覆盖"命令,即可使用"城市风光04.mp4"素材覆盖"城市风光01.mp4"素材后面的素材,如图6-49所示。

图6-48 移动时间指示器

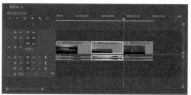
图6-49 覆盖素材

6.2.6 自动匹配序列

使用Premiere的自动匹配序列功能,不仅可以将素材从"项目"面板添加到时间轴的轨道中,还可以在素材之间添加默认过渡效果。

【练习6-9】自动匹配序列。

文件路径	第6章\自动匹配序列
技术掌握	将素材从"项目"面板自动匹配到序列中

01 新建一个项目和一个序列,在"项目"面板中导入多个素材,如图6-50所示。

02 将"项目"面板中的两个素材添加到"时间轴"面板的视频轨道中,然后将时间指示器移到两个素材之间,如图6-51所示。

图6-50 导入素材

图6-51 在时间轴中添加素材

03 在"项目"面板中选
中其他几个素材，作为要自动
匹配到"时间轴"面板中的素
材，如图6-52所示。

04 选择"剪辑"|"自动
匹配序列"命令，打开"序列
自动化"对话框，如图6-53所示。

"序列自动化"对话框中
各选项的功能如下。

图6-52 选中要匹配的素材　　图6-53 "序列自动化"对话框

- ⊙ 顺序：此选项用于选择
  是按素材在"项目"面
  板中的排列顺序对它们
  进行排序，还是根据在"项目"面板中选择它们的顺序进行排序。
- ⊙ 放置：可以选择"按顺序"对素材进行排序，也可以选择按"未编号标记"进行排序。
- ⊙ 方法：此选项允许选择"插入编辑"或"覆盖编辑"。如果选择"插入编辑"选项，素材将
  以插入的方式添加到时间轴轨道中，原有的素材会被分割，但其内容不变。如果选择"覆盖
  编辑"选项，素材将以覆盖的方式添加到时间轴轨道中，原有的素材会被覆盖替换。
- ⊙ 剪辑重叠：此选项用于指定将多少秒或多少帧用于默认转场。在30帧长的转场中，15帧将覆
  盖来自两个相邻素材的帧。
- ⊙ 过渡：此选项用于应用目前已设置好的素材之间的默认切换转场。
- ⊙ 忽略音频：设置在自动化到时间轴轨道中时是否忽略素材的音频部分。
- ⊙ 忽略视频：设置在自
  动化到时间轴轨道中
  时是否忽略素材的视
  频部分。

05 在"序列自动化"
对话框中设置"顺序"为"排
序"，"方法"为"插入编
辑"，如图6-54所示。然后单
击"确定"按钮，即可完成操
作，自动匹配序列后的效果如
图6-55所示。

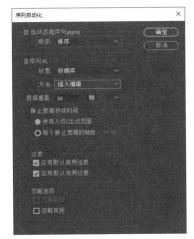

图6-54 设置自动匹配选项　　图6-55 自动匹配序列的效果

注意：

如果要将在"项目"面板中选择的素材按顺序放置在视频轨道中，首先要对"项目"面板中的素材进行排序，
以便它们按照需要的时间顺序显示。

6.2.7 素材的编组

如果需要多次选择相同的素材，则应该将它们放置在一个组中。在创建素材组之后，可以通过单击任意组的编号来选择该组的每个成员，还可以通过选择该组的任意成员并按Delete键来删除该组中的所有素材。

⊙ 在"时间轴"面板中选择要编组的多个素材，然后选择"剪辑"|"编组"命令，即可将选中的素材编辑为一组，如图6-56所示。选择编组素材中的任意一个素材，即可选中整个素材组。

例如，选中任意一个编组素材并将其拖到最后一个素材的出点处，然后释放鼠标，整个编组中的素材都将被移到最后面，如图6-57所示。

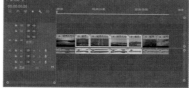

图6-56　对素材进行编组

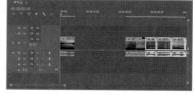

图6-57　移动素材

⊙ 在"时间轴"面板中选择素材组，然后选择"剪辑"|"取消编组"命令，即可取消素材的编组。

6.2.8 删除序列间隙

在编辑过程中，有时不可避免地会在"时间轴"面板的素材间留有间隙。如果通过移动素材来填补间隙，那么其他的素材之间又会出现新的间隙。这种情况需要使用波纹删除的方法来删除序列中素材间的间隙。

在素材间的间隙中单击鼠标右键，从弹出的快捷菜单中选择"波纹删除"命令，如图6-58所示，即可将素材间的间隙删除，如图6-59所示。

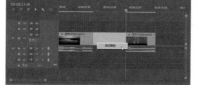

图6-58　选择"波纹删除"命令

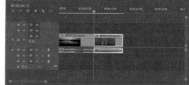

图6-59　删除素材间的间隙

6.2.9 设置序列入点和出点

对序列设置入点和出点后，在渲染输出项目时，可以只渲染入点到出点间的内容。使用菜单中的"标记"|"标记入点"和"标记"|"标记出点"命令，可以设置"时间轴"面板中序列的入点和出点。

【练习6-10】设置序列的入点和出点。

文件路径	第6章\序列入点和出点
技术掌握	设置序列的入点和出点

01 新建一个项目文件和一个序列，在"项目"面板中导入多个素材，如图6-60所示。

02 将导入的素材添加到"时间轴"面板的视频1轨道中，如图6-61所示。

03　将当前时间指示器拖到要设置为序列入点的位置，然后选择"标记"|"标记入点"命令，时间轴标尺上的相应时间即可出现一个"入点"图标，如图6-62所示。

04　将当前时间指示器拖到要设置为序列出点的位置，选择"标记"|"标记出点"命令，时间轴标尺上的相应时间即可出现一个"出点"图标，如图6-63示。

05　为当前序列设置好入点和出点之后，可以通过在"时间轴"面板中拖动入点或出点对其进行修改，图6-64所示为修改出点标记后的效果。

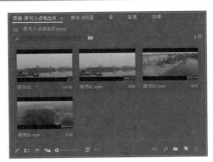

图6-60　导入素材

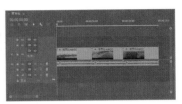

图6-61　在时间轴中添加素材

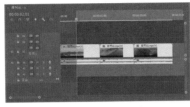

图6-62　标记入点

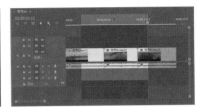

图6-63　标记出点

06　设置好序列的入点和出点后，可以在输出序列时，只输出入点和出点之间的视频。选择"文件"|"导出"|"媒体"命令，打开"导出设置"对话框，在"源范围"下拉列表中可以选择"序列切入/序列切出"选项作为输出序列的范围，如图6-65所示。

图6-65　设置输出范围

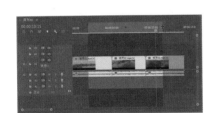

图6-64　修改出点标记

6.3　上机实训——遁地术

文件路径	第6章\遁地术
技术掌握	通过切割方式编辑素材的入点和出点

本节上机实训将通过制作小视频中的遁地术，讲解如何采用切割方式编辑素材的入点和出点，并对编辑的素材进行重新组合，得到新的视频效果，本例最终效果如图6-66所示。

图6-66　案例最终效果

01 新建一个项目文件，然后导入视频素材，如图6-67所示。

02 新建一个序列，将"项目"面板中的"跳跃"素材添加到"时间轴"面板的视频1轨道中，如图6-68所示。

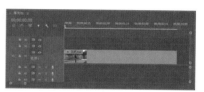

图6-67　导入视频素材　　　　图6-68　在视频1轨道中添加素材

03 在"时间轴"面板中移动时间指示器，如图6-69所示，在"节目"监视器面板中进行视频预览，如图6-70所示。

04 确保"时间轴"面板中的"在时间轴中对齐"按钮处于激活状态，在"工具"面板中选择"剃刀工具"，然后在时间指示器位置单击素材，即可在时间指示器位置切割目标轨道上的素材，效果如图6-71所示。

图6-69　移动时间指示器　　　　图6-70　进行视频预览

05 在"工具"面板中选择"选择工具"，然后在"时间轴"面板中选择切割的后面部分素材，再按Delete键将其删除，如图6-72所示。

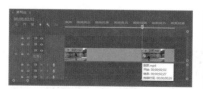

图6-71　切割素材　　　　图6-72　删除多余素材

提示：

"时间轴"面板中的"在时间轴中对齐"工具具有磁性功能，可以使当前操作自动对齐到附近的时间指示器或素材的出入点。

06 将"项目"面板中的"扔衣服"素材添加到"时间轴"面板的视频2轨道中，如图6-73所示，然后移动时间指示器，如图6-74所示。

 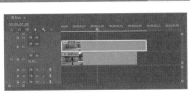

图6-73 在视频2轨道中添加素材　　图6-74 移动时间指示器

07 使用"剃刀工具" ◆ 切割视频2轨道中的素材，并删除切割后的前面部分素材，如图6-75所示。

08 拖动视频2轨道中的素材，将其入点与视频1轨道中的素材出点对齐，如图6-76所示。

图6-75 切割并删除素材　　图6-76 调整视频2轨道中的素材入点

09 在"项目"面板中导入音频素材，如图6-77所示。

10 将音频素材添加到"时间轴"面板的音频1轨道中，并调整音频素材的入点，完成本例的制作，如图6-78所示。

 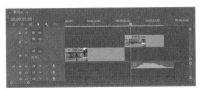

图6-77 导入音频素材　　图6-78 添加并调整音频素材

11 在"节目"监视器面板中对编辑的视频进行预览，效果如图6-77所示。

图6-77 视频预览效果

> **提示：**
> 如果在拍摄素材时，两段素材的画面有细微的差距，可以在"效果控件"面板对其中一段素材的位置进行调整，从而使两段素材的画面尽可能一致。

6.4　疑难解答

问：在"时间轴"面板中修改素材的入点、出点与在"源监视器"面板中修改素材的入点、出点有什么不同？

答：在"源监视器"面板中修改素材的入点和出点是对源素材进行修改，修改后，源素材的入点和出点会发生相应的变化；在"时间轴"面板中修改素材的入点和出点只是对序列中的素材进行修改，并不影响"项目"面板中源素材的入点和出点。

问：在序列中应用"自动匹配序列"功能后，为什么素材间添加了视频过渡和音频过渡效果？

答：应用"自动匹配序列"功能时，在打开的"序列自动化"对话框中默认选中了"应用默认音频过渡"和"应用默认视频过渡"复选框，因此在应用该功能时，素材间就添加了视频过渡和音频过渡效果。如果在应用"自动匹配序列"功能时，素材间不需要过渡效果，则可以在打开的"序列自动化"对话框中取消"应用默认音频过渡"和"应用默认视频过渡"复选框。

第7章 字幕与图形

字幕是影视制作中的一种通用工具，不仅可用于创建字幕和演职员表，也可用于创建动画合成。很多影视的片头和片尾都会用到精彩的字幕，以使影片显得更为完整。字幕是影视制作中重要的信息表现元素，纯画面的信息不能完全取代文字信息的功能。本章将针对字幕和图形的制作方法及应用进行详细讲解。

本章重点

- 旧版标题字幕
- 文本和图形
- 新字幕
- 应用图形模板

二维码教学视频

【练习7-1】创建文本　　　　　　　　【练习7-2】创建图形

【练习7-3】新建字幕　　　　　　　　【练习7-4】格式化字幕

【练习7-5】应用图形模板

【7.5】上机实训——制作酷炫文字

7.1 旧版标题字幕

Premiere Pro 2022中的旧版标题延续了早期版本用于创建影片字幕的功能，旧版标题功能适合创建内容简短或是具有文字效果(如描边、阴影等)的字幕。由于旧版标题字幕将在Premiere后期版本中停用，故本节简单介绍旧版标题字幕的功能。

7.1.1 字幕设计器

选择"文件"|"新建"|"旧版标题"命令，打开"新建字幕"对话框，设置字幕的名称，单击"确定"按钮，如图7-1所示，即可打开字幕设计器。在字幕设计器中可以完成文字与图形的创建和编辑功能，这在文字编辑过程中为用户带来了极大的便利，字幕设计器的组成如图7-2所示。

图7-1 "新建字幕"对话框

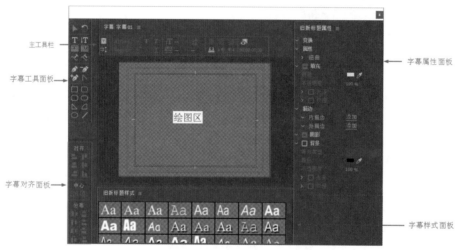

图7-2 字幕设计器

- 主工具栏：用于创建静态文字、游动文字或滚动文字，还可以指定是否基于当前字幕新建字幕，或者使用其中的选项选择字体和对齐方式等。这些选项还允许在背景中显示视频剪辑。
- 字幕工具面板：该面板包括文字工具和图形工具，以及一个显示当前样式的预览区域。
- 字幕对齐面板：该面板中的图标用于对齐或分布文字或图形对象。
- 字幕样式面板：该面板中的图标用于对文字和图形对象应用预置的自定义样式。
- 字幕属性面板：该面板中的设置用于转换文字或图形对象，以及为其指定样式。
- 绘图区：此处用于编辑文字内容或创建图形对象。

7.1.2　标题字幕工具

在Premiere Pro 2022中，可以使用字幕设计器中相应的字幕工具，创建横排文字、垂直文字、区域文字、路径文字和图形等对象，字幕工具面板如图7-3所示。

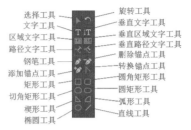

图7-3　字幕工具面板

- ◉ 选择工具：使用该工具可以在绘图区选择文字。
- ◉ 旋转工具：使用该工具可以在绘图区旋转文字。
- ◉ 文字工具：使用该工具可以在绘图区创建横排文字，如图7-4所示。
- ◉ 垂直文字工具：使用该工具可以在绘图区创建竖排文字，如图7-5所示。

图7-4　创建横排文字　　　　图7-5　创建垂直文字

- ◉ 区域文字工具：使用该工具可以创建横排文字区域，如图7-6所示。
- ◉ 垂直区域文字工具：使用该工具可以创建竖排文字区域，如图7-7所示。

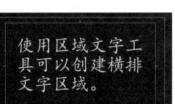

图7-6　创建横排文字区域　　　图7-7　创建垂直文字区域

- ◉ 路径文字工具：使用该工具可以绘制一条路径，然后输入的文字将沿着该路径进行横排排列，如图7-8所示。
- ◉ 垂直路径文字工具：使用该工具可以绘制一条路径，然后输入的文字将沿着该路径进行垂直排列，如图7-9所示。

图7-8　创建横排路径文字　　　图7-9　创建垂直路径文字

- ◉ 钢笔工具：使用贝塞尔曲线在绘图区创建曲线图形。
- ◉ 添加锚点工具：在绘图区将锚点添加到路径上。
- ◉ 删除锚点工具：在绘图区从路径上删除锚点。
- ◉ 转换锚点工具：在绘图区将曲线点转换成拐点，或将拐点转换成曲线点。
- ◉ 矩形工具：使用该工具可以在绘图区创建矩形。
- ◉ 切角矩形工具：使用该工具可以在绘图区创建切角矩形。
- ◉ 圆角矩形工具：使用该工具可以在绘图区创建圆角矩形。
- ◉ 圆矩形工具：使用该工具可以在绘图区创建圆矩形。
- ◉ 楔形工具：使用该工具可以在绘图区创建三角形。
- ◉ 弧形工具：使用该工具可以在绘图区创建弧形。

⊙ 椭圆工具：使用该工具可以在绘图区创建椭圆。

⊙ 直线工具：使用该工具可以在绘图区创建直线。

7.1.3 新建标题字幕

Premiere中的默认标题字幕包括默认静态字幕、滚动字幕和游动字幕。在视频中创建长篇幅的文字时，视频画面通常只能显示一部分文字内容，其他部分文字会被隐藏。这时，如果在屏幕中应用上下滚动或左右游动文字，则可以解决这个问题。

1. 默认静态字幕

如果在视频画面中需要添加标题文字或其他简单文字，则可以通过创建默认静态字幕来完成文字的添加。

在字幕工具面板中单击"文字工具"按钮 T，然后在字幕设计窗口中单击鼠标指定创建文字的位置，即可开始输入文字内容，如图7-10所示。单击字幕设计器右上方的"关闭"按钮 ⊠，关闭字幕设计器，新建的字幕对象将显示在"项目"面板中，如图7-11所示。

图7-10　输入文字内容

图7-11　生成字幕对象

2. 滚动字幕

在Premiere中可以创建滚动的字幕，在字幕设计窗口中输入并设置文字，如图7-12所示。然后单击"滚动/游动选项"按钮 ⬚，在打开的"滚动/游动选项"对话框中选中"滚动"单选按钮，并设置定时帧，即可创建滚动字幕，如图7-13所示。

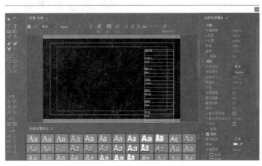

图7-12　输入并设置文字

图7-13　设置滚动字幕

"滚动/游动选项"对话框中常用选项的作用如下。

⊙ 开始于屏幕外：选择这个选项可以使滚动或游动效果从屏幕外开始。

⊙ 结束于屏幕外：选择这个选项可以使滚动或游动效果到屏幕外结束。

⊙ 预卷：如果希望文字在动作开始之前静止不动，那么在这个输入框中输入静止状态的帧数。

⊙ 缓入：如果希望字幕滚动或游动的速度逐渐增加，直到正常播放，那么输入加速过程的帧数。

⊙ 缓出：如果希望字幕滚动或游动的速度逐渐变小，直到静止不动，那么输入减速过程的帧数。

⊙ 过卷：如果希望文字在动作结束之后静止不动，则在这个输入框中输入静止状态的帧数。

3. 游动字幕

在Premiere中，用户不仅可以创建滚动字幕，还可以创建游动字幕。在字幕设计窗口中创建好字幕文字，然后单击"滚动/游动选项"按钮▤，打开"滚动/游动选项"对话框，然后选中"向左游动"或"向右游动"单选按钮，即可创建游动字幕，如图7-14所示。

图7-14 设置游动字幕

7.1.4 设置文字属性

在字幕设计器中创建文字内容后，可以在"旧版标题属性"面板中对文字的属性进行设置，包括文字的字体、大小、颜色、轮廓线和阴影等。"旧版标题属性"面板中包含6个参数设置选项组：变换、属性、填充、描边、阴影和背景，如图7-15所示。

1. 变换文字

创建文字内容后，在"旧版标题属性"面板中单击"变换"选项组前面的三角按钮，可以展开该选项组中的选项，在该选项组中可以设置文字在画面中的不透明度、位置、尺寸、旋转角度等属性，如图7-16所示。

图7-15 "旧版标题属性"面板

图7-16 文字变换参数

2. 设置文字属性

"旧版标题属性"面板的"属性"选项组中提供了多种针对文字的字体、样式、字号，以及其他基本属性的参数设置，如图7-17所示。

"属性"选项组中各个选项的作用如下。

⊙ 字体系列：在右方的下拉列表中可以设置被选中文字的字体，如图7-18所示。

图7-17 设置文字属性

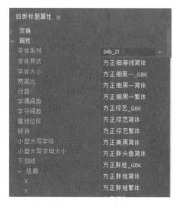

图7-18 设置文字字体

- ⊙ 字体样式：在右方的下拉列表中可以设置被选中文字的样式。
- ⊙ 字体大小：用于设置被选中文字的大小。
- ⊙ 宽高比：用于设置被选中文字的长宽比例。
- ⊙ 行距：用于调整输入文字的行间距。
- ⊙ 字偶间距：用于设置选中文字的字符间距。
- ⊙ 字符间距：在字偶间距设置的基础上进一步设置文字的字距。
- ⊙ 基线位移：用于调整输入文字的基线。该项只对英文有效，对中文无效。
- ⊙ 倾斜：用于设置输入文字的倾斜度。
- ⊙ 小型大写字母：可以把所有的英文都改为大写。
- ⊙ 小型大写字母大小：配合"小型大写字母"选项使用，调整转换后大写字母的大小。
- ⊙ 下画线：为编辑的文字添加下画线。
- ⊙ 扭曲：将文字分别向X轴和Y轴方向变形。

3. 填充文字

"旧版标题属性"面板中的"填充"选项组，用于设置文字的填充色。"填充"选项组中提供了填充类型、光泽和纹理3个选项，如图7-19所示。

"填充"选项组中各个选项的作用如下。

- ⊙ 填充类型：字幕设计器中提供了7种填充模式，它们分别是实底、线性渐变、径向渐变、四色渐变、斜面、消除和重影，如图7-20所示。

图7-19　文字填充设置　　　　图7-20　选择填充类型

- ⊙ 光泽：该选项用于为对象添加一条光泽线。"颜色"选项用于改变光泽的颜色；"不透明度"选项用于设置光泽的透明度；"大小"选项用于设置光泽的宽度；"角度"选项用于设置光泽的角度；"偏移"选项用于调整光泽的位置。
- ⊙ 纹理：该选项用于对字幕设置纹理效果。

4. 描边文字

"旧版标题属性"面板中的"描边"选项组用于对文字添加轮廓线，可以设置文字的内轮廓线和外轮廓线。Premiere提供了深度、边缘和凹进3种描边方式，描边参数如图7-21所示。展开描边选项，单击"内描边"或"外描边"选项后面的"添加"按钮，即可根据选项提示为对象添加轮廓线效果，效果如图7-22所示。

图7-21　描边参数　　　　　图7-22　描边效果

5. 设置文字阴影

"旧版标题属性"面板中的"阴影"选项组，用于为文字添加阴影，效果如图7-23所示。在"阴影"选项组中可以设置阴影的颜色、不透明度、角度、阴影与原文字之间的距离，以及设置阴影的宽度和扩散程度，如图7-24所示。

图7-23　阴影效果

图7-24　阴影参数

6. 设置字幕背景

"旧版标题属性"面板中的"背景"选项组用于为字幕添加背景，可以设置背景的填充类型、颜色、角度、光泽和纹理等，如图7-25所示。图7-26所示为添加了渐变色的背景效果。

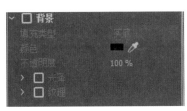

图7-25　背景参数

图7-26　背景效果

7.1.5　应用字幕样式

在Premiere的字幕设计器中，"旧版标题样式"面板为文字和图形提供了保存和载入预置样式的功能。因此，不用在每次创建字幕时都选择字体、大小和颜色，只需为文字选择一个样式，即可立即应用所有的属性。

在字幕设计窗口中创建好文字，如图7-27所示，然后在"旧版标题样式"面板中拖动垂直滚动条，即可显示其中的字幕样式；单击一种字幕样式，即可更改当前文字的样式效果，如图7-28所示。

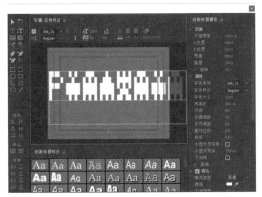

图7-27　创建文字内容

图7-28　更改标题样式

提示：
在字幕设计窗口中使用绘图工具可以创建简单的图形，如线、正方形、椭圆形、矩形和多边形等。绘制图形后，还可以对图形进行填充、编辑等操作。

7.2　文本和图形

Premiere中的图形工作区和基本图形面板提供了功能强大的工具，用户可以直接在Premiere中创建图形和动画。与 Photoshop 中的图层相似，Premiere 图形可以包含多个文本、形状和剪辑图层。序列中的单个图形轨道项内可以包含多个图层。当用户创建新图层时，时间轴中会添加包含该图层的图形剪辑，且剪辑的开头位于播放指示器所在的位置。如果已经选定了图形轨道项，则创建的下一个图层将添加到现有的图形剪辑。

> **提示：**
> 即使序列中不包含任何视频剪辑，用户也可以创建图形剪辑。用户在 Premiere中创建的任何图形，均可作为动态图形模板 (.mogrt) 导出到本地模板素材箱、本地驱动器、Creative Cloud Libraries，以供共享或重复利用。

7.2.1　基本图形面板

选择"窗口"|"工作区"|"图形"命令，可以进入"图形"工作区。在默认情况下，"基本图形"面板位于"图形"工作区右侧，包括"浏览"选项卡和"编辑"选项卡。使用"浏览"选项卡可浏览 Adobe Stock 中的动态图形模板(.mogrt 文件)，用户可以轻松地将这些经过专业设计的模板拖到自己的时间轴中，并进行自定义；使用"编辑"选项卡可以进行对齐并变换图层、更改图形外观、编辑图形属性等操作，如图7-29和图7-30所示。

图7-29　"浏览"选项卡

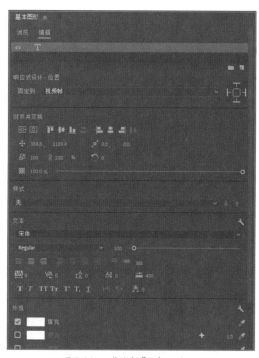

图7-30　"编辑"选项卡

> **提示：**
> 如果在工作区中找不到"基本图形"面板，可以通过选择"窗口"|"基本图形"命令直接将其打开。

7.2.2　创建文本和图形

在Premiere Pro 2022中，可以使用图形工具创建文本和图形，也可以选择"图形"|"新建图层"菜单中的相应命令创建文本和图形。

1. 创建文本图形

在"工具"面板中选中"文字工具"，然后在"节目监视器"面板中单击，即可创建一个文本图层；或者选择"图形"|"新建图层"|"文本"命令，也可以创建一个文本图层。创建好文本后，可以在"基本图形"面板的"编辑"选项卡中对文本进行编辑。

【练习7-1】创建文本。

文件路径	第7章\生日快乐
技术掌握	创建并设置文本

01　新建一个项目文件，然后在"项目"面板中导入背景素材，如图7-31所示。

02　新建一个序列，然后将"项目"面板中的背景素材添加到"时间轴"面板的视频1轨道中，如图7-32所示。

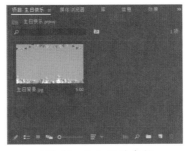

图7-31　导入背景素材

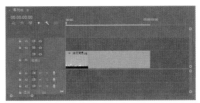

图7-32　在视频1轨道中添加素材

03　选择"窗口"|"工作区"|"图形"命令，进入"图形"工作区，如图7-33所示，然后在"工具"面板中选择"文字工具"T，如图7-34所示。

图7-33　选择"图形"命令　　　　图7-34　选择"文字工具"

04　在"节目监视器"面板中单击鼠标，然后输入文字内容，如图7-35所示，此时视频轨道中将添加一个图形图层，如图7-36所示。

图7-35　输入文字

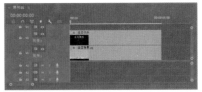

图7-36　新增图形图层

提示：

在"节目监视器"面板中单击一次，可以在单击位置处输入文本；单击并拖动可以创建文本框用于输入文本，创建的文本可以在文本框的边界内自动换行。

05 在"工具"面板中选择"选择工具" ，拖动文字可以调整文字的位置，然后在"基本图形"面板中选择"编辑"选项卡，单击"字体"下拉列表框，在弹出的下拉列表中选择字体，如图7-37所示，修改后的文字效果如图7-38所示。

图7-37　选择字体　　　　　　图7-38　文字效果

06 在"文本"选项组中单击"仿粗体"按钮，如图7-39所示，可以加粗文字，效果如图7-40所示。

07 使用"文字工具"在创建的文字下方输入英文单词，然后使用"选择工具"选择英文单词，并拖动文字的边角，调节文字大小，如图7-41所示。

图7-39　单击"仿粗体"按钮　　　图7-40　文字加粗效果

08 使用"选择工具"拖动文字，适当调整文字的位置，得到最终的文字效果，如图7-42所示。

图7-41　调节文字大小　　　　图7-42　最终文字效果

2. 创建形状图形

Premiere提供了钢笔工具、矩形工具、椭圆工具和用于创建自由形状和路径的多边形工具，用户通过这些工具可以快速创建相应的形状图形。

【练习7-2】创建图形。

文件路径	第7章\形状图形
技术掌握	掌握形状图形的创建方法

01 新建一个项目文件，然后在"项目"面板中导入背景素材，如图7-43所示。

02 新建一个序列，然后将"项目"面板中的背景素材添加到"时间轴"面板的视频1轨道中，如图7-44所示。

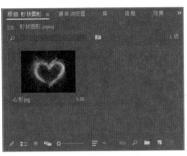

图7-43　导入背景素材

图7-44　在视频1轨道中添加素材

03 在"工具"面板中选择"钢笔工具" ，如图7-45所示。在"节目监视器"面板中绘制一个大致的心形图，如图7-46所示。

图7-45　选择"钢笔工具"

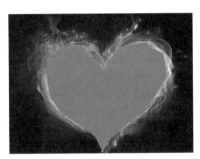

图7-46　绘制大致的心形

04 在"基本图表"面板中选择"编辑"选项卡，然后在"外观"选项组中取消"填充"复选框，选中"描边"复选框，并设置描边颜色为蓝色，宽度为3，如图7-47所示，得到的图形效果如图7-48所示。

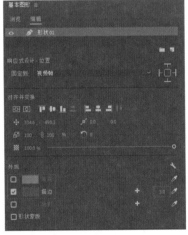

图7-47　设置图形属性

图7-48　图形效果

05 按住Alt键，拖动图形中的某个节点，可以将其转变为贝塞尔节点，然后拖动贝塞尔节点手柄，可以调整曲线的形状，如图7-49所示。

06 使用同样的操作，修改其他的节点，对图形形状进行调整，效果如图7-50所示。

图7-49　调整曲线的形状

图7-50　调整图形后的效果

07 继续为曲线添加红色、黄色和白色描边，描边宽度均为5，如图7-51所示，添加描边后的图形效果如图7-52所示。

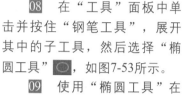

图7-51 添加描边

图7-52 图形描边效果

08 在"工具"面板中单击并按住"钢笔工具"，展开其中的子工具，然后选择"椭圆工具" ◯ ，如图7-53所示。

09 使用"椭圆工具"在心形图形中绘制一个椭圆，如图7-54所示。

图7-53 选择"椭圆工具"

图7-54 绘制椭圆

提示：

按住 Shift 键的同时拖动鼠标，可以创建锁定尺寸的形状，如绘制正方形或圆形。

10 在"外观"选项组中选中"填充"复选框，设置填充颜色为暗红色，然后设置"描边"颜色为黄色，宽度为10；再选中"阴影"复选框，设置"阴影"颜色为白色，设置阴影的距离为0，大小为15，如图7-55所示，图形效果如图7-56所示。

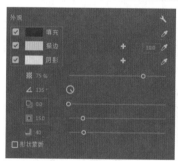

图7-55 设置图形属性

图7-56 图形效果

11 选中创建的曲线，单击"外观"选项组右上方的"图形属性"按钮 🔧 ，打开"图形属性"对话框，设置线段连接为"圆角连接"，线段端点为"圆头端点"，如图7-57所示。单击"确定"按钮，完成图形的编辑，最终效果如图7-58所示。

图7-57 设置线段描边样式

图7-58 最终图形效果

7.2.3　操作图形图层

在Premiere Pro 2022中，可以对图形图层进行对齐和分布操作，还可以将文本图层和形状图层分组，以及重命名图层等。

1. 对齐和分布图形图层

用户可以在一个图形剪辑内选择多个图层，并在"基本图形"面板中对其进行对齐或分布操作。选择图形，然后单击基本图形面板的"编辑"选项卡中的对齐和分布图标，如图7-59所示，可以进行对齐和分布操作。

对齐图层可以按其顶部边缘、垂直居中、底部边缘、左边缘、水平居中或右边缘进行对齐，图7-60所示为多个图层按垂直居中对齐的效果；图7-61所示为多个图层按水平居中对齐的效果。

图7-59　对齐和分布图标

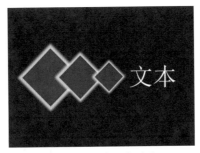

图7-60　垂直居中对齐

图7-61　水平居中对齐

分布图层可以采用竖直或水平进行分布，只有选择三个或更多图层时，"分布"命令才可用，图7-62所示为多个图层按水平均匀分布的效果；图7-63所示为多个图层按垂直均匀分布的效果。

图7-62　水平均匀分布

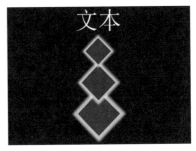

图7-63　垂直均匀分布

> **注意:**
> 仅选择一个图层时，使用对齐按钮可以按当前帧画面对形状或文本图层进行对齐操作；当选择两个或更多图层时，按钮会按照图层的相对关系进行对齐。

2. 将文本图层和形状图层分组

使用复杂的文本和图形元素时，对文本图层和图形图层分组将非常有用。图层分组会使"基本图形"面板的"编辑"选项卡非常整齐，而且在创建炫酷的蒙版效果时非常有用。

在"基本图形"面板中选择多个图层，然后在"基本图形"面板的"编辑"选项卡底部单击"创建组"图标，即可创建一个组对象，选择的图层将自动存放在创建的组中，如图7-64所示；或者右击选择的图层，然后在弹出的菜单中选择"创建组"命令，也可以创建存放被选图层的组对象，如图7-65所示。

图7-64　单击"创建组"图标

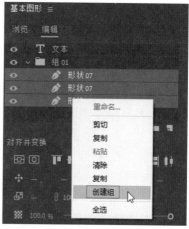

图7-65　选择"创建组"命令

提示:

若要将图层添加到某个组中，可以将图层拖到该组素材箱中；将组素材箱拖到另一个组素材箱中，该组及其所有图层都将发生移动。若要取消图层分组，可以选择图层，然后将它们从组中拖出。

3. 重命名形状或图层

Premiere支持内联名称编辑，用户可以在"基本图形"面板中重命名形状和图层。单击形状或图层的名称，将其名称激活，即可在文本字段中编辑名称，如图7-66所示。编辑好名称后，按 Enter 键或在文本字段以外的任意位置单击，即可完成形状或图层重命名操作，如图7-67所示。

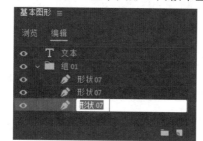

图7-66　激活形状名称

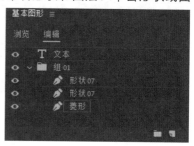

图7-67　重命名形状

提示:

在"基本图形"面板中右击某个形状或剪辑图层，然后在弹出的菜单中选择"重命名"命令，如图7-68所示；在弹出的"重命名项"对话框的文本框中输入新名称，然后单击"确定"按钮，也可以重命名图层，如图7-69所示。

图7-68　选择"重命名"命令　　图7-69　输入新名称

7.3 新字幕

选择"窗口"|"工作区"|"字幕"命令，可以进入"字幕"工作区。在该工作区中将打开"文本"面板，其中包括"转录文本"选项卡和"字幕"选项卡，如图7-70和图7-71所示，用户可以通过"字幕"选项卡创建字幕对象。

图7-70 "转录文本"选项卡

图7-71 "字幕"选项卡

7.3.1 创建新字幕

在Premiere Pro 2022中，用户可以通过"文本"面板中的"字幕"选项卡创建字幕，新建字幕时将自动创建一个字幕轨道，并将字幕放置在轨道上。

【练习7-3】新建字幕。

文件路径	第7章\新建字幕
技术掌握	通过"文本"面板中的"字幕"选项卡创建字幕

01 新建一个项目和一个序列，然后选择"窗口"|"工作区"|"字幕"命令，如图7-72所示。

02 进入"字幕"工作区，在"文本"面板中选择"字幕"选项卡，然后单击"创建新字幕轨"按钮，如图7-73所示。

03 在打开的"新字幕轨道"对话框中保持默认选项不变，然后单击"确定"按钮，如图7-74所示，"时间轴"面板中将增加一个"TT-1"轨道，如图7-75所示。

图7-72 选择"字幕"命令

图7-73 单击"创建新字幕轨"按钮

图7-74 "新字幕轨道"对话框

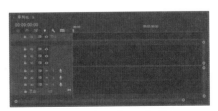

图7-75 增加"TT-1"轨道

04 单击"字幕"选项卡上方的"添加新字幕分段"按钮 ⊕，如图7-76所示，"字幕"选项卡中将出现"新建字幕"文本块，如图7-77所示。

图7-76 单击"添加新字幕分段"按钮　图7-77 "新建字幕"文本块

提示：

当系统发生变化后，"字幕"选项卡上方的"添加新字幕分段"按钮有可能会消失，这种情况下，用户可以单击"字幕"选项卡右上方的标题菜单按钮 •••，在弹出的菜单中选择"添加新字幕分段"命令。

05 在字幕文本块中修改文字内容，如图7-78所示，在"节目监视器"面板中可以预览字幕文本效果，可以看到字幕文本处于视频画面最下方，且文字太小，如图7-79所示。

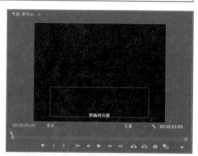

图7-78 修改文字　　　　　图7-79 字幕文本效果

06 在"基本图形"面板中选择"编辑"选项卡，然后在"文本"选项组中设置字幕的"高度"为"加倍"，在"对齐并变换"选项组中调整字幕的位置在正上方，如图7-80所示，调整后的字幕效果如图7-81所示。

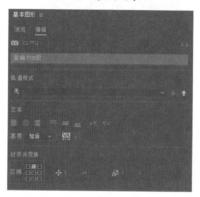

图7-80 调整字幕的大小和位置　图7-81 调整后的字幕效果

提示：

在"节目监视器"面板中直接拖动字幕，也可以调整字幕的位置。

07 在"字幕"选项卡中右击字幕文本块，在弹出的菜单中选择"将新的文本块添加到字幕"命令，如图7-82所示。

08 在"新字幕"文本块中修改文字内容，如图7-83所示。

图7-82 选择"将新的文本块　　　图7-83 修改文字块内容
添加到字幕"命令

09　在"基本图形"面板中调整新文本块的大小和位置，如图7-84所示，调整后的字幕效果如图7-85所示。

图7-84　调整新文本块的大小和位置　　　　图7-85　调整后的字幕效果

10　使用同样的方法创建其他文本块，如图7-86所示。

11　在"基本图形"面板中调整文本块的大小和位置，字幕的最终效果如图7-87所示

图7-86　创建其他文本块　　　　　　　图7-87　字幕最终效果

7.3.2　格式化字幕

用户可以在选择字幕轨道上的一条字幕后，使用"基本图形"面板中的各种样式选项(如字体、大小和位置)对字幕进行格式化处理。

1. 修改字体

在"基本图形"面板的"文本"选项组中可以修改字幕的字体、文本对齐方式和间距，如图7-88所示。

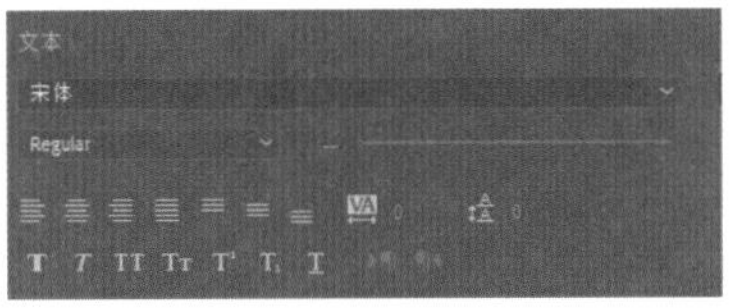

在"文本"选项组中可以设置文本的以下属性。

⊙　字体：可以设置文本的字体、字体样式和字体大小。

⊙　段落对齐方式：如需水平对齐文本，可使用左对齐文本、

图7-88　"文本"选项组

居中对齐文本、右对齐文本和两端对齐文本；如需垂直对齐，可使用顶部对齐文本、文本垂直居中和底对齐文本。这将影响添加其他字行时字幕的增长方式。

⊙　字距：扩大或缩小字符间距。

⊙　行距：扩大或缩小字行之间的垂直间距。

⊙　仿样式：粗体、斜体、全部大写字母、小型大写字母、上标、下标、下画线。

2. 修改文本位置

使用"对齐并变换"选项组可以对齐文本并更改文本的位置，如图7-89所示。

修改文本的位置包括以下几种方式。

图7-89　"对齐并变换"选项组

⊙　使用区域定位字幕：可以从不同的区域中设置字幕位置，以便将字幕放置在屏幕上的不同区域中。

- 微调位置：在"设置水平位置"选项和"设置垂直位置"选项中可以为区域设置添加偏移量。
- 更改文本框大小：通过"设置水平缩放"选项和"设置垂直缩放"选项可以缩小或扩大文本框大小，这将影响文本环绕和段落对齐设置。

提示：

垂直和水平文本对齐方式也会根据区域位置自动进行设置。

3. 修改文本外观

使用"外观"选项组中的"填充""描边""背景"和"阴影"选项可以更改文本外观，如图7-90所示。

- 填充：更改字幕的颜色。
- 描边：可以为字幕添加单个或多个描边。
- 背景：添加字幕背景框，可以选择背景框颜色，并更改不透明度。
- 阴影：添加字幕阴影，可以设置阴影不透明度、角度和距离等。

图7-90 "外观"选项组

【练习7-4】格式化字幕。

文件路径	第7章\格式化字幕
技术掌握	在"基本图形"面板中设置字幕属性

01 新建一个项目和一个序列，然后导入背景素材，如图7-91所示。

02 将导入的素材添加到视频1轨道中，如图7-92所示。

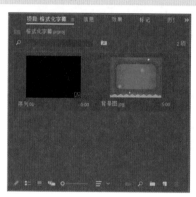

图7-91 导入背景素材

图7-92 在视频1轨道中添加素材

03 在"文本"面板中选择"字幕"选项卡，然后单击"创建新字幕轨"按钮，如图7-93所示。

04 打开"新字幕轨道"对话框，在"格式"下拉列表中选择"副标题"选项，如图7-94所示。然后单击"确定"按钮，在"时间轴"面板中创建一个"副标题"轨道。

图7-93 单击"创建新字幕轨"按钮

图7-94 选择"副标题"选项

05 单击"字幕"选项卡右上方的标题菜单按钮■■■，在弹出的菜单中选择"添加新字幕分段"命令，如图7-95所示，新建一个字幕文本块，如图7-96所示。

图7-95 选择"添加新字幕分段"命令　　图7-96 "新建字幕"文本块

06 在"新建字幕"文本块中修改文字内容，如图7-97所示。

07 在"节目监视器"面板中预览添加的字幕，可以看到字幕文本处于视频画面下方，且文字字号过小，如图7-98所示。

图7-97 修改文字　　　　　　图7-98 预览文字效果

08 在"基本图形"面板中选择"编辑"选项卡，然后在"对齐并变换"选项组中调整字幕的位置为正中，如图7-99所示，调整后的字幕效果如图7-100所示。

图7-99 调整字幕的位置　　　　图7-100 调整后的字幕效果

09 在"文本"选项组中修改文字的字体和字号，如图7-101所示，调整后的字幕效果如图7-102所示。

图7-101 修改文本字体和字号　　图7-102 修改后的字幕效果

10 在"外观"选项组中单击填充的颜色图标，如图7-103所示，打开"拾色器"对话框，设置文字的颜色为橘红色，如图7-104所示。

图7-103 单击填充的颜色图标　　　图7-104 设置文字的颜色

11 在"外观"选项组中选中"描边"复选框，并设置描边的颜色为黄色，描边宽度为12，如图7-105所示，文字描边效果如图7-106所示。

图7-105 设置文字描边(一)　　　图7-106 文字描边效果(一)

12 单击"描边"选项右方的+(加号)按钮，为文字添加一个描边，并设置描边的颜色为白色，描边宽度为12，如图7-107所示，文字描边效果如图7-108所示。

图7-107 设置文字描边(二)　　　图7-108 文字描边效果(二)

13 在"外观"选项组中选中"阴影"复选框，并设置阴影的大小、距离和模糊参数，如图7-109所示，文字阴影效果如图7-110所示。

图7-109 设置文字阴影　　　图7-110 文字阴影效果

14 单击"外观"选项组右上方的"图形属性"按钮 🔧，打开"图形属性"对话框，设置线段连接为"圆角连接"，如图7-111所示，单击"确定"按钮，完成字幕的编辑，最终效果如图7-112所示。

图7-111　设置线段连接样式　　　　图7-112　字幕最终效果

7.3.3 创建字幕样式

用户可以创建字幕样式，以便在整个字幕轨道中使用统一的样式，样式会保存"基本图形"面板中所做的所有设置，包括字体、对齐方式、颜色等。为一条字幕设置"轨道样式"后，该样式会应用于该轨道上的所有字幕，用户可以对不同的轨道使用不同的样式。

编辑好字幕的属性后，在"基本图形"面板的"轨道样式"下拉列表中选择"创建样式"选项，如图7-113所示，在打开的"新建文本样式"对话框中为样式指定一个名称，然后单击"确定"按钮，即可创建新的样式，如图7-114所示。新的文本样式将显示在"轨道样式"下拉列表中，如图7-115所示。

图7-113　选择"创建样式"选项　　　图7-114　"新建文本样式"对话框　　　图7-115　新的文本样式

7.3.4 在时间轴中处理字幕

字幕在时间轴上有自己的轨道，用户可以像编辑任何其他视频轨道一样对其进行编辑。

1. 打开或关闭字幕轨道

在"时间轴"面板中单击"切换活动字幕轨道"图标 👁，如图7-116所示，可以关闭字幕轨道，如图7-117所示；再次单击切换眼睛图标，可以打开字幕轨道。

图7-116　单击"切换活动字幕轨道"图标　　　图7-117　关闭字幕轨道

2. 修剪字幕轨道。

与视频或音频一样，用户可以通过拖动字幕的出入点来调整字幕的出入点，如图7-118所示为调整字幕的出点；也可以使用"剃刀工具"对字幕进行切割，如图7-119所示。

图7-118　调整字幕的出点　　　　图7-119　切割字幕

3. 添加或删除字幕轨道

在创建字幕后，用户还可以继续添加或删除字幕轨道。

- 添加字幕轨道：右击字幕轨道标题，在弹出的菜单中选择"添加单个轨道"命令，如图7-120所示；在打开的"新字幕轨道"对话框中进行确定，即可添加一个字幕轨道，如图7-121所示。

- 删除字幕轨道：右击某个字幕轨道标题，在弹出的菜单中选择"删除单个轨道"命令，如图7-122所示，即可删除该字幕轨道，如图7-123所示。

图7-120　选择"添加单个轨道"命令　　　图7-121　添加字幕轨道

图7-122　选择"删除单个轨道"命令　　　图7-123　删除字幕轨道

4. 隐藏或显示字幕轨道

在"时间轴"面板中单击CC图标 **CC**，在弹出的列表选项中可以选择隐藏或显示字幕轨道的命令，如图7-124所示，图7-125所示为隐藏所有字幕轨道的效果。

 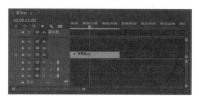

图7-124　字幕轨道的隐藏或显示命令　　　图7-125　隐藏字幕轨道

7.3.5　导出字幕

完成创建或编辑字幕之后，可以使用"文件"|"导出"|"字幕"或"文件"|"导出"|"媒体"命令导出包含字幕的序列。

1. 使用导出字幕命令

选择字幕所在的序列，然后选择"文件"|"导出"|"字幕"命令，打开进行字幕设置的对话框，单击"确定"按钮，如图7-126所示。在打开的"另存为"对话框中设置字幕导出路径和名称，单击"保存"按钮，即可导出包含字幕的序列，如图7-127所示。

图7-126　字幕设置　　　　　图7-127　设置字幕导出路径和名称

2. 使用导出媒体命令

选择字幕所在的序列，然后选择"文件"|"导出"|"媒体"命令，打开"导出设置"对话框，在对话框右方选择"字幕"选项卡，可以设置导出字幕的选项，如图7-128所示。单击"导出选项"下拉列表框，可以选择导出字幕的选项，如图7-129所示。设置好字幕导出选项后，单击"导出"按钮，即可导出字幕序列。

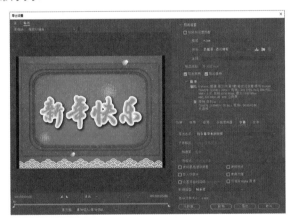

图7-128　选择"字幕"选项卡　　　　　图7-129　字幕导出选项

字幕导出选项包括以下3种。

◉ 无：不包括任何类型的字幕，仅导出序列中的视频和音频。

◉ 创建 Sidecar 文件：导出Sidecar 字幕文件，支持的格式包括 SCC、MCC、XML、STL、SRT和 DFXMP。

◉ 将字幕录制到视频：将序列中的字幕与视频和音频一起导出。

7.4　应用图形模板

图形模板向 Premiere编辑器提供 After Effects 动态图形的功能，其打包为具有易用控件的模板，专为在 Premiere中自定义而设计，可供用户重复使用或分享。

在"基本图形"面板中，用户可以直接调用预设的图形模板，且这些对象不会占用"项目"面板中的位置。

【练习7-5】应用图形模板。

文件路径	第7章\图形模板
技术掌握	应用预设的图形模板

01 新建一个项目和序列，然后在"基本图形"面板中选择"浏览"选项卡，如图7-130所示。

02 在"基本图形"面板中将预设的字幕(如"游戏开场")拖入"时间轴"面板的视频轨道中，如图7-131所示。

图7-130　选择"浏览"选项卡　　　　　　图7-131　将预设图形添加到视频轨道中

03 拖动"时间轴"面板中的时间轴，显示预设图形的文字内容，如图7-132所示。

04 选择"工具"面板中的"文字工具"，再选择预设图形中的文字，然后重新输入文字，对文字内容进行修改，如图7-133所示。

图7-132　显示文字内容　　　　　　　　图7-133　修改文字内容

05 在"节目监视器"面板中单击"播放-停止切换"按钮▶，可以播放预设影片的效果，如图7-134所示。

图7-134　播放预设影片

7.5 上机实训——制作酷炫文字

文件路径	第7章\酷炫文字
技术掌握	掌握文本字体、颜色、描边等属性的设置

本节上机实训将通过制作酷炫文字，讲解使用"文字工具"创建文字，并对文字进行文本字体、颜色、描边等设置的方法，本例最终效果如图7-135所示。

图7-135 案例最终效果

01 新建一个项目文件，然后在"项目"面板中导入背景素材，如图7-136所示。

02 新建一个序列，然后将"项目"面板中的背景素材添加到"时间轴"面板的视频1轨道中，如图7-137所示。

图7-136 导入背景素材

图7-137 在视频1轨道中添加素材

03 在"工具"面板中选择"文字工具" T ，然后在"节目监视器"面板中输入文字内容"酷炫"，如图7-138所示。

04 在"基本图形"面板中选择"编辑"选项卡，然后设置文字的字体和字号，如图7-139所示。

05 在"外观"选项组中选中"描边"复选框，并设置描边宽度为36，如图7-140所示；单击描边颜色，在打开的"拾色器"对话框中设置描边颜色为蓝色，如图7-141所示，添加描边后的文字效果如图7-142所示。

图7-138　输入文字

图7-139　设置文字属性

图7-140　设置描边宽度

图7-141　设置描边颜色

06 单击"描边"选项右侧的"向此图层添加描边"按钮 ，可以增加一个"描边"选项，如图7-143所示。

图7-142　文字描边效果

图7-143　添加"描边"选项

07 设置第二个描边的宽度为36，描边颜色为青色，如图7-144所示，添加描边后的文字效果如图7-145所示。

08 继续添加一个描边，设置描边宽度为36，描边颜色为黄色，如图7-146所示，添加描边后的文字效果如图7-147所示。

图7-144　设置青色描边

图7-145　文字描边效果(一)

图7-146　设置黄色描边

图7-147　文字描边效果(二)

09　使用"选择工具"选择文字，将光标移到文字边角处，当光标变为旋转图标↰时，拖动鼠标并对文字进行适当旋转，如图7-148所示，最终的文字效果如图7-149所示。

图7-148　旋转文字

图7-149　最终文字效果

7.6　疑难解答

问：在"字幕"工作区以外的模式下，可以创建字幕吗？

答：创建字幕关键是使用"文本"面板，所以在"字幕"工作区以外模式下，可以选择"窗口"|"文本"命令，打开"文本"面板，也可以创建字幕。另外，如果只是要创建文本对象，还可以直接使用文字工具在"节目监视器"面板中创建文本对象。

问：创建字幕时，如果在"文本"面板中找不到"添加新字幕分段"按钮，该如何创建字幕文本块？

答：创建字幕时，当系统发生变化后，"字幕"选项卡上方的"添加新字幕分段"按钮有可能会消失。这种情况下，用户可以单击"字幕"选项卡右上方的标题菜单按钮▥，在弹出的菜单中选择"添加新字幕分段"命令，从而新建字幕文本块。

问：在添加图形或字幕描边时，如果要添加多个描边效果，该如何操作？

答：添加图形和字幕描边的方法相同。如果要添加多个描边效果，可以在添加第一个描边后，单击"描边"选项中的"向此图层添加描边"按钮▪，从而添加新的描边选项，然后根据需要进行设置即可，继续单击"向此图层添加描边"按钮可以添加更多的描边效果。

第8章 运动效果

在Premiere中通过设置"运动"控件关键帧，并对素材进行缩放、旋转和移动等操作，可以使对象产生运动效果，让原本枯燥乏味的图像活灵活现起来。本章将介绍视频运动效果的编辑操作，包括对视频运动参数的介绍、关键帧的添加与设置、运动效果的应用等。

本章重点
- 在"时间轴"面板中设置关键帧
- 在"效果控件"面板中设置关键帧
- 关键帧动画类型

二维码教学视频
【练习8-1】飞驰的列车
【练习8-2】乘风破浪
【练习8-3】鲸跃长空
【8.5】上机实训——飘落的羽毛

8.1 关键帧动画基础知识

在Premiere中进行运动效果设置，离不开关键帧的设置。在进行运动效果设置之前，首先应了解一下关键帧动画。

8.1.1 认识关键帧动画

所谓关键帧动画，就是给需要动画效果的属性准备一组与时间相关的值，这些值都是在动画序列中比较关键的帧中提取出来的；而其他时间帧中的值，可以通过这些关键值采用特定的插值方法计算得到，从而达到比较流畅的动画效果。任何动画要表现运动或变化，至少应前后给出两个不同的关键状态，而中间状态的变化和衔接可以由计算机自动完成，表示关键状态的帧动画叫作关键帧动画。

使用关键帧可以创建动画、效果和音频属性，以及其他一些随时间变化而变化的属性。关键帧标记指示设置属性的位置，如空间位置、不透明度或音频的音量。关键帧之间的属性数值会被自动计算出来。当使用关键帧创建随时间而产生变化的动画时，至少需要两个关键帧，一个处于变化的起始位置的状态，而另一个处于变化的结束位置的新状态。使用多个关键帧时，可以通过复制关键帧属性进行变化效果的复制。

8.1.2 关键帧的设置原则

使用关键帧创建动画时，可以在"效果控件"面板或"时间轴"面板中查看并编辑关键帧。有时，使用"时间轴"面板设置关键帧，可以更直观、更方便地对动画进行调节。在设置关键帧时，遵守以下原则可以提高工作效率。

01 在"时间轴"面板中编辑关键帧，适用于只具有一维数值参数的属性，如不透明度、音频音量。"效果控件"面板则更适合于二维或多维数值的设置，如位置、缩放或旋转等。

02 在"时间轴"面板中，关键帧数值的变换会以图像的形式进行展现。因此，用户可以直观地分析数值随时间变换的趋势。

03 "效果控件"面板可以一次性显示多个属性的关键帧，但只能显示所选的素材片段；而"时间轴"面板可以一次性显示多个轨道中多个素材的关键帧，但每个轨道或素材仅显示一种属性。

04 "效果控件"面板也可以像"时间轴"面板一样，以图像的形式显示关键帧。一旦某个效果属性的关键帧功能被激活，便可以显示其数值及速率图。

8.2 在"时间轴"面板中设置关键帧

在"时间轴"面板中编辑视频效果时，通常需要添加和设置关键帧，从而得到不同的视频效果。本节将介绍设置关键帧的方法。

8.2.1 显示关键帧控件

在早期的Premiere版本中，可以通过"时间轴"面板中的"折叠-展开轨道"按钮来控制关键帧控件的显示。但在Premiere Pro 2022版本中，"时间轴"面板中已没有"折叠-展开轨道"按钮，但用户可以通过拖动轨道上方的边界来折叠或展开关键帧控件区域，如图8-1所示。

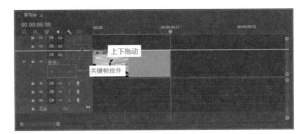

图8-1 显示关键帧控件

8.2.2 设置关键帧类型

在"时间轴"面板中使用右键单击素材图标中的 █ 按钮，在弹出的快捷菜单中可以选择关键帧的类型，包括运动、不透明度和时间重映射，如图8-2所示。

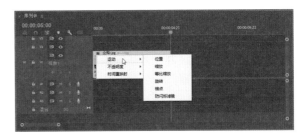

图8-2 设置关键帧类型

8.2.3 添加和删除关键帧

在轨道关键帧控件区单击"添加-移除关键帧"按钮 ◇，可以在轨道的效果图形线中添加或删除关键帧。

- ◉ 选择要添加关键帧的素材，然后将当前时间指示器移到想要关键帧出现的位置，单击"添加-移除关键帧"按钮 ◇ 即可添加关键帧，如图8-3所示。

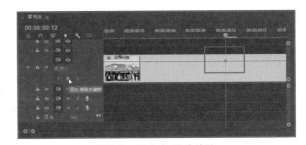

图8-3 添加轨道关键帧

- ◉ 选择要删除关键帧的素材，然后将当前时间指示器移到要删除的关键帧处，单击"添加-移除关键帧"按钮 ◇ 即可删除关键帧。
- ◉ 单击"转到上一关键帧"按钮 ◀，可以将时间指示器移到上一个关键帧的位置。
- ◉ 单击"转到下一关键帧"按钮 ▶，可以将时间指示器移到下一个关键帧的位置。

8.2.4 移动关键帧

在轨道的效果图形线中选择关键帧，然后直接拖动关键帧，可以移动关键帧的位置。通过移动关键帧，可以修改关键帧所处的时间位置，还可以修改素材对应的效果。例如，设置关键帧的类型为"缩放"，调整关键帧时，可以修改素材的缩放大小。

注意:

同视频轨道一样，拖动音频轨道上方的边界，即可展开或折叠音频轨道的关键帧控制区域，在此可以设置整个轨道的关键帧及音量，如图8-4所示。如果选择显示素材或整个轨道的音量设置，则在创建关键帧的音频特效之后，特效名称将出现在"时间轴"面板的音频特效图形线中的一个下拉列表中。在此下拉列表中选择该特效之后，可以单击或拖动其在"时间轴"面板中的关键帧以对其进行调整。

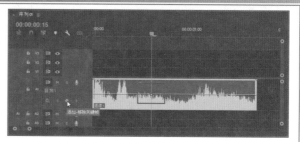

图8-4　设置音频关键帧

8.3　在"效果控件"面板中设置关键帧

在Premiere中，由于运动效果的关键帧属性具有二维数值，因此素材的运动效果需要在"效果控件"面板中进行设置。

8.3.1　认识"效果控件"面板

在"效果控件"面板中单击"运动"选项组旁边的三角形按钮，展开"运动"控件，其中包含位置、缩放、缩放宽度、旋转、锚点和防闪烁滤镜等参数，如图8-5所示。

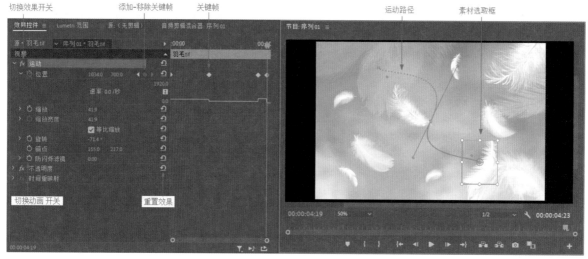

图8-5　"运动"效果控件的参数

单击各选项前的三角形按钮，将展开该选项的具体参数，拖动各选项中的滑块可以进行参数的设置，如图8-6所示。在每个控件对应的参数上单击鼠标，可以输入新的数值进行参数修改，也可以在参数值上按下鼠标左键并左右拖动来修改参数，如图8-7所示。

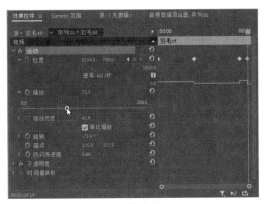
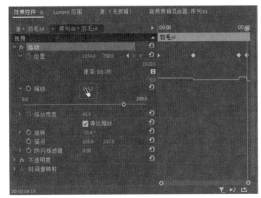

图8-6　拖动滑块　　　　　　　　　　　　　　图8-7　拖动数值

8.3.2 关键帧的添加与设置

在默认情况下，对视频运动参数的修改是整体调整，Premiere不记录关键帧。在Premiere中进行的视频运动设置，建立在关键帧的基础上。在设置关键帧时，可以分别对位置、缩放、旋转、锚点等视频运动方式进行设置。

1. 开启动画记录

如果要保存某种运动方式的动画记录，需要单击该运动方式前面的"切换动画"开关按钮，这样才能将此方式下的参数变化记录成关键帧。例如，单击"位置"前面的"切换动画"开关按钮，如图8-8所示，将开启并保存位置运动方式的动画记录，并在当前时间位置添加一个关键帧，如图8-9所示。

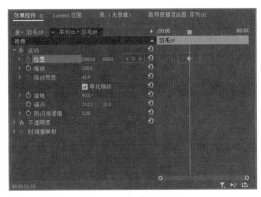

图8-8　单击"切换动画"开关按钮　　　　　　　图8-9　开启动画记录

> **注意：**
> 开启动画记录后，再次单击"切换动画"开关按钮，将关闭动画记录，并删除此运动方式下的所有关键帧。单击"效果控件"面板中"运动"选项右边的"重置"按钮，将清除素材片段上施加的所有运动效果，还原到初始状态。

2. 添加关键帧

视频素材要产生运动效果，需要在素材片段上添加两个或两个以上关键帧。用户可以通过"时间轴"面板或"效果控件"面板两种方式来添加关键帧。

◉　通过"时间轴"面板可以在素材中快速添加或删除关键帧，并可以控制关键帧在"时间轴"

面板中是否可见。若要使用该方式添加关键帧，需要通过拖动素材所在轨道上方的控制区边界来展开关键帧控件区域，然后在"时间轴"面板中选择要添加关键帧的素材片段，并将当前的时间指示器编辑点拖到要添加关键帧的位置，单击"添加-移除关键帧"按钮 ，即可添加关键帧，如图8-10所示。

◉ 在"效果控件"面板中，不仅可以添加或删除关键帧，还可以通过对关键帧各项参数的设置来实现素材的运动效果，如图8-11所示。

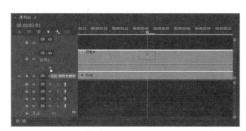

图8-10　添加关键帧　　　　　　　　　　图8-11　设置关键帧参数

3. 选择关键帧

编辑素材的关键帧时，首先需要选中关键帧，然后才能对关键帧进行相关的操作。用户可以直接单击关键帧将其选中，也可以通过"效果控件"面板中的"转到上一关键帧"按钮 和"转到下一关键帧"按钮 来选择关键帧。

> **提示：**
>
> 在视频编辑中，有时需要选择多个关键帧进行统一编辑。若要在"效果控件"面板中选择多个关键帧，可以按住Ctrl或Shift键，依次单击要选择的各个关键帧；或是通过按住并拖动鼠标的方式来选择多个关键帧。

4. 移动关键帧

为素材添加关键帧后，如果需要将关键帧移到其他位置，只需选择要移动的关键帧，单击并拖动至合适的位置，然后释放鼠标即可。

5. 复制与粘贴关键帧

若要将某个关键帧复制到其他位置，可以在"效果控件"面板中右击要复制的关键帧，从弹出的快捷菜单中选择"复制"命令，然后将时间指示器移到新位置并右击，从弹出的快捷菜单中选择"粘贴"命令，即可完成关键帧的复制与粘贴操作。

6. 删除关键帧

选中要删除的关键帧，按Delete键即可删除关键帧，或者在选中的关键帧上右击，然后从弹出的快捷菜单中选择"清除"命令，即可将所选关键帧删除；也可以在"效果控件"面板中单击"添加-移除关键帧"按钮删除所选关键帧。

8.3.3　关键帧插值

在默认状态下，为素材添加运动效果时，关键帧之间的变化为线性变化(如图8-12所示)。在这种情况下，素材的运动是线性运动效果。若要改变素材的运动状态，可以在"效果控件"面板中对关键帧的属性进行修改，从而达到平滑运动的效果。

除了线性变化，Premiere Pro 2022还提供了"贝塞尔曲线""自动贝塞尔曲线""连续贝塞尔曲线""定格""缓入"和"缓出"等多种变化方式。在关键帧上右击鼠标，即可弹出关键帧的控制菜单命令，如图8-13所示。

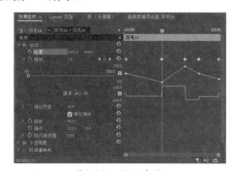

图8-12　线性变化

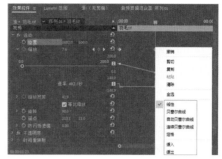

图8-13　关键帧的控制菜单命令

- ⊙ 线性：在两个关键帧之间实现恒定速度的变化。
- ⊙ 贝塞尔曲线：可以手动调整关键帧图像的形状，从而创建平滑的变化。
- ⊙ 自动贝塞尔曲线：自动创建平稳速度的变化。
- ⊙ 连续贝塞尔曲线：可以手动调整关键帧图像的形状，从而创建平滑的变化。连续贝塞尔曲线与贝塞尔曲线的区别是：前者的两个调节手柄始终在一条直线上，调节一个手柄时，另一个手柄将发生相应的变化；后者是两个独立的调节手柄，可以单独调节其中一个手柄，如图8-14和图8-15所示。
- ⊙ 定格：不会逐渐地改变属性值，会使效果发生快速变化。
- ⊙ 缓入：减慢进入下一个关键帧的值变化。
- ⊙ 缓出：逐渐加快离开上一个关键帧的值变化。

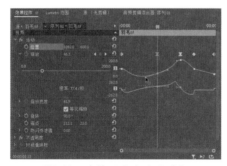

图8-14　连续贝塞尔曲线手柄

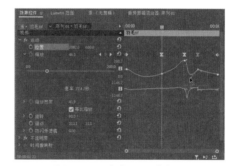

图8-15　贝塞尔曲线手柄

注意：

选择了关键帧的曲线变化方式后，可以利用钢笔工具来调整曲线的手柄，从而调整曲线的形状。使用"效果控件"面板中的速度曲线可以调整效果变化的速度，通过调整速度曲线可以模拟真实世界中物体的运动效果。

8.4　动画类型

在"效果控件"面板中设置"运动"选项组中的参数，可以为素材添加运动效果，主要包括位置、缩放和旋转等动画。

8.4.1 位置动画

位置动画是指把视频素材在节目窗口中进行移动，是视频编辑过程中经常使用的一种运动效果。该动画效果可以通过调整"效果控件"面板中的"位置"参数来实现。

"位置"参数用于设置素材相对于整个屏幕所在的坐标。当项目的视频帧尺寸为720×576，而当前的位置参数为360×288时，编辑的视频中心正好对齐节目窗口的中心。在Premiere Pro 2022的坐标系中，左上角是坐标原点位置(0，0)，横轴和纵轴的正方向分别向右和向下设置，右下角是离坐标原点最远的位置，坐标为(720，576)。所以，增加横轴和纵轴坐标值时，视频片段素材对应向右和向下运动。

单击"效果控件"面板中的"运动"选项，使其变为灰色，这样就会在"节目监视器"面板中出现运动的控制点，这时就可以选择并拖动素材，改变素材的位置，如图8-16所示。

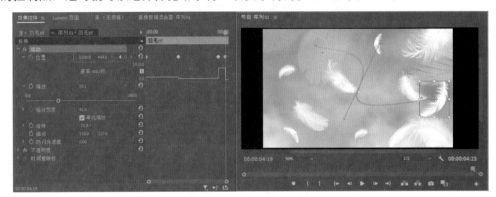

图8-16　改变素材的位置

【练习8-1】飞驰的列车。

文件路径	第8章\飞驰的列车
技术掌握	创建位置动画

01　新建一个项目，然后将"轨道.jpg"和"列车.png"素材导入"项目"面板，如图8-17所示。

02　新建一个序列，在"新建序列"对话框中展开DV-24P素材箱，然后选择"标准32kHz"序列预设，如图8-18所示。

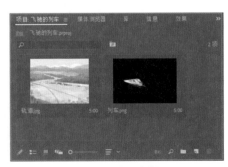

图8-17　导入素材

图8-18　选择序列预设

03 将素材"轨道.jpg"添加到"时间轴"面板的视频1轨道中,将素材"列车.png"添加到"时间轴"面板的视频2轨道中,如图8-19所示。

04 将素材添加到视频轨道中以后,可以在"节目监视器"面板中显示视频效果,如图8-20所示。

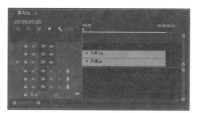

图8-19 在视频轨道中添加素材

图8-20 视频预览效果

05 选择视频轨道2中的"列车.png"素材,并将时间指示器移到素材的入点位置。在"效果控件"面板中单击"位置"选项前面的"切换动画"开关按钮 ,启用动画记录功能,并自动添加一个关键帧。然后将位置的坐标设置为(255,248),如图8-21所示,使列车处于视频画面的左边缘处,如图8-22所示。

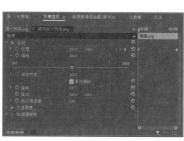

图8-21 设置列车的坐标

图8-22 列车所在的位置

06 将时间指示器移到第4秒23帧的位置,然后将"位置"的坐标值改为(432, 292),此时将自动添加一个关键帧,如图8-23所示。

07 单击"效果控件"面板中的"运动"选项,可以在"节目监视器"面板中显示素材的运动路径,如图8-24所示。

图8-23 添加并设置关键帧

图8-24 列车的运动路径

提示:

开启动画记录功能后,修改"效果控件"面板中的参数时,将自动在当前位置添加一个关键帧,用户也可以通过单击"位置"选项后面的"添加-移除关键帧"按钮 ,在此处添加或删除关键帧。

08 单击"节目监视器"面板中的"播放-停止切换"按钮 ,可以预览列车的运动效果,如图8-25所示。

图8-25 预览列车的运动效果

8.4.2 缩放动画

视频编辑中的缩放动画可以作为视频的出场效果，也可以作为视频素材中局部内容的特写效果，这是视频编辑常用的运动效果之一。该动画效果可以通过调整"效果控件"面板中的"缩放"参数来实现。

"缩放"参数用于设置素材的尺寸百分比。在默认情况下，"等比缩放"复选框处于选中状态，"缩放宽度"选项也显示为不可用状态，此时对象只能按照等比进行缩放，如图8-26所示。取消"等比缩放"复选框后，"缩放"选项变为"缩放高度"选项，"缩放宽度"选项也显示为可用状态，此时可以分别缩放对象的高度和宽度，如图8-27所示。

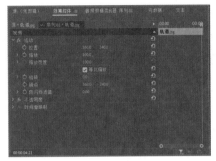

图8-26 等比缩放

图8-27 分别缩放对象的高度和宽度

【练习8-2】乘风破浪。

文件路径	第8章\乘风破浪
技术掌握	创建位置和缩放动画

01 新建一个项目，然后将"船.png"和"大海.jpg"素材导入"项目"面板，如图8-28所示。

02 新建一个序列，在"新建序列"对话框中展开DV-24P素材箱，然后选择"标准32kHz"序列预设，如图8-29所示。

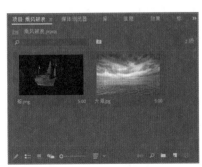

图8-28 导入素材

图8-29 选择序列预设

03 将素材"大海.jpg"添加到"时间轴"面板的视频1轨道中，将素材"船.png"添加到"时间轴"面板的视频2轨道中，如图8-30所示。

04 将素材添加到视频轨道中以后，可以在"节目监视器"面板中显示视频效果，如图8-31所示。

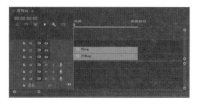

图8-30 在视频轨道中添加素材

图8-31 视频预览效果

05 在"时间轴"面板中选中两个视频轨道中的素材，然后选择"剪辑"|"速度/持续时间"命令，在打开的"剪辑速度/持续时间"对话框中设置两个素材的持续时间为10秒，如图8-32所示。

06 修改素材的持续时间后，在视频轨道中的显示效果如图8-33所示。

图8-32 设置素材的持续时间

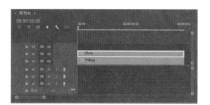

图8-33 素材的持续时间

07 将时间指示器移到素材的入点位置。选择视频轨道2中的"船.png"素材，在"效果控件"面板中单击"缩放"选项前面的"切换动画"开关按钮，并将缩放值设置为10，如图8-34所示，缩小船只后的效果如图8-35所示。

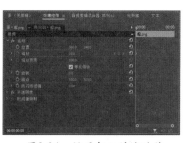

图8-34 设置船只的缩放值

图8-35 船只的缩放效果

08 在"效果控件"面板中单击"位置"选项前面的"切换动画"开关按钮，并将位置的坐标设置为(30, 300)，如图8-36所示，使船只处于视频画面的左边缘，如图8-37所示。

图8-36 设置船只的坐标(一)

图8-37 船只所在的位置

09 将时间指示器移到第5秒。将位置的坐标设置为(400, 300)，将缩放值设置为100，如图8-38所示，修改后的视频效果如图8-39所示。

图8-38 设置船只的坐标和缩放值

图8-39 视频效果(一)

10 将时间指示器移到第9秒23帧。将位置的坐标设置为(480，310)，如图8-40所示，修改后的视频效果如图8-41所示。

11 选择视频1轨道中的"大海.jpg"素材，然后将时间指示器移到第5秒，在"效果控件"面板中添加一个"缩放"关键帧，并保持缩放值为100，如图8-42所示。

12 将时间指示器移到第9秒23帧，添加"缩放"关键帧，并设置缩放值为60，如图8-43所示。

13 单击"节目监视器"面板中的"播放-停止切换"按钮 ，可以预览船只和海面的运动效果，如图8-44所示。

图8-40 设置船只的坐标(二)

图8-41 视频效果(二)

图8-42 添加并设置关键帧(一)

图8-43 添加并设置关键帧(二)

图8-44 预览视频效果

8.4.3 旋转动画

旋转动画能增加视频的旋转动感，适用于视频或字幕的旋转。在设置旋转的过程中，若将素材的锚点设置在不同的位置，其旋转的轴心也会不同，该动画效果可以通过调整"效果控件"面板中的"旋转"参数来实现。

"旋转"参数用于调整素材的旋转角度。当旋转角度小于360°时，只有一个设置参数，如图8-45所示。当旋转角度超过360°时，属性变为两个参数，第一个参数指定旋转的周数，第二个参数指定旋转的角度，如图8-46所示。

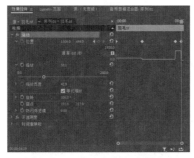

图8-45 旋转角度小于360°

图8-46 旋转角度大于360°

【练习8-3】鲸跃长空。

文件路径	第8章\鲸跃长空
技术掌握	创建位置和旋转动画

01 新建一个项目，然后将"鲸.png"和"海面.jpg"素材导入"项目"面板，如图8-47所示。

02 新建一个序列，在"新建序列"对话框中展开DV-24P素材箱，然后选择"标准32kHz"序列预设，如图8-48所示。

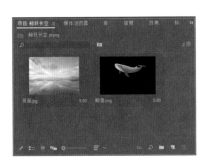

图8-47 导入素材　　　　　　　图8-48 选择序列预设

03 将素材"海面.jpg"添加到"时间轴"面板的视频1轨道中，将素材"鲸.png"添加到"时间轴"面板的视频2轨道中，如图8-49所示。

04 将素材添加到视频轨道中以后，可以在"节目监视器"面板中显示视频效果，如图8-50所示。

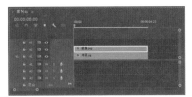

图8-49 在视频轨道中添加素材　　　图8-50 视频预览效果

05 将时间指示器移到素材的入点位置。选择视频轨道2中的"鲸.png"素材，在"效果控件"面板中单击"位置"选项前面的"切换动画"开关按钮，并设置位置坐标为(430, 500)；单击"旋转"选项前面的"切换动画"开关按钮，并设置旋转值为30°，如图8-51所示，此时鲸处于视频画面右下方，效果如图8-52所示。

图8-51 设置船的坐标　　　　图8-52 视频效果(一)

06 将时间指示器移到第15帧。设置位置坐标为(220, 335),旋转值为50°,如图8-53所示,视频效果如图8-54所示。

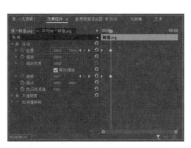

图8-53 设置位置和旋转(一)

图8-54 视频效果(二)

07 将时间指示器移到第1秒。设置位置坐标为(230, 185),旋转值为90°,如图8-55所示,视频效果如图8-56所示。

图8-55 设置位置和旋转(二)

图8-56 视频效果(三)

08 将时间指示器移到第1秒10帧。设置位置坐标为(356, 68),旋转值为180°,如图8-57所示,视频效果如图8-58所示。

图8-57 设置位置和旋转(三)

图8-58 视频效果(四)

09 将时间指示器移到第1秒20帧。设置位置坐标为(420, 120),旋转值为260°,如图8-59所示,视频效果如图8-60所示。

图8-59 设置位置和旋转(四)

图8-60 视频效果(五)

10 将时间指示器移到第2秒5帧。设置位置坐标为(420, 600),如图8-61所示,此时鲸被移出视频画面,视频效果如图8-62所示。

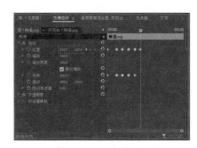

图8-61 设置位置

图8-62 视频效果(六)

11 单击"节目监视器"面板中的"播放-停止切换"按钮 ▶，可以预览鲸在空中翻跃的效果，如图8-63所示。

图8-63 预览视频效果

8.4.4 锚点

在默认状态下，锚点(即定位点)设置在素材的中心点。调整锚点参数将锚点调整到视频画面的其他位置，有利于创建特殊的旋转效果，如图8-64所示。

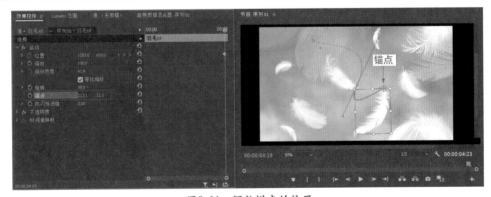

图8-64 调整锚点的位置

8.4.5 防闪烁滤镜

通过将防闪烁滤镜关键帧设置为不同的值，可以更改防闪烁滤镜在剪辑持续时间内变化的强度。单击"防闪烁滤镜"选项旁边的三角形，展开该控件参数，向右拖动"防闪烁滤镜"滑块，可以增加滤镜的强度。

8.5 上机实训——飘落的羽毛

文件路径	第8章\飘落的羽毛
技术掌握	掌握位置动画、旋转动画和平滑运动

本节上机实训将通过制作飘落的羽毛，讲解关键帧动画制作方法，包括位置动画、旋转动画和平滑运动，本例最终效果如图8-65所示。

图8-65 案例最终效果

01 新建一个项目和一个序列，然后将"风景.jpg"和"羽毛.tif"素材导入"项目"面板，如图8-66所示。

02 将素材"风景.jpg"添加到"时间轴"面板的视频1轨道中，将素材"羽毛.tif"添加到"时间轴"面板的视频2轨道中，如图8-67所示。

03 在"时间轴"面板中选中两个视频轨道中的素材，然后选择"剪辑"|"速度/持续时间"命令，在打开的"剪辑速度/持续时间"对话框中设置两个素材的持续时间为10秒，如图8-68所示。

04 修改素材的持续时间后，在视频轨道中的显示效果如图8-69所示。

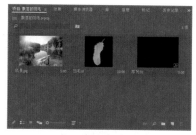

图8-66 导入素材

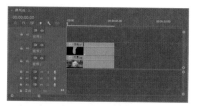

图8-67 在视频轨道中添加素材

图8-68 设置素材的持续时间

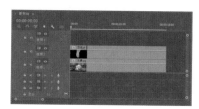

图8-69 素材的持续时间

05 选择视频轨道2中的"羽毛.tif"素材，并将时间轴移到素材的入点位置。在"效果控件"面板中单击"位置"选项前面的"切换动画"开关按钮，启用动画功能，并自动添加一个关键帧。然后将位置的坐标设置为(360, 120)，如图8-70所示，使羽毛处于视频画面的上方，如图8-71所示。

图8-70 设置羽毛的坐标　　　图8-71 羽毛所在的位置

06 将时间指示器移到第2秒24帧的位置，单击"位置"选项后面的"添加-移除关键帧"按钮，在此处添加一个关键帧。然后将"位置"的坐标值改为(310, 280)，如图8-72所示。

07 单击"效果控件"面板中的"运动"选项，可以在节目监视器中显示羽毛的运动路径，如图8-73所示。

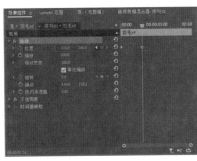 

图8-72 添加并设置关键帧(一)　　　图8-73 羽毛的运动路径(一)

08 将时间指示器移到第5秒24帧的位置，单击"位置"选项后面的"添加-移除关键帧"按钮，在此处添加一个关键帧。然后将"位置"的坐标值改为(545, 170)，如图8-74所示。在节目监视器中显示羽毛的运动路径，如图8-75所示。

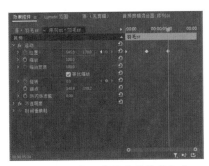 

图8-74 添加并设置关键帧(二)　　　图8-75 羽毛的运动路径(二)

09 将时间指示器移到第9秒24帧的位置，单击"位置"选项后面的"添加-移除关键帧"按钮，在此处添加一个关键帧。然后将"位置"的坐标值改为(450, 550)，如图8-76所示。在节目监视器中显示羽毛的运动路径，如图8-77所示。

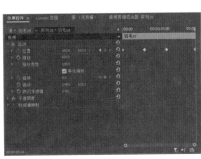 

图8-76 添加并设置关键帧(三)　　　图8-77 羽毛的运动路径(三)

10 当时间指示器处于第0秒时，在"效果控件"面板中单击"旋转"选项前面的"切换动画"开关按钮，在此处添加一个关键帧，并保持"旋转"值不变，如图8-78所示。

11 将时间指示器移到第1秒24帧的位置，单击"旋转"选项后面的"添加-移除关键帧"按钮，在此处添加一个关键帧，并将"旋转"值修改为120，如图8-79所示。

图8-78　添加一个关键帧

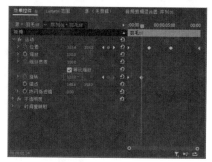

图8-79　添加并设置关键帧(四)

12　将时间指示器移到第2秒24帧的位置，单击"旋转"选项后面的"添加-移除关键帧"按钮◆，在此处添加一个关键帧，并将"旋转"值修改为150，如图8-80所示。

13　在"效果控件"面板中选择所创建的3个旋转关键帧，然后右击鼠标，在弹出的快捷菜单中选择"复制"命令，如图8-81所示。

图8-80　添加并设置关键帧(五)

图8-81　选择"复制"命令

14　将时间指示器移到第4秒的位置，然后右击鼠标，在弹出的快捷菜单中选择"粘贴"命令，如图8-82所示。

15　将时间指示器移到第8秒的位置，继续右击鼠标，在弹出的快捷菜单中选择"粘贴"命令，如图8-83所示，对关键帧进行粘贴。

图8-82　选择"粘贴"命令

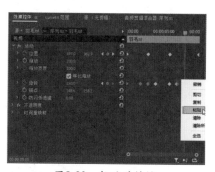

图8-83　粘贴关键帧

16　在"效果控件"面板中右击"位置"选项中的第一个关键帧，在弹出的快捷菜单中选择"空间插值"|"贝塞尔曲线"命令，如图8-84所示。

17　在"效果控件"面板中单击"运动"选项，然后在"节目监视器"面板中单击羽毛将其选中，再拖动路径节点的贝塞尔手柄，调节路径的平滑度，如图8-85所示。

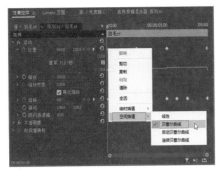 

图8-84 选择"贝塞尔曲线"命令　　　图8-85 调节贝塞尔手柄(一)

18 选中"位置"选项中的后面三个关键帧，然后在关键帧上右击鼠标，在弹出的快捷菜单中选择"空间插值"|"连续贝塞尔曲线"命令，如图8-86所示。

19 在"节目监视器"面板中拖动路径中其他节点的贝塞尔手柄，调节路径的平滑度，如图8-87所示。

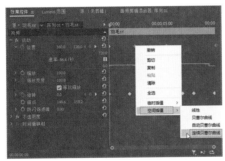 

图8-86 选择"连续贝塞尔曲线"命令　　　图8-87 调整贝塞尔手柄(二)

20 单击"节目监视器"面板中的"播放-停止切换"按钮 ▶，可以预览到羽毛飘动的路径为曲线形状，如图8-88所示。

图8-88 预览羽毛飘动效果

8.6 疑难解答

问：在"时间轴"面板中设置关键帧和在"效果控件"面板中设置关键帧有什么区别？

答：在"时间轴"面板中可以通过设置素材的不透明度、缩放关键帧制作素材的不透明程度和缩放动画，但是并不方便精确设置其参数，特别是不方便设置位置和旋转参数。在"效果控件"面板中可以方便、精确地设置素材的位置、旋转、缩放和不透明度等参数，并通过设置关键帧制作相应的动画效果。

问：如何在"效果控件"面板中添加或删除关键帧？

答：若要在"效果控件"面板中添加关键帧，首先要激活对应选项前面的"切换动画"开关按钮；开启"切换动画"功能后，通过设置选项的参数，即可在当前时间位置添加一个关键帧，或是单击选项中的"添加-移除关键帧"按钮，也可以在当前时间位置添加一个关键帧；将时间指示器移到要删除关键帧的位置，单击选项中的"添加-移除关键帧"按钮，即可删除当前时间位置的关键帧。

问：如何制作素材旋转多圈的动画效果？

答：若要制作素材旋转多圈的动画效果，首先在素材产生旋转前设置一个关键帧，再将时间指示器移动到下一个时间点，然后设置素材的旋转值。当旋转角度超过360°时，旋转属性变为两个参数，第一个参数指定旋转的周数，第二个参数指定旋转的角度。例如，设置素材旋转3圈，旋转参数则应设置为$3\times0°$；设置为3圈半，旋转参数则为$3\times180°$。

问：制作旋转动画时，为何旋转轴心始终在素材的中心位置，应如何修改旋转轴心？

答：在默认状态下，旋转轴心(即锚点)在对象的中心位置。如果要修改对象的旋转轴心，可以通过调整锚点参数，将锚点调整到对象的其他位置，这样在制作旋转动画时，就不会围绕对象的中心位置旋转了。

问：制作动画时，如何在关键帧处产生平滑过渡的动画效果？

答：在默认状态下，关键帧之间的变化为线性变化，即素材的运动是线性运动效果。若要改变素材的运动状态，可以在"效果控件"面板中对关键帧的属性进行修改，从而达到平滑运动的效果。右击关键帧，在弹出的关键帧控制菜单中可以选择"贝塞尔曲线""自动贝塞尔曲线""连续贝塞尔曲线""定格""缓入"和"缓出"等命令，从而在关键帧处产生平滑过渡的动画效果。

第9章　视频过渡

　　将视频作品中的一个场景切换到另一个场景就是一次极好的视频过渡。但是，如果想对切换的时间进行推移，或者想创建从一个场景逐渐切入另一个场景的效果，只对素材进行简单的剪切是不够的，这需要使用过渡效果，将一个素材逐渐淡入另一个素材。Premiere的视频过渡效果正好能够满足这种要求。本章将介绍Premiere视频切换的相关知识与应用，包括视频过渡概述、应用视频过渡效果、各类视频过渡效果详解和自定义视频过渡。

本章重点

- 应用视频过渡效果
- 自定义视频过渡效果
- Premiere过渡效果详解

二维码教学视频

【练习9-1】可爱宝宝
【练习9-2】城市景观
【练习9-3】制作书写文字效果
【9.5】上机实训——制作MTV字幕

9.1　视频过渡概述

视频过渡(也称视频切换或视频转场)是指编辑电视节目或影视媒体时,在不同的镜头间加入过渡效果。视频过渡效果被广泛应用于影视媒体创作中,是一种比较常见的技术手段。在制作影视作品时,应适度把握场景过渡效果的应用,切不可无谓地滥用场景过渡,以免导致主题被冲淡。

9.1.1　场景过渡的依据

一组镜头一般是在同一时空中完成的,因此时间和地点就是场景切换的很好依据。有时候在同一时空中可能有好几组镜头,也就有好几个场面,而情节段落则是按情节发展结构的起承转换等内在节奏来过渡的。

1. 时间的转换

影视节目中的拍摄场面,如果在时间上发生转移,有明显的省略或中断,则可以依据时间的中断来划分场面。在镜头语言的叙述中,时间的转换一般是很快的,这期间转换的时间中断处可以是场面的转换处。

2. 空间的转换

在叙事场景中,经常要进行空间转换,一般每组镜头段落都是在不同的空间里拍摄的,如脚本里的内景、外景、居室、沙滩等,故事片中的布景也随场面的不同而随时更换。因此,空间的变更可以作为场面的划分处。如果空间发生改变,还不做场面划分,又不用某种方式暗示观众,则可能会引起混乱。

3. 情节的转换

一部影视作品的情节结构由内在线索发展而成,一般来说都有开始、发展、转折、高潮、结束的过程。这些情节的每一个阶段会形成一个个情节的段落,倒叙、顺叙、插叙、闪回、联想都离不开情节发展中的一个阶段性转折,可以依据这一点来做情节段落的划分。

总之,场面和段落是影视作品中基本的结构形式,作品里内容的结构层次依据段落来表现。因此,场面过渡首先是叙述内在逻辑上的要求,同时也是叙述外在节奏上的要求。

9.1.2　场景过渡的方法

场景切换的方法多种多样,但依据手法不同分为两类:一类是用特技手段作为过渡(即技巧过渡),另一类是用镜头自然过渡作为过渡(即无技巧过渡)。

1. 技巧过渡的方法

技巧过渡的特点是:既容易造成视觉的连贯,又容易造成段落的分割。场面过渡常用的技巧有以下几种。

(1) 淡出淡入。淡出淡入也称为"渐隐渐显",即上一段落最后一个镜头的光度逐渐减到零点,画面由明转暗、逐渐隐去,下一段落第一个镜头的光度由零点逐渐到正常的强度,画面由暗转明,逐渐显现。这样的过渡过程,前一部分即为"淡出",后一部分即为"淡入"。

(2) 叠化。叠化是指第二个镜头出现于屏幕的过程,仿佛是从前一镜头之后逐渐显露出来的,即在前一镜头逐渐模糊、淡去的过程中,后一镜头同时逐渐清晰。叠化一般用在两个画面在形状上相似的段落转换时。

(3) 划像。划像是指前一画面从一个方向退出画面时，第二个画面随之出现，开始另一段落。根据退出画面方向的不同，划像又可分为横划、竖划、对角线划等。划像一般用在两个内容意义差别较大的段落转换时。

(4) 圈出圈入。圈出圈入是指前一段落结束时用圈、框等图把前一个段落圈出来，并圈入要开始的第二个段落。

(5) 定格。定格是指对第一个段落的结尾画面做静态处理，使人产生瞬间的视觉停顿，接着出现下一个画面，这比较适合于不同主题段落间的转换。

(6) 空画面转场。当情绪发展到高潮的顶点以后，需要一个更长的间歇，使观众能够回味作品的情节和意境，或者得以喘息，能稍微缓和一下情绪。这种情况下可使用空画面转场，空画面转场是用情绪镜头的长度来获得表现效果，从而增强节目艺术的感染力。

(7) 翻页。翻页是指第一个画面像翻书一样翻过去，第二个画面随之显露出来。

(8) 正负像互换。正负像互换来自照相上的一种模拟特技。电影靠洗印处理，而电视靠色彩分离，这种技巧有种木刻的效果，适用于人物专题片。

(9) 变焦。使用变焦来使形象模糊，从而使观众的注意力集中到焦点突出的形象上，达到不变换镜头就可以改变构图和景物的目的。在这种技巧中，往往是两个主体一前一后，在景深中互为陪衬，达到前虚后实或前实后虚的效果。它也可以使整个画面由实至虚或由虚至实，从而达到过渡的目的。

2. 无技巧过渡的方法

无技巧过渡即不使用技巧手段，而用镜头的自然过渡来连接两段内容，这在一定程度上加快了影片的节奏。

近年来，故事片基本摒弃了采用技巧的转场手法，时空的转换、段落的过渡都通过直接切换来实现。这是因为故事片有明显的情节线索，有由情节限定的相对空间的稳定性。但在电视节目中，却并不都是如此。由于节目形式的发展，演播室和外景越来越多地结合在一起，在片子中主持人和记者也越来越多地和报道内容分开，两种屏幕形象会同时出现，因此人们也越来越多地使用技巧手法把两种形象自然地区分开。

无技巧的转场方法要注意寻找合理的转换因素和适当的造型因素，使之具有视觉的连贯性。但在大段落的转换时，又要顾及心理的隔断性，表达出间歇、停顿和转折的意思。切不可段落不明、层次不清。

这种直接过渡之所以能成立，首先是因为影视艺术在时空上充分自由，屏幕画面可以由这一段跳到另一段，中间可以留一段空白，而空白无须进行说明，观众也能得出自己的理解。因此无技巧过渡的功能很强大，这些功能使它省略了许多过场戏，缩短了段落间的间隔，紧凑了作品的内在结构，扩充了作品容量。在无技巧过渡的段落转换处，画面必须有可靠的过渡因素，可起承上启下的作用，只有这样才可直接切换。

9.2 视频过渡效果的应用

若要使两个素材的切换更加自然、变化更丰富，则需要加入Premiere提供的各种过渡效果，以达到丰富画面的目的。

9.2.1 切换"效果"工作区

选择"窗口"|"工作区"|"效果"命令，可以将Premiere的工作区设置为"效果"模式，在该模式下会显示"效果"面板，通过该面板可以选择音频效果、音频过渡、视频效果和视频效果等特效，如图9-1所示。

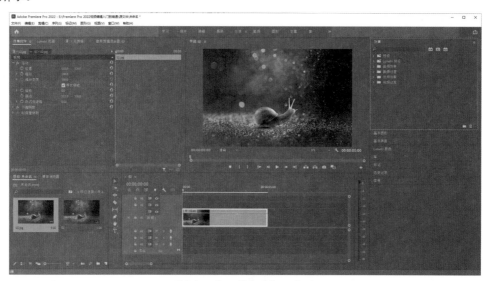

图9-1　进入"效果"工作区

提示：

在"编辑"模式下选择"窗口"|"效果"命令，也可以打开"效果"面板，再从中选择需要的效果。

9.2.2 认识"效果"面板

Premiere Pro 2022的视频过渡效果存放在"效果"面板的"视频过渡"效果素材箱中。选择"窗口"|"效果"命令，打开"效果"面板，"效果"面板将所有视频效果有组织地存放在各个子素材箱中，如图9-2所示。

在Premiere Pro 2022"效果"面板的"视频过渡"效果素材箱中存储了数十种不同的过渡效果。单击"效果"面板中"视频过渡"效果素材箱前面的三角形图标，可以查看过渡效果的种类列表，如图9-3所示。单击其中一种过渡效果素材箱前面的三角形图标，即可查看该类过渡效果所包含的内容，如图9-4所示。

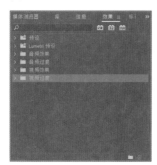

图9-2　"效果"面板　　　　图9-3　过渡效果种类　　　　图9-4　展开过渡效果种类

9.2.3 效果的管理

"效果"面板中存放了各类效果，用户在此可以查找需要的效果，或对效果进行有序化管理。用户可以在"效果"面板中进行如下操作。

◉ 查找视频效果：单击"效果"面板中的查找文本框，然后输入效果的名称，即可找到该视频效果，如图9-5所示。

◉ 组织素材箱：创建新的素材箱(即文件夹)，可以将最常用的效果组织在一起。单击"效果"面板底部的"新建自定义素材箱"按钮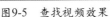，可以创建新的素材箱，如图9-6所示；然后可以将需要的效果拖入其中进行管理，如图9-7所示。

图9-5 查找视频效果

图9-6 新建自定义素材箱

图9-7 管理过渡效果

◉ 重命名自定义素材箱：在新建的素材箱名称上单击两次，然后输入新名称，即可重命名所创建的素材箱。

◉ 删除自定义素材箱：单击素材箱将其选中，然后单击"删除自定义项目"图标🗑，或者从面板菜单中选择"删除自定义项目"命令，当"删除项目"对话框出现时，单击"确定"按钮即可删除自定义素材箱。

> **注意：**
> 用户无法对Premiere自带的素材箱进行删除和重命名操作。

9.2.4 添加视频过渡效果

将"效果"面板中的过渡效果拖到轨道中的两个素材之间(也可以是前一个素材的出点处，或者后一个素材的入点处)，即可在帧间添加该过渡效果。过渡效果使用第一个素材出点处的额外帧和第二个素材入点处的额外帧之间的区域作为过渡效果区域。

对素材应用效果时，可以选择"窗口"|"工作区"|"效果"命令，将Premiere的工作区设置为"效果"模式。在"效果"工作区，应用和编辑过渡效果所需的面板都显示在屏幕上，这有助于对效果进行添加和编辑等操作。

【练习9-1】可爱宝宝。

文件路径	第9章\可爱宝宝
技术掌握	在素材间添加过渡效果

01 新建一个项目文件，然后在"项目"面板中导入宝宝照片，如图9-8所示。

02 新建一个序列，然后将"项目"面板中的照片依次添加到"时间轴"面板的视频1轨道中，如图9-9所示。

03 选择"窗口"|"效果"命令，打开"效果"面板，展开其中的"视频过渡"素材箱，选择"Iris"(划像)|"Iris Box"(盒形划像)过渡效果，如图9-10所示。

04 将选择的过渡效果拖到"时间轴"面板中前两个素材的相接处，此时过渡效果将被添加到轨道中的素材间，并会突出显示发生切换的区域，如图9-11所示。

05 在"效果"面板中选择"Iris"(划像)|"Iris Cross"(交叉划像)过渡效果，如图9-12所示，然后将它拖到"时间轴"面板中间两个素材的交汇处，如图9-13所示。

06 在"效果"面板中选择"Iris"(划像)|"Iris Diamond"(菱形划像)过渡效果，如图9-14所示，然后将其拖到"时间轴"面板后面两个素材的交汇处，如图9-15所示。

07 在"节目监视器"面板中单击"播放-停止切换"按钮▶播放影片，可以预览添加过渡效果后的影片效果，如图9-16所示。

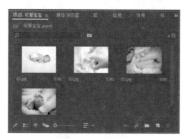

图9-8 导入照片

图9-9 在"时间轴"面板中添加照片

图9-10 选择过渡效果(一)

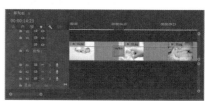

图9-11 添加过渡效果(一)

图9-12 选择过渡效果(二)

图9-13 添加过渡效果(二)

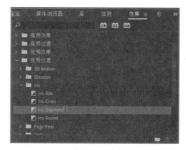

图9-14 选择过渡效果(三)

图9-15 添加过渡效果(三)

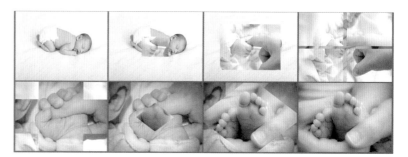

图9-16 预览影片的过渡效果

9.2.5　应用默认过渡效果

在视频编辑过程中，如果在整个项目中需要多次应用相同的过渡效果，那么可以将其设置为默认过渡效果。在指定默认过渡效果后，可以快速地将其应用到各个素材之间。

在默认情况下，Premiere Pro 2022的默认过渡效果为"交叉溶解"，该效果的图标有一个蓝色的边框，如图9-17所示。若要设置新的过渡效果作为默认过渡效果，可以先选择一个视频过渡效果，然后单击鼠标右键，在弹出的快捷菜单中选择"将所选过渡设置为默认过渡"命令，如图9-18所示。

图9-17　默认过渡效果

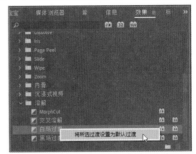
图9-18　设置默认过渡效果

【练习9-2】城市景观。

文件路径	第9章\城市景观
技术掌握	对所有素材应用默认过渡效果

01　新建一个项目，在"项目"面板中导入素材文件，如图9-19所示。

02　新建一个序列，将素材添加到"时间轴"面板的视频1轨道中，如图9-20所示。

03　打开"效果"面板，选择"视频过渡"|"沉浸式视频"|"VR光线"过渡效果，然后右击该效果，在弹出的快捷菜单中选择"将所选过渡设置为默认过渡"命令，如图9-21所示。将选择的过渡效果设置为默认过渡效果后，该效果会有一个蓝色的边框，如图9-22所示。

04　单击工具面板中的"向前选择轨道工具"按钮，然后在视频1轨道的第一个素材上单击，即可选择视频1轨道中的所有素材，如图9-23所示。

05　选择"序列"|"应用默认过渡到选择项"命令，或按Shift+D组合键，即可对所选择的所有素材应用默认的过渡效果，如图9-24所示。

图9-19　导入素材

图9-20　在视频轨道中添加素材

图9-21　设置默认过渡效果

图9-22　默认过渡效果

图9-23　选择轨道中的所有素材

图9-24　应用默认过渡效果

06 在"节目监视器"面板中单击"播放-停止切换"按钮▶播放影片,可以预览添加默认过渡效果后的影片效果,如图9-25所示。

图9-25 预览影片效果

9.3 视频过渡效果的设置

在素材间应用过渡效果之后,在"时间轴"面板中将其选中,即可在"时间轴"面板或"效果控件"面板中对其进行编辑。

9.3.1 设置过渡效果的默认持续时间

视频过渡效果的默认持续时间为当前编辑模式中所包含的帧数。若要更改默认过渡效果的持续时间,可以单击"效果"面板的快捷菜单按钮,在弹出的菜单中选择"设置默认过渡持续时间"命令,如图9-26所示。打开"首选项"对话框,选择"时间轴"选项,即可修改"视频过渡默认持续时间"参数,如图9-27所示。

图9-26 选择命令

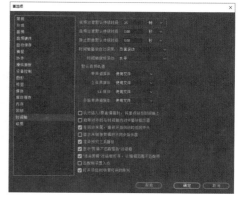

图9-27 设置视频过渡的默认持续时间

9.3.2 更改过渡效果的持续时间

在"时间轴"面板中通过拖动过渡效果的边缘,可以修改所应用过渡效果的持续时间,如图9-28所示。在"信息"面板中可以查看过渡效果的持续时间,如图9-29所示。

在"效果控件"面板中
也可以通过修改持续时间值，
修改过渡效果的持续时间，如
图9-30所示。在"效果控件"面
板中除了通过修改持续时间值
来更改过渡效果的持续时间，
还可以通过拖动过渡效果的左
边缘或右边缘来调整过渡效果
的持续时间，如图9-31所示。

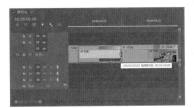

图9-28　拖动过渡效果的边缘

图9-29　查看过渡效果的持续时间

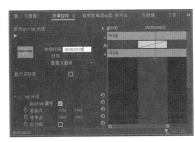

图9-30　修改持续时间值

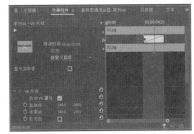

图9-31　手动调整持续时间

9.3.3　修改过渡效果的对齐方式

　　在"时间轴"面板中单击过渡效果并向左或向右拖动它，可以修改过渡效果的对齐方式。向左拖
动过渡效果，可以将过渡效果与编辑点的结束处对齐，如图9-32所示。向右拖动过渡效果，可以将过
渡效果与编辑点的开始处对齐，如图9-33所示。若要让过渡效果居中，则需要将过渡效果放置在编辑
点所在范围的中心位置。

　　在"效果控件"面板中
可以对过渡效果进行更多的编
辑。双击"时间轴"面板中的
过渡效果，打开"效果控件"
面板，选中"显示实际源"复
选框，可以显示素材及过渡效
果，如图9-34所示。在"效果控
件"面板的"对齐"下拉列表
中可以选择过渡效果的对齐方
式，包括"中心切入""起点
切入""终点切入"和"自定
义起点"这几种对齐方式，如
图9-35所示。

图9-32　向左拖动过渡效果

图9-33　向右拖动过渡效果

图9-34　显示实际源

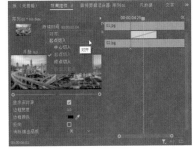

图9-35　选择对齐方式

　　◉　在将对齐方式设置为"中心切入"或"自定义起点"时，修改持续时间值对入点和出点都会
　　　　有影响。

⊙ 在将对齐方式设置为"起点切入"时，更改持续时间值会对出点有影响。

⊙ 在将对齐方式设置为"终点切入"时，更改持续时间值会对入点有影响。

提示：

单击"消除锯齿品质"下拉列表并选择抗锯齿的级别，可以使过渡效果更加流畅。

9.3.4 反向过渡效果

在将过渡效果应用于素材后，默认情况下，素材切换是从第一个素材切换到第二个素材(A到B)。如果需要创建从场景B到场景A的过渡效果(使场景A出现在场景B之后)，可以选中"效果控件"面板中的"反向"复选框，对过渡效果进行反转设置。有些过渡效果需要在过渡属性的选项中进行反向设置，如设置"VR光线"过渡的反向效果时，可以选中属性中的"反方向"复选框，如图9-36所示，其反向效果如图9-37所示。

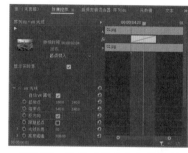

图9-36 选中"反方向"复选框

图9-37 VR光线反向效果

9.3.5 自定义过渡参数

在Premiere Pro 2022中，有些视频过渡效果还有"自定义"按钮，它提供了一些自定义参数，用户可以对过渡效果进行更多的设置。例如，在素材间添加"Flip Over"(翻转)过渡后，会在"效果控件"面板中就出现"自定义"按钮，如图9-38所示。单击该按钮，可以打开"翻转设置"对话框，对带的数量和填充颜色进行设置，如图9-39所示。

图9-38 显示"自定义"按钮

图9-39 "翻转设置"对话框

9.3.6 替换和删除过渡效果

如果在应用过渡效果后，没有达到原本想要的效果，可以对其进行替换或删除，具体操作如下。

⊙ 替换过渡效果：在"效果"面板中选择需要的过渡效果，然后将其拖到"时间轴"面板中需要替换的过渡效果上即可，新的过渡效果将替换原来的过渡效果。

⊙ 删除过渡效果：在"时间轴"面板中选择需要删除的过渡效果，然后按Delete键即可将其删除。

9.4　Premiere过渡效果详解

　　Premiere Pro 2022的"视频过渡"素材箱中包含10种不同的过渡类型，分别是3D Motion(3D运动)、Dissolve(溶解)、Iris(划像)、Page Peel(页面剥落)、Slide(滑动)、Wipe(擦除)、Zoom(缩放)、内滑、沉浸式视频和溶解，如图9-40所示。下面详细介绍各类过渡效果的作用。

图9-40　"视频过渡"类型

9.4.1　3D Motion过渡

　　3D Motion(3D运动)过渡包含运动效果。展开该素材箱，其中包含"Cube Spin"(立方体旋转)和"Flip Over"(翻转)过渡效果，如图9-41所示。

图9-41　3D运动过渡效果列表

1. Cube Spin(立方体旋转)

　　此过渡效果使用旋转的立方体，创建从素材A到素材B的过渡效果，单击缩略图四周的三角形按钮，可以将过渡效果设置为从北到南、从南到北、从西到东或从东到西过渡，如图9-42所示。

图9-42　立方体旋转过渡

2. Flip Over(翻转)

　　此过渡效果将沿垂直轴翻转素材A来显示素材B。单击"效果控件"面板底部的"自定义"按钮，打开"翻转设置"对话框，在其中可以设置带数和填充颜色，如图9-43所示。

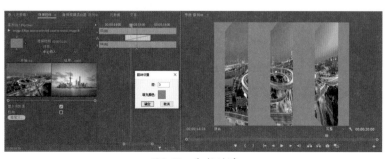

图9-43　翻转过渡

155

9.4.2 Dissolve过渡

Dissolve(溶解)过渡用于将一个视频素材逐渐淡入另一个视频素材。在Dissolve(溶解)素材箱中包括Additive Dissolve(叠加溶解)、Film Dissolve(胶片溶解)和Non-Additive Dissolve(非叠加溶解) 3种溶解过渡效果，如图9-44所示。

图9-44　溶解过渡效果列表

1. Additive Dissolve(叠加溶解)

在素材间使用此过渡效果，可以创建从一个素材到下一个素材的淡化效果，图9-45显示了Additive Dissolve(叠加溶解)设置和预览效果。

图9-45　叠加溶解

2. Film Dissolve(胶片溶解)

此过渡效果与"叠加溶解"过渡效果相似，用于创建从一个素材到下一个素材的线性淡化效果。图9-46显示了Film Dissolve(胶片溶解)设置和预览效果。

图9-46　胶片溶解

3. Non- Additive Dissolve(非叠加溶解)

在使用此过渡效果时，素材B逐渐出现在素材A的彩色区域内。图9-47显示了Non-Additive Dissolve(非叠加溶解)设置和预览效果。

图9-47　非叠加溶解

9.4.3 Iris过渡

Iris(划像)过渡的开始和结束都在屏幕中心进行。Iris(划像)过渡包括Iris Box(盒形划像)、Iris Cross(交叉划像)、Iris Diamond(菱形划像)、Iris Round(圆划像) 效果，如图9-48所示。

图9-48　划像过渡效果列表

1. Iris Box(盒形划像)

在使用此过渡效果时，素材B逐渐显示在一个慢慢变大的矩形中，该矩形会逐渐占据整个画面，如图9-49所示。

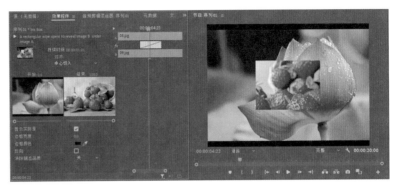

图9-49　盒形划像过渡

2. Iris Cross(交叉划像)

在使用此过渡效果时，素材B逐渐出现在一个十字形中，该十字形会越变越大，直到占据整个画面，如图9-50所示。

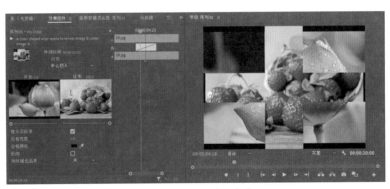

图9-50　交叉划像过渡

3. Iris Diamond(菱形划像)

在使用此过渡效果时，素材B逐渐出现在一个菱形中，该菱形将逐渐占据整个画面，如图9-51所示。

图9-51　菱形划像过渡

4. Iris Round(圆划像)

在使用此过渡效果时，素材B逐渐出现在慢慢变大的圆形中，该圆形将占据整个画面，如图9-52所示。

图9-52　圆划像过渡

9.4.4　Page Peel过渡

页面剥落过渡模仿翻转显示下一页的书页，素材A在第一页上，素材B在第二页上。页面剥落过渡包括Page Peel(页面剥落)和Page Turn(翻页)两种效果，如图9-53所示。

图9-53　页面剥落过渡效果列表

1. Page Peel(页面剥落)

在使用此过渡效果时，素材A从页面左边滚动到页面右边(没有发生卷曲)来显示素材B。图9-54显示了Page Peel(页面剥落)设置和预览效果。

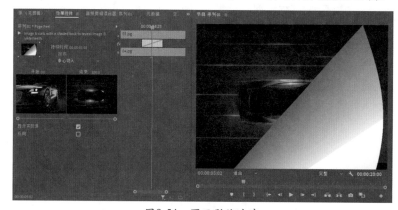

图9-54　页面剥落过渡

2. Page Turn(翻页)

使用此过渡效果，页面将翻转，但不发生卷曲。在翻转显示素材B时，可以看见素材A颠倒出现在页面的背面。图9-55显示了Page Turn(翻页)设置和预览效果。

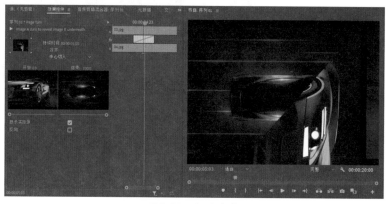

图9-55　翻页过渡

9.4.5 Slide过渡

Slide(内滑)过渡用于将素材滑入或滑出画面来提供过渡效果。滑动过渡包括Band Slide (带状内滑)、Center Split(中心拆分)、Push(推)、Slide (内滑)、Split (拆分)效果，如图9-56所示。

图9-56　内滑过渡效果列表

1. Band Slide (带状内滑)

在使用此过渡效果时，矩形条带从屏幕右边和屏幕左边出现，逐渐用素材B替代素材A。在使用此过渡效果时，单击"自定义"按钮，打开"带状内滑设置"对话框，可以设置需要滑动的带数，如图9-57所示。

图9-57　带状内滑过渡

2. Center Split(中心拆分)

在使用此过渡效果时，素材A被切分成4个象限，并逐渐从中心向外移动，然后素材B将取代素材A。图9-58显示了Center Split(中心拆分)设置和预览效果。

图9-58　中心拆分过渡

3. Push(推)

在使用此过渡效果时，素材B将素材A推向一边。此过渡效果的推挤方式可以设置为从西到东、从东到西、从北到南或从南到北。图9-59显示了Push(推)设置和预览效果。

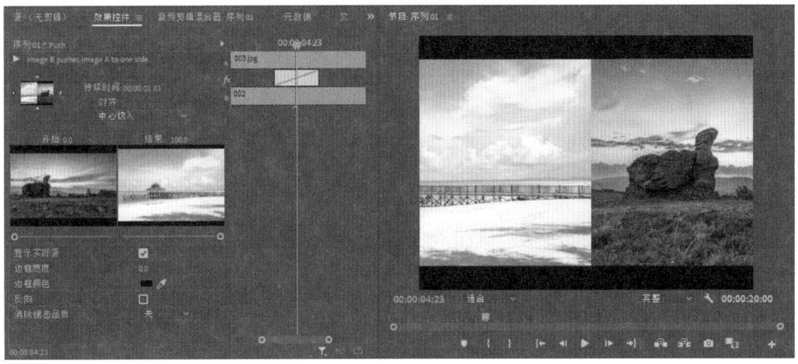

图9-59　推过渡

4. Slide (内滑)

在使用此过渡效果时，素材B逐渐滑动到素材A的上方。用户可以设置过渡效果的滑动方式，过渡效果的滑动方式可以是从西北向东南、从东南向西北、从东北向西南、从西南向东北、从西向东、从东向西、从北向南或从南向北。图9-60显示了Slide (内滑)设置和预览效果。

图9-60　内滑过渡

5. Split (拆分)

在使用此过渡效果时，素材A从中间分裂并显示后面的素材B，该效果类似于打开两扇分开的门来显示房间内的东西。图9-61显示了Split (拆分)设置和预览效果。

图9-61　拆分过渡

9.4.6　Wipe过渡

Wipe(擦除)过渡用于擦除素材A的不同部分来显示素材B。擦除过渡包括Band Wipe(带状擦除)、Barn Doors(双侧平推门)、Checker Wipe(棋盘擦除)、Checker Bord (棋盘)、Clock Wipe(时钟式擦除)、Gradient Wipe(渐变擦除)、Inset(插入)、Paint Splatter(油漆飞溅)、Pinwheel (风车)、Radial Wipe(径向擦除)、Random Blocks (随机块)、Random Wipe (随机擦除)、Spiral Boxes(螺旋框)、Venetian Blinds(百叶窗)、Wedge Wipe(楔形擦除)、Wipe (擦除)、Zig-Zag Blocks(水波块)效果，如图9-62所示。

图9-62　擦除过渡效果列表

1. Band Wipe(带状擦除)

在使用此过渡效果时，矩形条带从屏幕左边和屏幕右边渐渐出现，素材B将替代素材A。在使用此过渡效果时，可以单击"效果控件"面板中的"自定义"按钮，打开"带状擦除设置"对话框，在其中设置需要的带数，如图9-63所示。

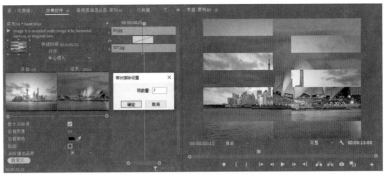

图9-63　带状擦除过渡

2. Barn Doors(双侧平推门)

在使用此过渡效果时，素材A被打开，显示素材B。该效果像是两扇滑动的门，图9-64显示了Barn Doors(双侧平推门)设置和预览效果。

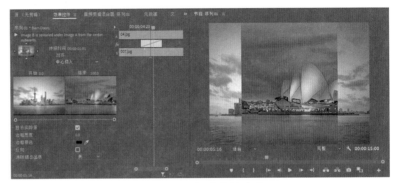

图9-64　双侧平推门过渡

3. Checker Wipe(棋盘擦除)

在使用此过渡效果时，包含素材B切片的棋盘方块图案逐渐延伸到整个屏幕。在使用此过渡效果时，可以单击"效果控件"面板底部的"自定义"按钮，打开"棋盘擦除设置"对话框，设置水平切片和垂直切片的数量，如图9-65所示。

图9-65　棋盘擦除过渡

4. Checker Bord (棋盘)

在使用此过渡效果时，包含素材B的棋盘图案逐渐取代素材A。在使用此过渡效果时，可以单击"效果控件"面板中的"自定义"按钮，打开"棋盘设置"对话框，在此可以设置水平切片和垂直切片的数量，如图9-66所示。

图9-66　棋盘过渡

5. Clock Wipe(时钟式擦除)

在使用此过渡效果时，素材B逐渐出现在屏幕上，以圆周运动方式显示。该效果好似时钟的旋转指针扫过素材屏幕，如图9-67所示。

图9-67　时钟式擦除过渡

6. Gradient Wipe(渐变擦除)

对素材使用该过渡效果时，将打开"渐变擦除设置"对话框，如图9-68所示。在此对话框中单击"选择图像"按钮，可以打开"打开"对话框进行灰度图像的加载，如图9-69所示。这样在擦除效果出现时，对应于素材A的黑色区域和暗色区域的素材B的图像区域最先显示。

图9-68　"渐变擦除设置"对话框

图9-69　"打开"对话框

在使用此过渡效果时，素材B逐渐擦过整个屏幕，并使用用户选择的灰度图像的亮度值确定替换素材A中的哪些图像区域，如图9-70所示。

图9-70　渐变擦除过渡

【练习9-3】制作书写文字效果。

文件路径	第9章\书写文字
技术掌握	使用Gradient Wipe(渐变擦除)过渡制作文字书写效果

01 新建一个项目，在"项目"面板中导入素材，如图9-71所示。

02 新建一个序列，在"新建序列"对话框中设置好预设序列，如图9-72所示。

图9-71　导入素材　　　　图9-72　设置预设序列

03 选择"文件"|"新建"|"颜色遮罩"命令，打开"新建颜色遮罩"对话框，保持默认参数，然后单击"确定"按钮，如图9-73所示。

04 在打开的"拾色器"对话框中设置颜色为红色，然后单击"确定"按钮，如图9-74所示。

图9-73　"新建颜色遮罩"对话框　　图9-74　"拾色器"对话框

05 在打开的"选择名称"对话框中设置名称后单击"确定"按钮，如图9-75所示，即可在"项目"面板中创建颜色遮罩素材，如图9-76所示。

06 选中颜色遮罩素材，然后选择"剪辑"|"速度/持续时间"命令。在打开的"剪辑速度/持续时间"对话框中将持续时间改为00:00:04:00(即持续时间为4秒)，然后单击"确定"按钮，如图9-77所示。

图9-75　"选择名称"对话框　　图9-76　创建颜色遮罩素材

07 将"项目"面板中的"背景.jpg"素材添加到"时间轴"面板的视频1轨道中，将"颜色遮罩"素材添加到"时间轴"面板的视频2轨道中，如图9-78所示。

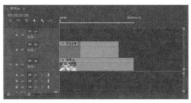

图9-77　"剪辑速度/持续时间"对话框　　图9-78　在视频轨道添加素材

08 将"项目"面板中的"礼1/礼.psd"素材添加到"时间轴"面板的视频2轨道中，入点与"颜色遮罩"素材的出点对齐，然后设置"礼1/礼.psd"素材的持续时间为8秒、"背景.jpg"素材的持续时间为12秒，效果如图9-79所示。

09 将"颜色遮罩"和"礼2/礼.psd"素材添加到"时间轴"面板的视频3轨道中，设置这两个素材的持续时间都为4秒，第一个素材的入点在第4秒，效果如图9-80所示。

10 选择"窗口"|"效果"命令，打开"效果"面板，然后展开"视频过渡"素材箱，选择"Wipe"(擦除)|"Gradient Wipe"(渐变擦除)过渡效果，如图9-81所示。

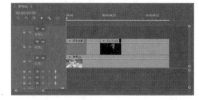

图9-79 添加素材并设置持续时间

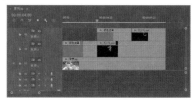

图9-80 添加并编排素材

11 将Gradient Wipe(渐变擦除)过渡效果添加到视频2轨道的"颜色遮罩"素材的入点处，打开"渐变擦除设置"对话框，设置"柔和度"为5，然后单击"选择图像"按钮，如图9-82所示。

图9-81 选择过渡效果

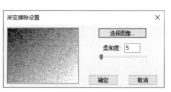

图9-82 "渐变擦除设置"对话框

12 在打开的"打开"对话框中选择并打开"渐变字1.psd"素材，如图9-83所示。

13 在"效果控件"面板中设置过渡的持续时间为4秒，并选中"反向"复选框，如图9-84所示。

14 将Gradient Wipe(渐变擦除)过渡效果添加到视频3轨道的"颜色遮罩"素材的入点处，然后在打开的"渐变擦除设置"对话框中单击"选择图像"按钮。

图9-83 选择"渐变字1.psd"素材

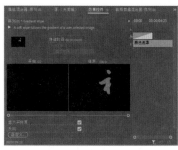

图9-84 设置过渡持续时间(一)

15 在打开的"打开"对话框中选择并打开"渐变字2.psd"素材，如图9-85所示。

16 在"效果控件"面板中设置过渡的持续时间为4秒，并选中"反向"复选框，如图9-86所示。

图9-85 选择"渐变字2.psd"素材

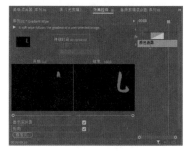

图9-86 设置过渡持续时间(二)

17 在"节目监视器"面板中单击"播放-停止切换"按钮 ▶，预览编辑好的视频节目，效果如图9-87所示。

图9-87 视频效果

7. Inset(插入)

在使用此过渡效果时，素材B出现在画面左上角的一个小矩形框中。在擦除过程中，该矩形框逐渐变大，直到素材B替代素材A，如图9-88所示。

图9-88 插入过渡

8. Paint Splatter(油漆飞溅)

在使用此过渡效果时，素材B逐渐以泼洒颜料的形式出现。图9-89显示了Paint Splatter(油漆飞溅)设置和预览效果。

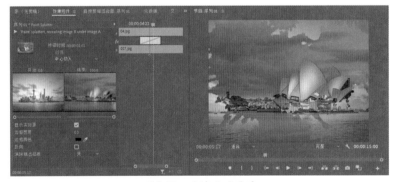

图9-89 油漆飞溅过渡

9. Pinwheel (风车)

在使用此过渡效果时，素材B逐渐以不断变大的星星的形式出现，这个星星最终将占据整个画面。在使用此过渡效果时，单击"效果控件"面板中的"自定义"按钮，打开"风车设置"对话框，可以在其中设置需要的楔形数量，如图9-90所示。

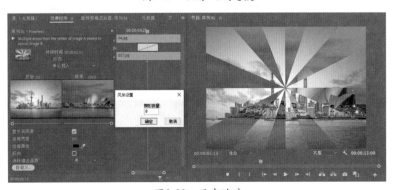

图9-90 风车过渡

10. Radial Wipe(径向擦除)

在使用此过渡效果时，素材B是通过擦除显示的，先水平擦过画面的顶部，然后顺时针扫过一个弧度，逐渐覆盖素材A，如图9-91所示。

图9-91　径向擦除过渡

11. Random Blocks (随机块)

在使用此过渡效果时，素材B逐渐出现在屏幕随机显示的小盒中。在使用此过渡效果时，单击"效果控件"面板中的"自定义"按钮，打开"随机块设置"对话框，可以设置盒子的宽度值和高度值，如图9-92所示。

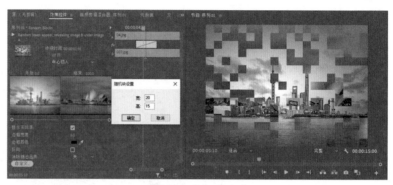

图9-92　随机块过渡

12. Random Wipe (随机擦除)

在使用此过渡效果时，素材B逐渐出现在顺着屏幕下拉的小块中。图9-93显示了Random Wipe (随机擦除)设置和预览效果。

图9-93　随机擦除过渡

13. Spiral Boxes(螺旋框)

在使用此过渡效果时，一个矩形边框围绕画面移动，逐渐使用素材B替换素材A。在使用此过渡效果时，单击"效果控件"面板中的"自定义"按钮，打开"螺旋框设置"对话框，可以设置水平值和垂直值，如图9-94所示。

图9-94　螺旋框过渡

14. Venetian Blinds(百叶窗)

在使用此过渡效果时，素材B看起来像是透过百叶窗出现的，百叶窗逐渐打开，从而显示素材B的完整画面。在使用此过渡效果时，单击"效果控件"面板中的"自定义"按钮，打开"百叶窗设置"对话框，可以设置要显示的条带数，如图9-95所示。

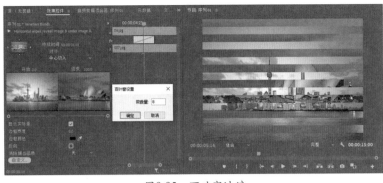

图9-95 百叶窗过渡

15. Wedge Wipe(楔形擦除)

在使用此过渡效果时，素材B出现在逐渐变大并最终替换素材A的饼式楔形中。图9-96显示了Wedge Wipe(楔形擦除)设置和预览效果。

图9-96 楔形擦除过渡

16. Wipe (擦除)

在使用此过渡效果时，素材B向右推开素材A，从而全部显示素材B。该效果类似滑动的门，图9-97显示了Wipe (擦除)设置和预览效果。

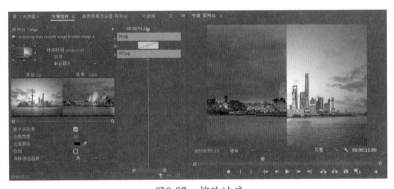

图9-97 擦除过渡

17. Zig-Zag Blocks(水波块)

在使用此过渡效果时，素材B渐渐出现在水平条带中，这些条带从左向右移动，然后从右向屏幕左下方移动。在使用此过渡效果时，可以单击"效果控件"面板中的"自定义"按钮，打开"水波块设置"对话框，设置需要的水平条带和垂直条带的数量，如图9-98所示。

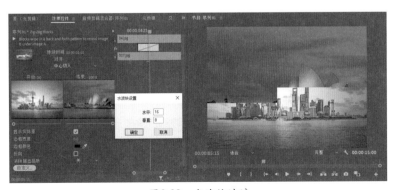

图9-98 水波块过渡

9.4.7 Zoom过渡

Zoom(缩放)素材箱中只有一个Cross Zoom(交叉缩放)效果。此过渡效果用于缩小素材B,然后逐渐放大它,直到占据整个画面。图9-99显示了Cross Zoom (交叉缩放)设置和预览效果。

图9-99　交叉缩放过渡

9.4.8 内滑过渡

"内滑"素材箱中只有一个"急摇"效果。此过渡效果采用摇动摄像机的方式,使画面产生从素材A过渡到素材B的效果。图9-100显示了"急摇"设置和预览效果。

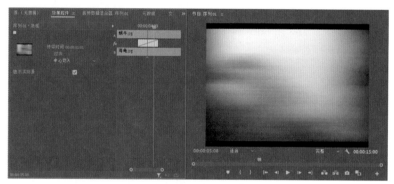

图9-100　急摇过渡

9.4.9 沉浸式视频过渡

沉浸式视频过渡可以确保过渡画面不会出现失真现象,且接缝线周围不会出现伪影。沉浸式视频过渡包括"VR光圈擦除""VR光线""VR渐变擦除""VR漏光""VR球形模糊""VR色度泄漏""VR随机块""VR默比乌斯缩放"效果,如图9-101所示。

图9-101　沉浸式视频过渡效果列表

提示:

VR一般指虚拟现实。虚拟现实技术是一种可以创建和体验虚拟世界的计算机仿真系统,它利用计算机生成一种模拟环境,是一种多源信息融合的、交互式的三维动态视景和实体行为的系统仿真技术。

1. VR光圈擦除

在使用此过渡效果时，素材B逐渐出现在慢慢变大的光圈中，随后该光圈将占据整个画面，如图9-102所示。

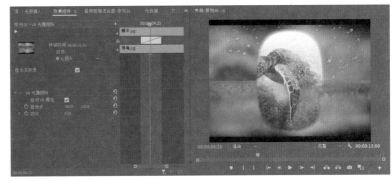

图9-102　VR光圈擦除过渡

2. VR光线

在使用此过渡效果时，素材A逐渐变亮为强光线，随后素材B在光线中逐渐淡入，如图9-103所示。

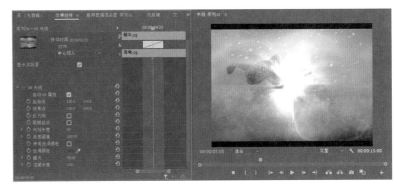

图9-103　VR光线过渡

3. VR渐变擦除

在使用此过渡效果时，素材B的图像逐渐出现在整个屏幕中，素材A的图像逐渐从屏幕中消失，用户还可以设置渐变擦除的羽化值等参数，如图9-104所示。

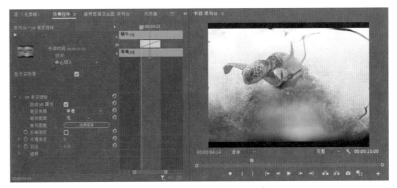

图9-104　VR渐变擦除过渡

4. VR漏光

在使用此过渡效果时，素材A逐渐变亮，随后素材B在亮光中逐渐淡入，如图9-105所示。

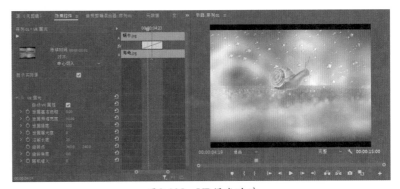

图9-105　VR漏光过渡

5. VR球形模糊

在使用此过渡效果时，素材A以球形模糊的形式逐渐消失，随后素材B以球形模糊的形式逐渐淡入，如图9-106所示。

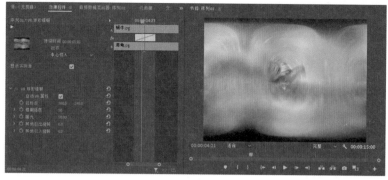

图9-106　VR球形模糊过渡

6. VR色度泄漏

在使用此过渡效果时，素材A以色度泄漏的形式逐渐消失，随后素材B逐渐淡入在屏幕上，如图9-107所示。

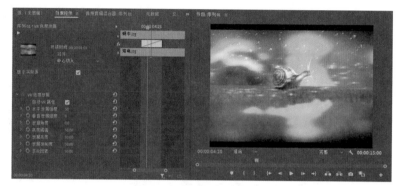

图9-107　VR色度泄漏过渡

7. VR随机块

在使用此过渡效果时，素材B逐渐出现在屏幕随机显示的小盒中，用户可以设置块的宽度、高度和羽化值等参数，如图9-108所示。

图9-108　VR随机块过渡

8. VR默比乌斯缩放

在使用此过渡效果时，素材B以默比乌斯缩放方式逐渐出现在屏幕上，如图9-109所示。

图9-109　VR默比乌斯缩放过渡

9.4.10 溶解过渡效果

溶解过渡同Dissolve(溶解)过渡一样，是将一个视频素材逐渐淡入另一个视频素材。溶解过渡包括MorphCut、交叉溶解、白场过渡和黑场过渡效果，如图9-110所示。

图9-110 溶解过渡效果列表

1. MorphCut

MorphCut通过在原声摘要之间平滑跳切，帮助用户创建更加完美的视频效果。MorphCut采用脸部跟踪和可选流插值的高级组合，在剪辑之间形成无缝过渡，如图9-111所示。若使用得当，MorphCut过渡可以实现无缝效果，以至于看起来就像拍摄视频一样自然。

图9-111 MorphCut过渡

2. 交叉溶解

在使用此过渡效果时，素材B在素材A淡出之前淡入，图9-112显示了"交叉溶解"设置和预览效果。

图9-112 交叉溶解过渡

3. 白场过渡

在使用此过渡效果时，素材A淡化为白色，然后淡化为素材B。图9-113显示了"白场过渡"设置和预览效果。

图9-113 白场过渡

4. 黑场过渡

在使用此过渡效果时，素材A逐渐淡化为黑色，然后淡化为素材B。图9-114显示了"黑场过渡"设置和预览效果。

图9-114　黑场过渡

9.5　上机实训——制作MTV字幕

文件路径	第9章\制作MTV字幕
技术掌握	掌握过渡效果的实际应用

本节上机实训将使用Inset(插入)过渡效果制作MTV字幕，巩固掌握过渡效果的添加和设置方法，本例最终效果如图9-115所示。

图9-115　案例最终效果

01　新建一个项目，在"项目"面板中导入素材对象，如图9-116所示。

02　选择"文件"|"新建"|"序列"命令，打开"新建序列"对话框，选择预设序列，如图9-117所示。

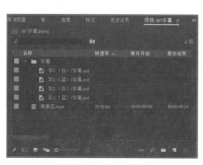

图9-116　导入素材

图9-117　选择预设序列

03 将"项目"面板中的"海棠花.mp4""字1(白)/字幕.psd"和"字1(蓝)/字幕.psd"素材分别添加到"时间轴"面板的视频1~视频3轨道中,并设置各个素材的入点为第0秒,如图9-118所示。

04 将"项目"面板中的"字2(白)/字幕.psd"和"字2(蓝)/字幕.psd"素材分别添加到"时间轴"面板的视频2~视频3轨道中,并设置入点为第5秒01帧,如图9-119所示。

图9-118 添加素材(一)

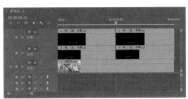

图9-119 添加素材(二)

05 在"效果"面板中选择"视频过渡"|Wipe(擦除)|Inset(插入)过渡效果,如图9-120所示,然后将该过渡效果添加到"字1(蓝)/字幕.psd"的入点处,如图9-121所示。

06 在"效果控件"面板中设置过渡效果的持续时间为4秒,然后单击"自西南向东北"按钮■,设置过渡效果的插入方向为从西南向东北,如图9-122所示。

图9-120 选择过渡效果

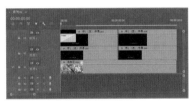

图9-121 添加过渡效果(一)

07 将Inset(插入)过渡效果添加到"时间轴"面板中"字2(蓝)/字幕.psd"的入点处,同样设置过渡效果的持续时间为4秒,插入方向为从西南向东北,如图9-123所示。

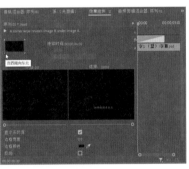

图9-122 设置过渡属性值

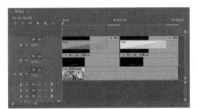

图9-123 添加过渡效果(二)

08 在"节目监视器"面板中单击"播放-停止切换"按钮▶,对编辑好的影片进行预览,效果如图9-124所示。

图9-124 预览过渡效果

9.6   疑难解答

问：在Premiere Pro 2022的"效果"面板中，有一个蓝色边框的过渡效果有什么特点？

答：在Premiere Pro 2022的"效果"面板中，有一个蓝色边框的过渡效果是默认过渡效果。在序列中选中要应用效果的素材，然后选择"序列"|"应用默认过渡到选择项"命令，或按Shift+D组合键，即可快速对所选中的所有素材应用默认的过渡效果。

问：是否可以修改过渡效果的持续时间，应该如何操作？

答：可以修改过渡效果的持续时间。对素材添加过渡效果后，可以在"时间轴"面板中通过拖动过渡效果的边缘，修改所应用过渡效果的持续时间，也可以在"效果控件"面板中修改过渡效果的持续时间。

问：在影片效果中，如何使用过渡效果制作逐个打字的效果？

答：首先将需要的字幕添加到"时间轴"面板中，然后将"效果"面板的Wipe(擦除)| Inset(插入)过渡效果添加到字幕的入点处，再切换到"效果控件"面板中设置Inset(插入)过渡效果的插入方向即可。

第10章 视频特效

在Premiere Pro 2022中通过使用各种视频效果，可以使视频产生扭曲、模糊、幻影、镜头光晕、闪电等特效。本章将学习添加视频效果的基本操作，以及视频效果的类型与应用。

本章重点
- 视频效果基本操作
- 编辑视频效果
- 常用视频效果详解

二维码教学视频

【练习10-1】添加视频效果

【练习10-2】去除视频水印

【10.4】上机实训——制作晴天霹雳

10.1 视频效果基本操作

视频效果是一些由Premiere封装好的程序，专门用于处理视频画面，并且按照指定的要求实现各种视觉效果。Premiere Pro 2022的视频效果集合在"效果"面板中。

10.1.1 视频效果概述

在Premiere中，视频效果是指对素材运用视频特效。视频效果的处理过程就是将原有素材或已经处理过的素材，经过软件中内置的数字运算和处理，将处理好的素材再按照用户的要求输出。运用视频效果，可以修补视频素材中的缺陷，也可以产生特殊的效果。

对视频素材添加视频效果后，可以使图像看起来更加绚丽多彩，使枯燥的视频变得生动，从而产生不同于现实的视频效果。选择"窗口"|"效果"命令，打开"效果"面板，然后单击"视频效果"素材箱前面的三角形将其展开，此时会显示其中的效果列表，如图10-1所示。展开某个效果类型素材箱，可以显示该类型所包含的效果内容，如图10-2所示。

图10-1　效果类型列表

图10-2　显示效果内容

10.1.2 视频效果的管理

使用Premiere视频效果时，可以使用"效果"面板的功能选项对其进行辅助管理。

◉ 查找效果：在"效果"面板顶部的查找字段中输入想要查找的效果名称，Premiere将会自动查找指定的效果，如图10-3所示。

◉ 新建素材箱：单击"效果"面板底部的"新建自定义素材箱"图标█，可以新建一个素材箱来对效果进行管理。

◉ 重命名素材箱：自定义素材箱的名称可以随时修改。选中自定义的素材箱，然后单击素材箱名称，当素材箱名称高亮显示时，在名称字段中输入想要的名称，如图10-4所示。

图10-3　查找效果

图10-4　重命名素材箱

◎　删除素材箱：选中自定义素材箱，单击面板底部的"删除自定义项目"图标 🗑 ，并在出现的提示框中单击"确定"按钮。

10.1.3　添加视频效果

为素材使用视频效果的操作方法与添加视频过渡的操作方法相似。在"效果"面板中选择一个视频效果，将其拖到"时间轴"面板中的素材上，就可以将该视频效果应用到素材上。

【练习10-1】添加视频效果。

文件路径	第10章\变形效果
技术掌握	在素材间添加视频效果

01　新建一个项目文件，在"项目"面板中导入素材对象，如图10-5所示。

02　新建一个序列，将"项目"面板中的素材添加到"时间轴"面板中的视频1轨道中，如图10-6所示。

03　选择"窗口"|"效果"命令，打开"效果"面板，选择"视频效果"|"扭曲"|"波形变形"视频效果，如图10-7所示。

04　将选择的视频效果拖动到"时间轴"面板中的素材上，即可在该素材上应用所选择的效果。"效果控件"面板中将显示添加的效果，如图10-8所示。

图10-5　导入素材

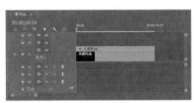

图10-6　添加素材

图10-7　波形变形效果

图10-8　波形变形效果参数

05　在"节目监视器"面板中可以预览添加的"波形变形"效果，原图与添加"波形变形"效果后的对比效果如图10-9和图10-10所示。

图10-9　添加效果前

图10-10　添加效果后

10.1.4　禁用和删除视频效果

对素材添加某个视频效果后，用户可以暂时对添加的效果进行禁用，也可以将其删除。具体操作方法如下。

1. 禁用效果

对素材添加视频效果后，如果需要暂时禁用该效果，可以在"效果控件"面板中单击效果前面的"切换效果开关"按钮 **fx**，如图10-11所示。此时，该效果前面的图标将变成禁用图标 **fx**，表示禁用该效果，如图10-12所示。

图10-11　单击"切换效果开关"按钮

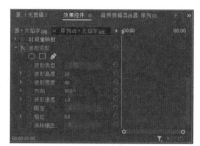

图10-12　禁用效果

> **注意：**
>
> 禁用效果后，再次单击效果前面的"切换效果开关"按钮 **fx**，可以重新启用该效果。

2. 删除效果

对素材添加视频效果后，如果需要删除该效果，可以在"效果控件"面板中选中该效果，然后单击"效果控件"面板右上角的菜单按钮 **▼≡**，在弹出的菜单中选择"移除所选效果"命令，即可将选中的效果删除，如图10-13所示。

如果对某个素材添加了多个视频效果，可以单击"效果控件"面板右上角的菜单按钮 **▼≡**，在弹出的菜单中选择"移除效果"命令，打开"删除属性"对话框。在该对话框中可以选择多个要删除的视频效果，然后将其删除，如图10-14所示。

图10-13　选择"移除所选效果"命令

图10-14　"删除属性"对话框

> **注意：**
>
> 对素材添加视频效果后，在"效果控件"面板中选中该效果，可以按Delete键快速将其删除。

10.2　编辑视频效果

对素材添加视频效果后，可以在"效果控件"面板中对其参数进行设置，也可以通过在不同时间段添加关键帧来设置不同的效果。

10.2.1 设置视频效果参数

在"时间轴"面板中选择已经添加视频效果的素材，然后可以在"效果控件"面板中看到为素材添加的视频效果，图10-15所示为"方向模糊"视频效果。单击视频效果中各选项前面的三角形按钮，可以展开该效果的参数选项，如图10-16所示。

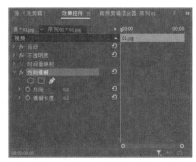

图10-15 添加"方向模糊"视频效果

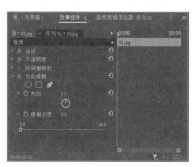

图10-16 展开效果参数

在"效果控件"面板中可以通过拖动参数中的滑块，或者在参数文本框中输入参数值来调节其中的参数值，从而更改图像的效果。例如，图10-17所示的图像是对素材添加"方向模糊"后的效果，当改变"方向模糊"效果的方向和模糊长度后，可以得到如图10-18所示的效果。

图10-17 方向模糊效果

图10-18 修改参数后的效果

10.2.2 设置效果关键帧

同编辑运动效果一样，为素材添加视频效果后，在"效果控件"面板中单击"切换动画"按钮，将开启视频效果的动画设置功能，同时在当前时间位置创建一个关键帧，如图10-19所示。开启动画设置功能后，可以通过创建和编辑关键帧对视频效果进行动画设置。

在"效果控件"面板中开启动画设置功能后，将时间指示器移到新的位置，可以通过单击参数后方的"添加-移除关键帧"按钮，在指定的时间位置添加或删除关键帧。用户可以通过修改关键帧的参数，编辑当前时间位置的视频效果，如图10-20所示。

图10-19 开启动画设置功能

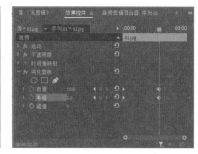

图10-20 修改关键帧参数

10.3 常用视频效果详解

Premiere Pro 2022中提供了多达上百种视频效果，被分类保存在19个素材箱中。由于Premiere Pro 2022的视频效果太多，因此这里只对常用的视频效果进行介绍，键控和调色技术的效果将在后面章节单独介绍。

10.3.1 变换

"变换"素材箱中的效果主要用来改变画面的效果，如图10-21所示。

1. 垂直翻转

在素材上运用垂直翻转效果，可以将画面沿水平中心翻转180°，类似于倒影效果，所有的画面都是翻转的，如图10-22和图10-23所示。该效果没有可设置的参数。

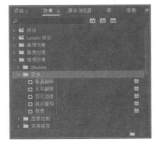  

图10-21　"变换"效果类型　　　图10-22　原图像效果　　　图10-23　垂直翻转效果

2. 水平翻转

在素材上运用水平翻转效果，可以将画面沿垂直中心翻转180°，效果与垂直翻转类似，只是方向不同而已，如图10-24所示。该效果没有可设置的参数。

3. 羽化边缘

在素材上运用羽化边缘效果，通过在"效果控件"面板中调节羽化边缘的数量，如图10-25所示，可以在画面周围产生羽化效果，如图10-26所示。

 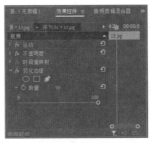 

图10-24　水平翻转效果　　　图10-25　羽化边缘设置　　　图10-26　羽化边缘效果

4. 裁剪

裁剪效果用于裁剪素材的画面，通过调节"效果控件"面板中的参数，如图10-27所示，可以从上、下、左、右四个方向裁剪画面。图10-28所示为将画面上方裁剪后的效果。

图10-27　调节裁剪参数　　　图10-28　裁剪上方画面

10.3.2　扭曲

在"扭曲"素材箱中包含12种视频效果，如图10-29所示，该效果主要用于对图像进行几何变形。下面介绍几种常用的扭曲效果。

1. 偏移

在素材上运用偏移效果，可以对图像进行偏移，从而产生重影效果，并且可以设置偏移后的画面与原画面之间的距离，其参数如图10-30所示。

 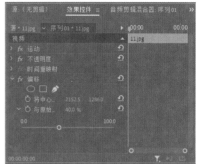

图10-29　扭曲效果类型　　　　　　　图10-30　偏移效果参数

图10-31和图10-32是对素材运用偏移效果的前后对比。

图10-31　原图像效果　　　　　　　图10-32　应用偏移效果

2. 变换

该效果可以对图像的位置、尺寸、不透明度、倾斜、旋转等进行综合设置，其参数如图10-33所示。图10-34所示为对画面进行旋转处理后的效果。

图10-33　变换效果参数　　　　　　　图10-34　旋转效果

3. 放大

在素材上运用放大效果，可以对图像的局部进行放大处理。通过设置该效果的参数，可以选择圆形放大或是正方形放大，如图10-35所示。图10-36所示为对图像进行圆形放大的效果。

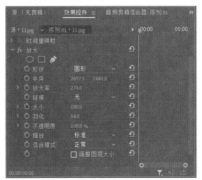 

图10-35　放大效果参数　　　　　　　图10-36　圆形放大局部

"放大"效果参数的具体功能如下。

- 形状：用于选择圆形或正方形放大图像。
- 中央：用于指定放大的位置。
- 放大率：用于设置放大画面的比例。
- 链接：列表中有3种放大形式供用户选择，如图10-37所示。
- 大小：用于设置放大区域的范围大小。
- 羽化：通过羽化设置，可以使放大的边缘与原图像自然融合。
- 不透明度：用于设置放大后图像的不透明度，降低不透明度可以显示放大的图像与原图像两个画面效果，如图10-38所示。
- 缩放：列表中有标准、柔和、扩散3种选项供用户选择。
- 混合模式：用于设置放大后的图像与原图像之间的混合效果。

图10-37　3种放大形式

图10-38　设置不透明度后的效果

4. 旋转扭曲

在素材上运用旋转扭曲效果，可以制作出图像沿中心轴旋转的效果，如图10-39所示。通过效果参数可以调整扭曲的角度和强度，如图10-40所示。

图10-39　旋转扭曲效果

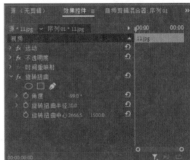

图10-40　旋转扭曲效果参数

5. 波形变形

在素材上运用波形变形效果，可以制作出水面的波浪效果，如图10-41所示。通过效果的参数可以设置波形的类型、方向和强度等，如图10-42所示。

图10-41　波形变形效果

图10-42　波形变形效果参数

6. 湍流置换

在素材上运用湍流置换效果，可以使画面产生杂乱的变形效果，如图10-43所示。在效果参数中可以设置多种置换模式，如图10-44所示。

图10-43　湍流置换效果

图10-44　湍流置换效果参数

7. 球面化

在素材上运用球面化效果，可以制作出球形的画面效果，如图10-45所示。该效果的参数如图10-46所示。

- ⦿ 半径：用于设置球形的半径。
- ⦿ 球面中心：用于设置球形中心的坐标。

图10-45 球面化效果

图10-46 球面化效果参数

8. 边角定位

在素材上运用边角定位效果，可以使图像的四个顶点发生位移，以达到变形画面的效果，如图10-47所示。该效果中的4个参数分别代表图像四个顶点的坐标，如图10-48所示。

图10-47 移动左上角的效果

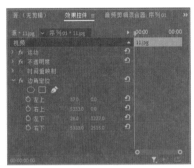

图10-48 边角定位效果参数

9. 镜像

在素材上运用镜像效果，可以将图像沿一条直线分割为两部分，并制作出镜像效果，如图10-49所示。该效果的设置参数如图10-50所示。

- ⦿ 反射中心：用于设置镜像的中心点的坐标。
- ⦿ 反射角度：用于设置镜像图像的角度。

图10-49 镜像效果

图10-50 镜像效果参数

10.3.3 杂色与颗粒

在Premiere Pro 2022中，"杂色与颗粒"素材箱中只有"杂色"视频效果，该效果主要用于对图像添加杂色效果，如图10-51所示。设置参数中的杂色数量可以调节杂色的多少，如图10-52所示。

图10-51 杂色效果

图10-52 杂色效果参数

10.3.4 模糊与锐化

"模糊与锐化"素材箱中包含6种效果，主要用来调整画面的模糊和锐化效果，如图10-53所示。

1. Camera Blur(相机模糊)

在素材上运用该效果，可以产生图像离开相机焦点范围时产生的"虚焦"效果。在效果参数中可以设置模糊的百分比，如图10-54所示。应用该效果时，可以在"效果控件"面板中单击"设置"按钮 ，在打开的"相机模糊设置"对话框中对画面进行实时调节，如图10-55所示。

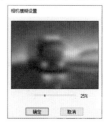

图10-53　"模糊与锐化"效果类型　　图10-54　相机模糊效果参数　　图10-55　"相机模糊设置"对话框

对素材使用Camera Blur(相机模糊)的对比效果如图10-56和图10-57所示。

图10-56　原画面效果　　　　　　图10-57　相机模糊效果

2. 减少交错闪烁

该效果可以使视频素材产生上下交错的模糊效果，交错闪烁通常由在交错素材中显现的条纹引起。在处理交错素材时，"减少交错闪烁"效果非常有用，该效果可以减少纵向频率，以使图像更适合用于交错媒体(如 NTSC 视频)。

用户可以通过调整柔和度参数设置模糊的程度，其参数面板如图10-58所示，减少交错闪烁的模糊效果如图10-59所示。

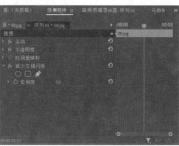

图10-58　减少交错闪烁效果参数　　图10-59　减少交错闪烁模糊效果

3. 方向模糊

该效果可以设置画面的模糊方向和模糊长度，如图10-60所示，使画面产生一种运动的效果，如图10-61所示。

图10-60　方向模糊效果参数　　　图10-61　方向模糊效果

4. 钝化蒙版

该效果用于调整图像的色彩锐化程度，可以使相邻像素的边缘呈高亮显示，其参数如图10-62所示，运用该效果后的效果如图10-63所示。

"钝化蒙版"参数具体功能如下。

图10-62 钝化蒙版效果参数

图10-63 钝化蒙版效果

- ⊙ 数量：用于设置锐化程度。
- ⊙ 半径：用于设置锐化的区域。
- ⊙ 阈值：用于调整颜色区域。

5. 锐化

在素材上运用该效果，可以通过调节其中的"锐化量"参数，如图10-64所示，增加相邻像素间的对比度，使图像变得更清晰，如图10-65所示。

图10-64 锐化效果参数

图10-65 锐化效果

6. 高斯模糊

该效果可以大幅度地模糊图像，使其产生虚化效果，其参数如图10-66所示，运用该效果后的效果如图10-67所示。

图10-66 高斯模糊效果参数

图10-67 高斯模糊效果

该效果参数具体功能如下。

- ⊙ 模糊度：用于调节和控制模糊程度，数值越大，图像越模糊。
- ⊙ 模糊尺寸：在下拉列表中可以选择图像的模糊方向，包括"水平和垂直""水平"与"垂直"3个方向。

10.3.5 生成

"生成"素材箱中包含以下4种效果，主要用来创建一些特殊的画面效果，其效果类型如图10-68所示。

1. 四色渐变

该效果可以产生四色渐变，通过选择4个效果点和颜色来定义渐变颜色。渐变包括混合在一起的4个纯色环，每个纯色环都有一个效果点作为中心，其参数如图10-69所示。

- ⊙ 位置和颜色：颜色选项用于设置该点的颜色；设置点坐标可以改变对应颜色的位置。

- ⊙ 混合：用于设置各个颜色的混合程度。
- ⊙ 抖动：设置渐变颜色在视频画面的抖动效果。
- ⊙ 不透明度：设置渐变颜色在视频画面的不透明度。
- ⊙ 混合模式：设置渐变颜色与原视频画面的混合方式，包括"无""正常""相加""叠加"等模式，如图10-70所示。

图10-68　"生成"效果类型

图10-69　四色渐变效果参数

图10-70　混合模式

例如，对素材使用"四色渐变"效果时，设置混合模式为"叠加"，得到的对比效果如图10-71和图10-72所示。

图10-71　原画面效果

图10-72　四色渐变效果

2. 渐变

该效果用于在画面中创建渐变效果，通过效果中的参数可以控制渐变的颜色，并且可以设置渐变与原画面的混合程度，如图10-73所示。例如，设置渐变从黑色到白色，渐变与原始图像的混合比例为40%，效果如图10-74所示。

图10-73　渐变效果参数

图10-74　渐变效果

3. 镜头光晕

该效果用于在画面中创建镜头光晕，模拟强光折射进画面的效果，通过效果中的参数可以设置镜头光晕的坐标、亮度和镜头类型等，如图10-75所示。创建镜头光晕的效果如图10-76所示。

图10-75　镜头光晕效果参数

图10-76　镜头光晕效果

该效果参数具体功能如下。

- ◉ 光晕中心：用于调整光晕的位置，也可以使用鼠标拖动十字光标来调节光晕的位置。
- ◉ 光晕亮度：用于调整光晕的亮度。
- ◉ 镜头类型：在下拉列表中可以选择"50～300毫米变焦""35毫米定焦"和"105毫米定焦"3种类型。其中"50～300毫米变焦"产生光晕并模仿太阳光的效果；"35毫米定焦"只产生强光，没有光晕；"105毫米定焦"产生比前一种镜头更强的光。

4. 闪电

该效果用于在画面中创建闪电效果，通过"效果控件"面板可以设置闪电的起始点和结束点，以及闪电的波幅等参数，如图10-77所示，应用该效果后得到的效果如图10-78所示。

该效果参数的具体功能如下。

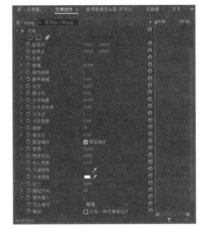

图10-77　闪电效果参数　　　　　图10-78　闪电效果

- ◉ 起始点：用于设置闪电开始点的位置。
- ◉ 结束点：用于设置闪电结束点的位置。
- ◉ 分段：用于设置闪电光线的数量。
- ◉ 振幅：用于设置闪电光线的振幅。
- ◉ 细节级别：用于设置光线颜色的色阶。
- ◉ 细节振幅：用于设置光线波的振幅。
- ◉ 分支：用于设置每束光线的分支。
- ◉ 再分支：用于设置再分支的位置。
- ◉ 分支角度：用于设置光线分支的角度。
- ◉ 分支段长度：用于设置光线分支的长度。
- ◉ 分支段：用于设置光线分支的数目。
- ◉ 分支宽度：用于设置光线分支的粗细。
- ◉ 速度：用于设置光线变化的速率。
- ◉ 稳定性：用于设置固定光线的数值。
- ◉ 固定端点：通过设置的值对结束点的位置进行调整。
- ◉ 宽度：用于设置光线的粗细。
- ◉ 宽度变化：用于设置光线粗细的变化。
- ◉ 核心宽度：用于设置光源的中心宽度。
- ◉ 外部颜色：用于设置光线外部的颜色。
- ◉ 内部颜色：用于设置光线内部的颜色。
- ◉ 拉力：用于设置光线推拉时的数值。
- ◉ 拖拉方向：用于设置光线推拉时的角度。
- ◉ 随机植入：用于设置光线辐射变化时的速度级别。
- ◉ 混合模式：用于设置光线和背景的混合模式。
- ◉ 模拟：选中"在每一帧处重新运行"选项，可以在每一帧上都重新运行。

10.3.6 过渡

视频效果中的"过渡"效果与视频过渡中对应的"过渡"效果在效果表现上相似。不同的是前者在自身图像上进行溶解过渡，后者是在前后两个素材间进行溶解过渡。该类效果包含3种过渡效果，如图10-79所示。

图10-79　"过渡"效果类型

10.3.7 透视

"透视"素材箱中包含2种效果，主要用于对素材添加透视效果，如图10-80所示。

1. 基本3D

运用该效果可以在一个虚拟的三维空间中操作图像。对素材运用"基本3D"效果，素材可以在虚拟空间中绕水平轴和垂直轴转动，还可以产生图像运动的效果。用户还可以在图像上增加反光，产生更逼真的效果，如图10-81所示。基本3D效果的各项参数如图10-82所示。

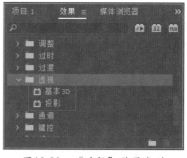

图10-80　"透视"效果类型

- ⊙ 旋转：控制水平旋转的角度。
- ⊙ 倾斜：控制垂直旋转的角度。
- ⊙ 与图像的距离：设定图像移近或移远的距离。
- ⊙ 镜面高光：在图像中加入光线，使其看似在图像的上方产生。

图10-81　基本3D效果

图10-82　基本3D效果参数

- ⊙ 预览：选中该选项后面的复选框，在对图像进行操作时，图像会以线框的形式显示，加快预览速度。

2. 投影

在素材上运用该效果，可以为画面添加投影效果，如图10-83所示，该效果的参数如图10-84所示。

- ⊙ 阴影颜色：用于设置阴影的颜色。
- ⊙ 不透明度：用于设置阴影的透明度。
- ⊙ 方向：用于设置阴影与画面的相对方向。
- ⊙ 距离：用于设置阴影与画面的相对位置距离。

⊙ 柔和度：用于设置阴影
　的柔化程度。
⊙ 仅阴影：选中该选项后
　面的复选框，表示只显
　示阴影部分。

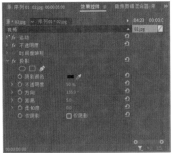

图10-83　投影效果　　　　　　　　　　图10-84　投影效果参数

10.3.8　通道

　　"通道"素材箱中只有
"反转"效果，该效果能够反
转颜色值，如将黑色转变成白
色，将白色转变成黑色，颜色
都变成相应的补色，类似于胶
片的底片效果，如图10-85所
示，其参数如图10-86所示。

⊙ 声道(即通道)：在右侧
　下拉列表中可以选择
　RGB、HLS、YIQ和

图10-85　反转效果　　　　　　　　　　图10-86　反转效果参数

　Alpha等颜色模式。YIQ是NTSC颜色空间，其中Y代表亮度，I代表相位色度，Q代表正交色度。
⊙ 与原始图像混合：设置该参数可以对通道效果和原始图像进行混合。

10.3.9　风格化

　　"风格化"素材箱中包含9种效果，如图10-87所示，主要用于
在素材上制作辉光、彩色浮雕、画笔描边、马赛克等效果。下面介
绍该效果的几种常用类型。

1. Alpha发光

　　该效果对含有通道的素材起作用，在通道的边缘部分产生一圈
渐变的辉光效果，可以在单色的边缘处或者在边缘运动时变成两个
颜色，其参数如图10-88所示。

⊙ 发光：用于调节辉光的伸展长度。
⊙ 亮度：用于设置辉光的亮度。
⊙ 起始颜色：用于设置辉光内圈的色彩。
⊙ 结束颜色：用于设置辉光的过渡色彩。

图10-87　"风格化"效果类型

⊙ 淡出：选择该选项，在设定淡出的情况下，两种颜色会被柔化；在未设定淡出的情况下，将逐渐淡化到透明。

图10-89和图10-90是对素材运用"Alpha发光"视频效果后的对比效果。

图10-88　Alpha发光效果参数

图10-89　原画面效果　　　　图10-90　Alpha发光效果

2. 复制

在素材上运用该效果，可将整个画面复制成若干区域画面，每个区域都将显示完整的画面效果，如图10-91所示。在效果的参数中可以设置复制的数量，如图10-92所示。

图10-91　复制效果

图10-92　复制效果参数

3. 彩色浮雕

在素材上运用该效果，可以将画面变成浮雕的样子，但并不影响画面的初始色彩，产生的效果和浮雕效果类似，如图10-93所示。该效果的参数如图10-94所示。

⊙ 方向：用于设置浮雕的方向角度。

图10-93　彩色浮雕效果　　　图10-94　彩色浮雕效果参数

⊙ 起伏：用于设置浮雕产生的幅度。

⊙ 对比度：用于设置浮雕产生的对比度强弱。

⊙ 与原始图像混合：用于设置浮雕与原画面混合的百分比。

4. 查找边缘

在素材上运用该效果，可以对图像的边缘进行勾勒，并用线条表示，如图10-95所示。该效果的参数如图10-96所示。

图10-95　查找边缘效果

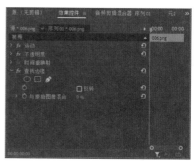

图10-96　查找边缘效果参数

- 反转：选择该选项，所有的颜色将成为各自的补色。
- 与原始图像混合：用于设置产生的效果画面与原图的混合比。

5. 画笔描边

该效果可以向图像应用粗糙的绘画外观，也可以使用此效果实现点彩画样式，如图10-97所示。该效果的参数如图10-98所示。

6. 马赛克

在素材上运用该效果，可以在画面上产生马赛克效果。将画面分成若干网格，每一格都用本格内所有颜色的平均色进行填充，如图10-99所示。效果参数如图10-100所示。

- 水平块：用于设置水平方向上分割格子的数目。
- 垂直块：用于设置垂直方向上分割格子的数目。
- 锐化颜色：用于对颜色进行锐化。

图10-97 画笔描边效果

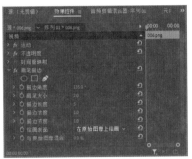

图10-98 画笔描边效果参数

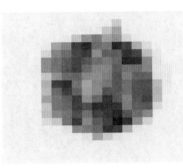

图10-99 马赛克效果

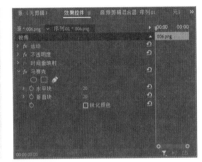

图10-100 马赛克效果参数

10.3.10 过时

"过时"素材箱中包含了很多以往版本的效果，下面介绍几种比较实用的"过时"效果类型。

1. 中间值(旧版)

在素材上运用该效果，可以使画面效果变得模糊，通过调节效果参数中的半径值，可以控制画面的模糊程度，效果参数如图10-101所示，在素材上应用该效果得到的画面效果如图10-102所示。

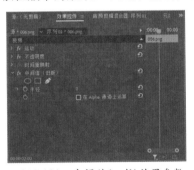

图10-101 中间值(旧版)效果参数

图10-102 中间值(旧版)效果

2. 复合模糊

该效果可以使"时间轴"面板中指定视频轨道中的素材产生模糊效果，效果参数如图10-103所示，在素材上应用该效果得到的画面效果如图10-104所示。

图10-103 复合模糊效果参数

图10-104 复合模糊效果

3. 通道模糊

在素材上运用该效果，可以对素材的不同通道进行模糊，包括对红色、绿色、蓝色和Alpha通道模糊程度的调整，其参数如图10-105所示。图10-106所示是对红色通道进行模糊的效果。

图10-105 通道模糊效果参数

图10-106 通道模糊效果

- ◉ 边缘特性：选中该选项中的"重复边缘像素"复选框，可以使图像边缘更透明。
- ◉ 模糊维度：用于调整模糊的方向。

4. 棋盘

该效果用于在画面中创建棋盘图形，通过效果中的参数可以控制棋盘的位置、大小、颜色及羽化效果，并且可以设置棋盘与原画面的混合模式，如图10-107所示。图10-108所示是"滤色"混合模式的棋盘效果。

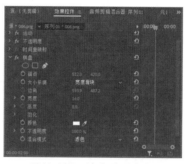

图10-107 棋盘效果参数

图10-108 棋盘效果

【练习10-2】去除视频水印。

文件路径	第10章\去除水印
技术掌握	掌握"中间值(旧版)"效果的应用方法

01 新建一个项目，在"项目"面板中导入"LOGO水印.mp4"素材，如图10-109所示。

02 将导入的水印视频添加到"时间轴"面板中，将素材放在视频1轨道中，如图10-110所示。

图10-109 导入素材

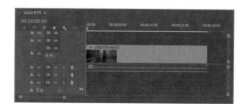

图10-110 在"时间轴"面板中添加素材

03 在"效果"面板中展开"视频效果"中的"过时"素材箱，然后选择"中间值(旧版)"效果，将其添加到视频轨道中的视频素材上，如图10-111所示。

04 在"效果控件"面板中展开"中间值(旧版)"选项组，单击"创建椭圆形蒙版"按钮◯，如图10-112所示。

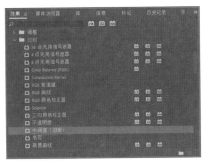
图10-111 选择"中间值(旧版)"效果

图10-112 单击"创建椭圆形蒙版"按钮

05 在"节目监视器"面板中绘制一个椭圆蒙版,如图10-113所示。

06 在"中间值(旧版)"选项组中设置"蒙版羽化"的值为10,"半径"为50,如图10-114所示。

图10-113 绘制一个椭圆蒙版

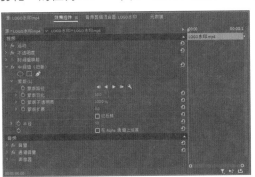
图10-114 设置蒙版参数

07 设置好"中间值(旧版)"参数后,可以在"节目监视器"面板中预览去除视频水印的对比效果,如图10-115和图10-116所示。

图10-115 去除视频水印前

图10-116 去除视频水印后

10.4 上机实训——制作晴天霹雳

文件路径	第10章\晴天霹雳
技术掌握	掌握视频效果的实际应用

本节上机实训将使用"闪电"视频效果制作晴天霹雳特效,巩固掌握视频效果的添加和设置方法,本例最终效果如图10-117所示。

图10-117 案例最终效果

01 新建一个项目,在"项目"面板中导入"建筑.mp4"和"霹雳声.mp3"素材,如图10-118所示。

02 新建一个序列,将"建筑.mp4"素材添加到"时间轴"面板的视频1轨道中,如图10-119所示。

图10-118 导入素材　　　　图10-119 在"时间轴"面板中添加视频素材

03 在第0秒27帧、第1秒2帧的位置,对视频素材进行切割,将视频素材分为3段,如图10-120所示。

04 在"效果"面板中展开"视频效果"中的"生成"素材箱,选择"闪电"效果,如图10-121所示。将"闪电"效果添加到视频1轨道中的第二段视频素材上。

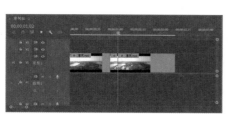

图10-120 切割视频素材　　　　图10-121 选择"闪电"选项

这里将视频素材切割为3段是为了只在中间段素材的时间位置给视频添加闪电效果，这样闪电霹雳效果会更自然。

05 选择视频1轨道中的第二段视频素材，在"效果控件"面板中展开"闪电"选项组，设置闪电的各个参数，如图10-122所示。

06 将音频素材添加到音频1轨道中，设置入点在第0秒27帧的位置，如图10-123所示。

07 向左拖动音频素材的出点，适当调整音频素材的长度，如图10-124所示。

图10-122 设置闪电参数

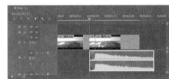

图10-123 添加音频素材

图10-124 调整音频长度

08 在"节目监视器"面板中进行影片预览，效果如图10-125所示。

图10-125 预览闪电效果

10.5 疑难解答

问：对素材添加视频效果后，如何禁用该效果？

答：对素材添加视频效果后，如果需要暂时禁用该效果，可以在"效果控件"面板中单击效果前面的"切换效果开关"按钮fx，此时，该效果前面的图标将变成禁用图标，表示禁用该效果。

问：对素材添加视频效果后，如何删除该效果？

答：对素材添加视频效果后，如果需要删除该效果，可以在"效果控件"面板中选中该效果，然后单击"效果控件"面板右上角的菜单按钮，在弹出的菜单中选择"移除所选效果"命令，即可将选中的效果删除。

问："视频效果"中的"过渡"效果与"视频过渡"中对应的"过渡"效果有何不同？

答："视频效果"中的"过渡"效果与"视频过渡"中对应的过渡效果在效果表现上相似。不同的是前者在自身图像上进行溶解过渡，后者在前后两个素材间进行溶解过渡。

第11章　视频抠像与合成

如果在视频2轨道上放置一段视频影像或一张静态图片，在视频1轨道上放置另一段视频影像或另一张静态图片，那么在节目窗口中只能看到视频2轨道上的图像，如果想要看到视频1轨道上的图像，就需要对视频2轨道上的图像进行隐藏或抠像操作。本章将介绍视频抠像与合成的方法，素材的抠像与合成可以通过Premiere的"视频效果"|"键控"素材箱中的键控效果来实现。

本章重点

● 视频抠像与合成基础
● 设置画面的不透明度
● "键控"抠像效果
● 蒙板与跟踪

二维码教学视频

【练习11-1】霞光万丈　　　　　　　　【练习11-2】古堡精灵
【练习11-3】制作魔镜　　　　　　　　【练习11-4】飞行的小孩
【练习11-5】创建自由形状蒙版
【练习11-6】创建面部马赛克
【11.5】上机实训——自制烟花

11.1 视频抠像与合成基础知识

在学习视频合成技术之前，首先要了解视频合成与抠像的基础知识。下面介绍视频合成的方法和抠像的相关知识。

11.1.1 视频合成的方法

进行影片合成的主要方法是通过不同轨道的素材进行叠加，一种是对其不透明度进行调整；另一种则是通过键控(即抠像)合成。

11.1.2 认识抠像

在电视、电影行业中，非常重要的一个部分就是抠像。通过抠像技术可以任意更换背景，这是影视中经常看到的奇幻背景或惊险镜头的制作方法。

抠像的原理非常简单，就是将背景的颜色抠除，只保留主体对象，这样可以进行视频合成等处理。如图11-1、图11-2、图11-3所示，可将两个视频轨道上的图像进行合成，从而得到想要的效果。

图11-1　视频2轨道图像　　　　图11-2　视频1轨道图像　　　　图11-3　合成效果

11.2 设置画面的不透明度

在影视后期制作过程中，可以通过调整素材的不透明度，在各个视频轨道间进行素材的混合。用户可以在"时间轴"面板或"效果控件"面板中设置素材的不透明度。

11.2.1 在"效果控件"面板中设置不透明度

在"效果控件"面板中展开"不透明度"选项组，可以设置所选素材的不透明度。通过添加并设置不透明度的关键帧，可以创建视频画面的渐隐渐现效果。

【练习11-1】霞光万丈。

文件路径	第11章\霞光万丈
技术掌握	在"效果控件"面板中设置素材的不透明度

01 新建一个项目，在"项目"面板中导入素材，如图11-4所示。

02 新建一个序列，选择DV-24P素材箱中的"标准32kHz"作为预设序列，如图11-5所示。

图11-4 导入素材

图11-5 选择预设序列

03 将导入的素材分别添加到"时间轴"面板中的视频1轨道和视频2轨道中，如图11-6所示，在"节目监视器"面板中预览到的效果如图11-7所示。

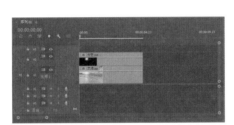

图11-6 在视频轨道中添加素材

图11-7 视频效果

04 选中视频轨道中的两个素材，然后选择"剪辑"|"速度/持续时间"命令，打开"剪辑速度/持续时间"对话框，设置素材的持续时间为10秒，如图11-8所示，在"时间轴"面板中的效果如图11-9所示。

图11-8 设置持续时间

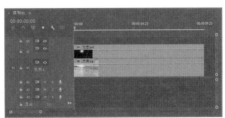

图11-9 修改持续时间后的素材

05 选中视频2轨道中的素材，在"效果控件"面板中展开"不透明度"选项组，设置混合模式为"叠加"，如图11-10所示，更改混合模式后的效果如图11-11所示。

图11-10 设置混合模式　　　　图11-11 叠加效果

06 在第0秒的时间位置为"不透明度"选项添加一个关键帧，并设置该帧不透明度为0，如图11-12所示，更改不透明度后的效果如图11-13所示。

图11-12 添加不透明度关键帧(一)　　　　图11-13 修改不透明度后的效果

07 将时间指示器移到第5秒，然后为"不透明度"选项添加一个关键帧，并设置不透明度为75，如图11-14所示。此时在"节目监视器"面板中预览到的效果，如图11-15所示。

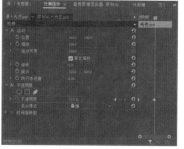

图11-14 设置不透明度关键帧(二)　　　　图11-15 不透明度效果

08 在"效果控件"面板中选择"锚点"选项，如图11-16所示，然后在"节目监视器"面板中将锚点移动到光芒中心位置，如图11-17所示。

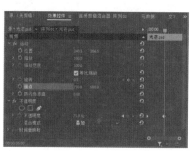

图11-16 选择"锚点"选项　　　　图11-17 移动锚点

09 将时间指示器移到第6秒，然后为"旋转"选项添加一个关键帧，并设置旋转值15°，如图11-18所示。

10 将时间指示器移到第10秒，然后为"旋转"选项添加一个关键帧，并设置旋转值45°，如图11-19所示。

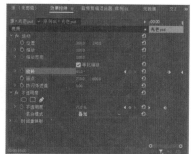

图11-18 设置旋转关键帧(一)　　　　图11-19 设置旋转关键帧(二)

11 在"节目监视器"面板中单击"播放-停止切换"按钮 ▶️ 播放影片，可以预览霞光由弱变强和旋转的效果，如图11-20所示。

图11-20　预览影片效果

11.2.2 在"时间轴"面板中设置不透明度

将素材添加到"时间轴"面板的视频轨道中，然后拖动轨道的上边缘展开该轨道，可以在素材上看到一条横线，这条横线用于控制素材的不透明度，如图11-21所示。上下拖动横线，可以调整该素材的不透明度，如图11-22所示。

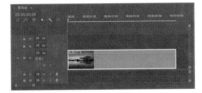

图11-21　显示不透明度控制线

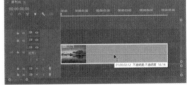

图11-22　调整不透明度

【练习11-2】古堡精灵。

文件路径	第11章\古堡精灵
技术掌握	在"时间轴"面板中设置素材的不透明度

01 新建一个名为"古堡精灵"的项目文件和一个序列，然后导入背影和古堡素材，如图11-23所示。

02 将古堡素材添加到"时间轴"面板的视频1轨道中，将背影素材添加到"时间轴"面板的视频2轨道中，并展开视频轨道，如图11-24所示。

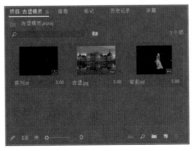

图11-23　导入素材

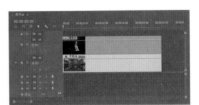

图11-24　添加素材

03 在"节目监视器"面板中预览视频，效果如图11-25所示。

04 在"时间轴"面板中将时间指示器移到第0秒的位置，然后在"时间轴"面板中单击"添加-移除关键帧"按钮，添加一个关键帧，如图11-26所示。

图11-25 视频预览效果(一)

图11-26 添加关键帧

05 在第1秒的位置添加一个关键帧，并将该关键帧向下拖动，将该帧图形的不透明度修改为0，如图11-27所示。

06 在"节目监视器"面板中预览视频，效果如图11-28所示。

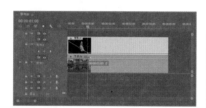

图11-27 添加并设置关键帧(一)

图11-28 视频预览效果(二)

07 在第2秒、第3秒、第4秒和第5秒的位置各添加一个关键帧，如图11-29所示。

08 将第2秒和第4秒的关键帧向上拖动，使这两帧图形的不透明度为100，如图11-30所示。

图11-29 添加关键帧

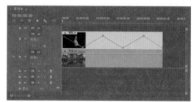

图11-30 调整关键帧不透明度

09 在"效果控件"面板中展开"运动"选项组，启用"位置"和"缩放"选项的动画功能，并在第0秒的位置分别为"位置"和"缩放"选项添加一个关键帧，如图11-31所示。

10 在第5秒的位置分别为"位置"和"缩放"选项添加一个关键帧，并设置位置坐标为(130, 200)、缩放值为60，如图11-32所示。

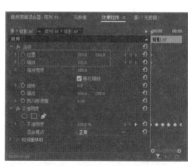

图11-31 添加并设置关键帧(二)

图11-32 添加并设置关键帧(三)

11 在"节目监视器"面板中单击"播放-停止切换"按钮，预览视频中背影的渐隐渐现效果，如图11-33所示。

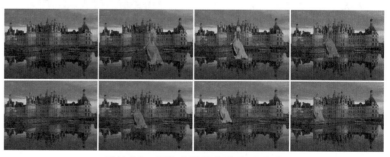

图11-33 预览背影的渐隐渐现效果

11.2.3 不透明度混合模式

Premiere "不透明度"选项的"混合模式"下拉列表框中提供了27种混合模式，主要是用来设置轨道中的图像与下面轨道中的图像进行色彩混合的方法，如图11-34所示。设置不同的混合模式，所产生的效果也会不同。

下面将如图11-35所示的素材放在视频1轨道中，将如图11-36所示的素材放在视频2轨道中，然后通过设置视频2轨道中素材的不透明度混合模式，对各种混合模式进行详细介绍。

图11-34　不透明度混合模式　　　图11-35　素材1　　　　　图11-36　素材2

1. 正常模式

系统默认的不透明度混合模式便是正常模式，节目监视器面板中将显示最上方轨道中的素材原始效果。

2. 溶解模式

该模式会随机消失部分图像的像素，消失的部分可以显示下一轨道图像，从而形成两个轨道图像交融的效果。使用该模式可以配合不透明度使溶解效果更加明显。例如，设置火焰文字轨道的不透明度为60%，得到的效果如图11-37所示。

3. 变暗模式

该模式将查看每个通道中的颜色信息，并将当前图像中较暗的色彩调整得更暗，较亮的色彩变得透明，如图11-38所示。

4. 相乘模式

该模式可以产生当前图像和下方轨道图像颜色较暗的颜色，如图11-39所示。任何颜色与黑色复合将产生黑色，与白色复合将保持不变。

图11-37　溶解模式　　　　　图11-38　变暗模式　　　　　图11-39　相乘模式

5. 颜色加深模式

该模式将增强当前图像与下面轨道图像之间的对比度，使图像的亮度降低、色彩加深，与白色混合后不产生变化，如图11-40所示。

6. 线性加深模式

该模式可以查看每个通道中的颜色信息，并通过减小亮度使基色变暗以反映混合色，与白色混合后不产生变化，如图11-41所示。

7. 深色模式

该模式将当前图像和下方轨道图像颜色做比较，并将两个轨道中相对较暗的像素创建为结果色，如图11-42所示。

 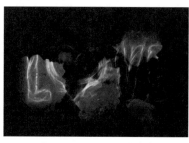 

图11-40　颜色加深模式　　　　图11-41　线性加深模式　　　　图11-42　深色模式

8. 变亮模式

该模式与变暗模式的效果相反，选择基色或混合色中较亮的颜色作为结果色。比混合色暗的像素会被替换，比混合色亮的像素保持不变，如图11-43所示。

9. 滤色模式

该模式和相乘模式正好相反，结果色总是较亮的颜色，并具有漂白的效果，如图11-44所示。

10. 颜色减淡模式

该模式将通过减小对比度来提高混合后图像的亮度，与黑色混合不发生变化，如图11-45所示。

图11-43　变亮模式　　　　　图11-44　滤色模式　　　　　图11-45　颜色减淡模式

11. 线性减淡模式

该模式查看每个通道中的颜色信息，并通过增加亮度使基色变亮以反映混合色，与黑色混合则不发生变化，如图11-46所示。

12. 浅色模式

该模式与深色模式相反，将当前图像和下方轨道中的图像颜色做比较，将两个轨道中相对较亮的像素创建为结果色，如图11-47所示。

13. 叠加模式

该模式用于复合或过滤颜色，最终效果取决于基色。图案或颜色在现有像素上叠加，同时保留基色的明暗对比。不替换基色，但基色与混合色相混以反映原色的亮度或暗度，如图11-48所示。

图11-46　线性减淡模式　　　　　　图11-47　浅色模式　　　　　　图11-48　叠加模式

14. 柔光模式

该模式将产生一种柔和光线照射的效果，使高亮度的区域更亮，暗调区域更暗，从而加大反差，如图11-49所示。

15. 强光模式

该模式将产生一种强烈光线照射的效果，它是根据当前图像的颜色亮度使下方轨道图像的颜色更为浓重，如图11-50所示。

16. 亮光模式

该模式是根据混合色增加或减小对比度来加深或减淡颜色。如果混合色(光源)比50%灰色亮，则通过减小对比度使图像变亮；如果混合色比50%灰色暗，则通过增加对比度使图像变暗，如图11-51所示。

图11-49　柔光模式　　　　　　图11-50　强光模式　　　　　　图11-51　亮光模式

17. 线性光模式

该模式是根据当前图像的颜色增加或减小底层的亮度来加深或减淡颜色。如果当前图像的颜色比50%灰色亮，则通过增加亮度使图像变亮；如果当前图像的颜色比50%灰色暗，则通过减小亮度使图像变暗，如图11-52所示。

18. 点光模式

该模式根据当前图像与下方图像的混合色来替换部分较暗或较亮像素的颜色，如图11-53所示。

19. 强混合模式

该模式取消了中间色的效果，混合的结果由下方图像颜色与当前图像亮度决定，如图11-54所示。

图11-52　线性光模式

图11-53　点光模式

图11-54　强混合模式

20. 差值模式

该模式将从颜色较亮的输入值减去颜色较暗的输入值，用白色绘画可反转背景颜色，用黑色绘画不会发生变化，如图11-55所示。

21. 排除模式

该模式将创建一种与差值模式相似但对比度更低的效果，与白色混合会使下方图像的颜色产生相反的效果，与黑色混合不产生变化，如图11-56所示。

22. 相减模式

该模式从基色中减去混合色。在8位和16位图像中，任何生成的负片值都会相减为零，如图11-57所示。

图11-55　差值模式

图11-56　排除模式

图11-57　相减模式

23. 相除模式

该模式通过查看每个通道中的颜色信息，从基色中分割出混合色，如图11-58所示。

24. 色相模式

该模式用基色的亮度和饱和度，以及混合色的色相创建结果色，如图11-59所示。

25. 饱和度模式

该模式是用下方图像颜色的亮度和色相，以及当前图像颜色的饱和度创建结果色，如图11-60所示。在饱和度为0时，使用此模式不会产生变化。

图11-58　相除模式

图11-59　色相模式

图11-60　饱和度模式

26. 颜色模式

该模式将使用当前图像的
亮度与下方图像的色相和饱和
度进行混合，如图11-61所示。

27. 发光度模式

该模式将使用当前图像的色
相和饱和度与下方图像的亮度进
行混合，它产生的效果与颜色模
式相反，如图11-62所示。

图11-61　颜色模式

图11-62　发光度模式

11.3　"键控"抠像效果

"键控"素材箱中包含5种抠像效果，如图11-63所示。下面介
绍在两个重叠的素材上运用各种叠加效果的方法。

图11-63　"键控"效果类型

11.3.1　Alpha调整

对素材运用该效果，可以按前面画面的灰度等级来决定叠加的
效果。"效果控件"面板中的参数如图11-64所示。

- ◉ 不透明度：用于调整画面的不透明度。
- ◉ 忽略Alpha：选择该选项后，将忽略Alpha通道效果。
- ◉ 反转Alpha：选择该选项后，将对Alpha通道进行反向处理。
- ◉ 仅蒙版：选择该选项后，前景素材仅作为蒙版使用。

在素材上运用该效果后，通过调整"效果控件"面板中的不透
明度，可以修改叠加的效果，如图11-65、图11-66和图11-67所示。

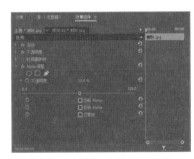

图11-64　Alpha调整效果参数

图11-65　轨道1素材

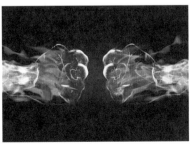

图11-66　轨道2素材

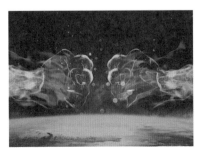

图11-67　Alpha调整效果

11.3.2 亮度键

该效果在对明暗对比十分强烈的图像进行画面叠加时非常有用。在素材上运用该效果，可以将被叠加图像的灰度值设为透明，而且保持色度不变，如图11-68、图11-69和图11-70所示。

图11-68　轨道1素材　　　　　　图11-69　轨道2素材　　　　　　图11-70　亮度键效果

"亮度键"效果的参数如图11-71所示。

◎ 阈值：用于指定透明度的临界值。较高的值会增加透明度的范围。

◎ 屏蔽度：用于设置由"阈值"滑块指定的不透明区域的不透明度。

图11-71　亮度键效果参数

11.3.3 超级键

在素材上应用"超级键"效果，可以将素材的某种颜色及相似的颜色范围设置为透明，通过"主要颜色"参数在两个素材间进行叠加，如图11-72、图11-73和图11-74所示。

图11-72　轨道1素材　　　　　　图11-73　轨道2素材　　　　　　图11-74　超级键效果

在"超级键"效果参数中，可以设置输出类型、抠像类型、透明颜色等选项，如图11-75所示。

◎ 输出：用于设置输出的类型，包括"合成""Alpha通道"和"颜色通道"选项，如图11-76所示。

◎ 设置：用于设置抠像类型，包括"默认""弱效""强效"和"自定义"选项，如图11-77所示。

◎ 主要颜色：设置透明的颜色值。

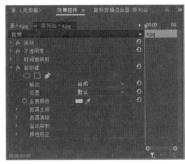

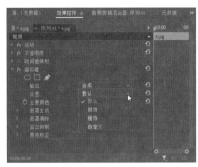

图11-75 超级键效果参数 　　　　图11-76 选择输出的类型 　　　　图11-77 选择抠像的类型

- ◉ 遮罩生成：调整遮罩产生的属性，包括"透明度""高光""阴影""容差"和"基值"选项，如图11-78所示。

- ◉ 遮罩清除：调整抑制遮罩的属性，包括"抑制""柔化""对比度"和"中间点"选项，如图11-79所示。

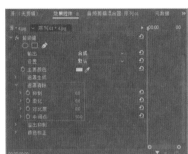

图11-78 遮罩生成参数 　　　　　图11-79 遮罩清除参数

- ◉ 溢出抑制：调整对溢出色彩的抑制，包括"降低饱和度""范围""溢出"和"亮度"选项，如图11-80所示。

- ◉ 颜色校正：调整图像的色彩，包括"饱和度""色相"和"明亮度"选项，如图11-81所示。

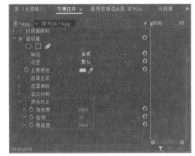

图11-80 溢出抑制参数 　　　　　图11-81 颜色校正参数

11.3.4 轨道遮罩键

　　该效果通过一个素材(叠加的素材)显示另一个素材(背景素材)，此过程中使用第三个图像作为遮罩，在叠加的素材中创建透明区域。此效果需要两个素材和一个遮罩，每个素材位于自身的轨道上。遮罩中的白色区域在叠加的素材中是不透明的，以防止底层素材显示出来。遮罩中的黑色区域是透明的，而灰色区域是部分透明的。

　　包含运动素材的遮罩被称为移动遮罩或运动遮罩。此遮罩包括运动素材(如绿屏轮廓)或已做动画处理的静止图像遮罩。用户可以通过将运动效果应用于遮罩来对静止图像创作动画处理。

　　【练习11-3】制作魔镜。

文件路径	第11章\魔镜
技术掌握	"轨道遮罩键"效果的应用

01 新建一个项目，然后将素材导入"项目"面板，如图11-82所示。

02 新建一个序列，将"梦幻城堡.jpg"素材添加到"时间轴"面板的视频1轨道中，如图11-83所示。

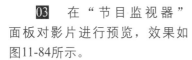

图11-82 导入素材

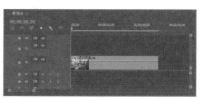

图11-83 在视频1轨道添加素材

03 在"节目监视器"面板对影片进行预览，效果如图11-84所示。

04 将"魔镜.jpg"素材添加到"时间轴"面板的视频2轨道中，如图11-85所示。

图11-84 影片预览效果(一)

图11-85 在视频2轨道添加素材

05 在"节目监视器"面板对影片进行预览，效果如图11-86所示。

06 将"遮罩.jpg"素材添加到"时间轴"面板的视频3轨道中，如图11-87所示。

图11-86 影片预览效果(二)

图11-87 在视频3轨道添加素材

07 在"节目监视器"面板对影片进行预览，效果如图11-88所示。

08 在"效果"面板中选择"视频效果"|"键控"|"轨道遮罩键"效果，如图11-89所示。

09 将"轨道遮罩键"效果拖动到视频2轨道中的"魔镜.jpg"素材上，然后在"效果控件"面板中设置"遮罩"的轨道为"视频3"，"合成方式"为"亮度遮罩"，如图11-90所示。

10 在"节目监视器"面板中预览"轨道遮罩键"的视频效果，如图11-91所示。

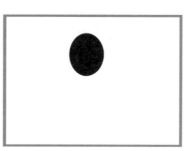

图11-88 影片预览效果(三)

图11-89 选择"轨道遮罩键"效果

图11-90 设置轨道遮罩键参数

图11-91 轨道遮罩键效果

11 在"时间轴"面板中选择视频1轨道中的"梦幻城堡.jpg"素材，再切换到"效果控件"面板，设置素材的"位置"坐标为(360，150)。然后在第0秒时为"缩放"选项添加一个关键帧，如图11-92所示。

12 将时间指示器移到"梦幻城堡.jpg"素材的出点位置，然后为"缩放"选项添加一个关键帧，并设置该帧缩放值为33，如图11-93所示。

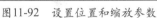
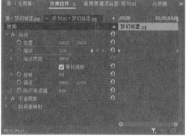

图11-92 设置位置和缩放参数　　　　图11-93 设置缩放关键帧

13 在"节目监视器"面板中对影片进行播放，效果如图11-94所示。

图11-94 预览影片效果

11.3.5 颜色键

该效果用于抠出所有类似于指定的主要颜色的图像像素。此效果仅修改素材的 Alpha 通道。在该效果的参数设置中，可以通过调整容差级别来控制透明颜色的范围，也可以对透明区域的边缘进行羽化，以便创建透明和不透明区域之间的平滑过渡，该效果的参数如图11-95所示。单击"主要颜色"选项右方的颜色图标，可以打开"拾色器"对话框，在其中对需要指定的颜色进行设置，如图11-96所示。

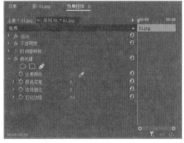

图11-95 颜色键效果参数　　　　图11-96 "拾色器"对话框

抠出素材中的颜色值时，该颜色或颜色范围将变得对整个素材透明，效果如图11-97、图11-98和图11-99所示。

图11-97 素材1　　　　图11-98 素材2　　　　图11-99 合成效果

【练习11-4】飞行的小孩。

文件路径	第11章\飞行的小孩
技术掌握	"颜色键"效果的应用

<u>01</u>　新建一个项目文件，然后将素材导入"项目"面板，如图11-100所示。

<u>02</u>　新建一个序列，设置序列的帧大小为1920×1080，如图11-101所示。

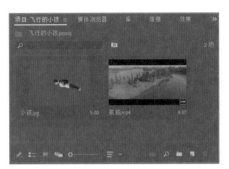

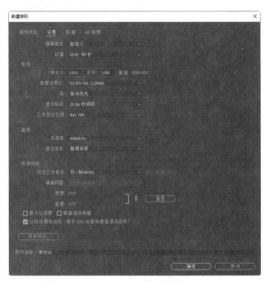

图11-100　导入素材　　　　　　图11-101　新建序列

<u>03</u>　将"航拍.mp4"素材添加到"时间轴"面板的视频1轨道中，并在第0秒24帧的位置对素材进行切割，如图11-102所示。

<u>04</u>　将切割后的后半部分素材删除，然后设置剩余素材的"速度"值为55%，如图11-103所示。

图11-102　添加并切割素材　　　图11-103　设置素材的速度

<u>05</u>　将"小孩.jpg"素材添加到"时间轴"面板的视频2轨道中，并调整该素材的出点与视频2轨道中素材的出点对齐，如图11-104所示。

<u>06</u>　打开"效果"面板，然后选择"视频效果"|"键控"|"颜色键"选项，如图11-105所示。

图11-104　添加并调整素材出点　　图11-105　选择"颜色键"选项

07 将"颜色键"效果拖到视频2轨道中的素材上，然后在"效果控件"面板中设置"主要颜色"为蓝色、"颜色容差"为150、"边缘细化"为1，如图11-106所示，得到的抠像效果如图11-107所示。

图11-106　设置颜色键参数　　图11-107　应用颜色键的抠像效果

08 在"效果"面板中选择"视频效果"|"变换"|"水平翻转"效果，然后将其添加到视频2轨道中的素材上，如图11-108所示，得到的效果如图11-109所示。

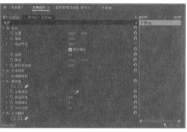 

图11-108　添加"水平翻转"效果　　图11-109　水平翻转效果

09 在"效果控件"面板中设置"旋转"值为-18°，如图11-110所示，得到的旋转效果如图11-111所示。

10 将时间指示器移到第0秒的位置，然后在"效果控件"面板中单击"位置"选项前面的"切换动画"按钮 ，开启"位置"关键帧动画，并设置该帧位置坐标为(180，570)，如图11-112所示。

图11-110　设置旋转值　　图11-111　旋转效果

11 将时间指示器移到第1秒的位置，然后设置该帧位置坐标为(740，300)，并自动添加一个关键帧，如图11-113所示。

12 将时间指示器移到第0秒15帧的位置，然后单击"缩放"选项前面的"切换动画"按钮 ，开启"缩放"关键帧动画，并保持该帧缩放值为100，如图11-114所示。

图11-112　设置位置坐标(一)　　图11-113　设置位置坐标(二)

13 将时间指示器移到第1秒19帧的位置，然后设置该帧缩放值为50，并自动添加一个关键帧，如图11-115所示。

 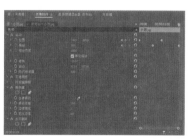

图11-114　设置缩放值(一)　　图11-115　设置缩放值(二)

14 在"节目监视器"面板中对制作的视频进行预览，效果如图11-116所示。

图11-116 飞行效果

11.3.6 其他键控效果

除了上述介绍的5种常用键控效果，"过时"素材箱中还有"差值遮罩""图像遮罩键""移除遮罩""非红色键"和"蓝屏键"等多种以往版本的键控效果。

1. 差值遮罩

运用该效果创建透明度的方法是将源素材和差值素材进行比较，然后在源图像中抠出与差值图像中的位置和颜色均匹配的像素，如图11-117~图11-120所示。

图11-117 原始图像　　图11-118 背景图像　　图11-119 上方轨道的图像　　图11-120 合成图像

为素材添加"差值遮罩"效果后，"效果控件"面板中的效果参数如图11-121所示。

- ◉ 视图：用于指定节目监视器显示"最终输出""仅限源"，还是"仅限遮罩"。
- ◉ 差值图层：用于指定要用作遮罩的轨道。
- ◉ 如果图层大小不同：用于指定将前景图像居中还是对其进行拉伸。
- ◉ 匹配容差：用于指定遮罩必须在多大程度上匹配前景色才能被抠像。

图11-121 差值遮罩效果参数

- ◉ 匹配柔和度：用于指定遮罩边缘的柔和程度。
- ◉ 差值前模糊：用来模糊差异像素，清除合成图像中的杂点。

注意：

"差值遮罩"效果通常用于抠出移动物体后面的静态背景，然后放在不同的背景上。差值素材通常仅指背景素材的帧(在移动物体进入场景之前)。因此，"差值遮罩"效果最适合使用固定摄像机和静止背景拍摄的场景。

2. 图像遮罩键

该效果根据静止图像素材(充当遮罩)的明亮度值抠出素材图像的区域。透明区域显示下方视频轨道中的素材产生的图像。用户可以指定项目中的任何静止图像素材来充当遮罩图像。图像遮罩键可根据遮罩图像的Alpha通道或亮度值来确定透明区域，如图11-122~图11-125所示。

图11-122 叠加素材1　　　　图11-123 叠加素材2　　　　图11-124 遮罩素材　　　　图11-125 图像遮罩效果

"图像遮罩键"效果的参数如图11-126所示，在"合成使用"下拉列表中可以选择"Alpha遮罩"和"亮度遮罩"合成方式，如图11-127所示。单击"设置"按钮□，可以在打开的"选择遮罩图像"对话框中选择作为遮罩的图像，如图11-128所示。

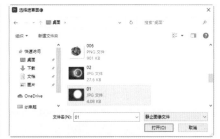

图11-126 图像遮罩键效果参数　　　　图11-127 选择合成方式　　　　图11-128 选择遮罩图像

3. 移除遮罩

"移除遮罩"效果从某种颜色的素材中移除颜色底纹。将Alpha通道与独立文件中的填充纹理相结合时，此效果很有用。

4. 非红色键

"非红色键"效果基于绿色或蓝色背景创建不透明度，此键可以控制两个素材间的混合效果。

5. 蓝屏键

蓝屏键的作用类似于颜色键，但只是用于移除蓝色背景，是早期常用的抠像效果。

11.4 蒙版与跟踪

在Premiere Pro 2022中可直接使用After Effects的蒙版与跟踪工具。下面介绍Premiere中的蒙版和跟踪的应用。

11.4.1 Premiere中的蒙版

使用蒙版能够在剪辑中定义要模糊、覆盖、高光显示、应用效果或校正颜色的特定区域。蒙版还可以在不同的图像中做出多种效果，也可以制作出高品质的影像合成。

在Premiere Pro 2022中，用户可以使用形状工具创建不同形状的蒙版，如椭圆形或矩形；还可以使用钢笔工具绘制自由形式的蒙版。将应用于蒙版区域的效果添加到"时间轴"面板中的素材上，即可在"效果控件"面板中选择形状工具或钢笔工具创建所需蒙版。

1. 使用形状工具创建蒙版

Premiere Pro 2022提供了两种形状工具，即创建椭圆形蒙版和创建4点多边形蒙版工具。例如，展开"效果控件"面板中的"不透明度"选项，如图11-129所示，使用创建椭圆形蒙版工具和创建4点多边形蒙版工具分别可以创建如图11-130和图11-131所示的蒙版效果。

图11-129 展开"不透明度"选项

图11-130 创建椭圆形蒙版

图11-131 创建多边形蒙版

2. 使用钢笔工具创建蒙版

在Premiere Pro 2022中使用钢笔工具可以创建自由形状的蒙版。单击钢笔工具，可以通过绘制直线和曲线段来创建不同形状的蒙版；通过连续单击，可以创建由通过顶点连接的直线段组成的路径，还可以通过贝塞尔曲线绘制平滑的曲线。

> **提示：**
>
> 在"效果控件"面板中选择要删除的蒙版，然后按键盘上的Delete键可以将其删除。

【练习11-5】创建自由形状蒙版。

文件路径	第11章\蒙版
技术掌握	使用钢笔工具创建蒙版

01 新建一个项目，将"花丛.jpg"和"蝴蝶.jpg"素材导入"项目"面板。

02 新建一个序列，将"花丛.jpg"素材添加到"时间轴"面板的视频1轨道中，在"节目监视器"面板对影片进行预览，效果如图11-132所示。

03 将"蝴蝶.jpg"素材添加到"时间轴"面板的视频2轨道中，在"节目监视器"面板对影片进行预览，效果如图11-133所示。

图11-132 影片效果(一)

图11-133 影片效果(二)

04 在"效果控件"面板中展开"不透明度"选项，单击该选项中的钢笔工具，如图11-134所示。

05 在"节目监视器"面板中绘制蝴蝶区域蒙版，效果如图11-135所示。

图11-134 单击钢笔工具

图11-135 绘制蝴蝶区域蒙版

06 在"效果控件"面板中展开"蒙版"选项，设置"蒙版羽化"为20，展开"运动"选项，修改"位置"和"缩放"参数，如图11-136所示。

07 在"节目监视器"面板对影片进行预览，效果如图11-137所示。

图11-136 修改参数

图11-137 修改后的蒙版效果

11.4.2 跟踪蒙版

使用跟踪蒙版功能，可以将影片中某个特殊对象进行跟踪遮挡。在效果控件面板中创建一个蒙版，展开"蒙版"选项组，即可使用"蒙版路径"选项中的工具对蒙版进行跟踪设置，如图11-138所示。单击"跟踪方法"按钮 🔧 ，可以在弹出的菜单中选择跟踪蒙版的方式，如图11-139所示。

图11-138 展开"蒙版"选项组

图11-139 选择跟踪方式

【练习11-6】创建面部马赛克。

文件路径	第11章\跟踪蒙版
技术掌握	创建跟踪蒙版

01 新建一个项目和一个序列，将"影片.mp4"素材导入"项目"面板，再将其添加到"时间轴"面板的视频1轨道中。

02 在"效果面板"中选择"视频效果"|"风格化"|"马赛克"效果，如图11-140所示。

03 将"马赛克"效果添加到视频1轨道中的"影片.mp4"素材上，在"节目监视器"面板对影片进行预览，效果如图11-141所示。

图11-140 选择"马赛克"效果

图11-141 马赛克影片效果

04 在"效果控件"面板中展开"马赛克"效果选项，单击其中的"创建椭圆形蒙版"按钮 ⬭ ，如图11-142所示。

05 在"节目监视器"面板中创建一个椭圆形蒙版，遮挡住人物的面部，如图11-143所示。

图11-142 单击"创建椭圆形蒙版"按钮　图11-143 创建人物面部蒙版

06 在"效果控件"面板中单击"蒙版路径"选项中的"向前跟踪所选蒙版"按钮▶，即可对创建的蒙版进行跟踪，如图11-144所示。

07 在"节目监视器"面板对影片进行播放，可以预览跟踪蒙版的效果，如图11-145所示。

图11-144 向前跟踪所选蒙版

图11-145 跟踪蒙版效果

提示：

如果在创建跟踪蒙版时，蒙版未能完全按照希望的路径对特定对象进行跟踪，则可以通过移动时间指示器，同时对蒙版路径进行调整，以达到希望的效果。

11.5 上机实训——自制烟花

文件路径	第11章\自制烟花
技术掌握	掌握键控效果对视频进行抠像的实际应用

本节上机实训将使用"亮度键"视频效果对视频进行抠像，巩固掌握"键控"类视频效果的应用，本例最终效果如图11-146所示。

图11-146 案例最终效果

01 新建一个项目，然后将素材导入"项目"面板，如图11-147所示。

02 新建一个序列，将"夜晚.jpg"素材添加到"时间轴"面板的视频1轨道中，将"烟花.mp4"素材添加到"时间轴"面板的视频2轨道中，如图11-148所示。

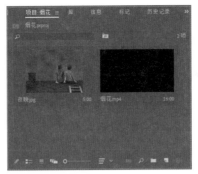

图11-147 导入素材

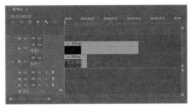

图11-148 添加素材

03 拖动视频1轨道中"夜晚.jpg"素材的出点，使其与视频2轨道中"烟花.mp4"素材的出点对齐，如图11-149所示。

04 在"时间轴"面板中选中添加的两个素材，然后右击素材，在弹出的快捷菜单中选择"缩放为帧大小"命令，如图11-150所示。

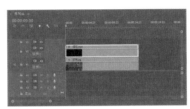

图11-149 修改素材的出点

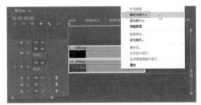

图11-150 选择"缩放为帧大小"命令

05 在"效果控件"面板修改烟花素材的位置和缩放值，如图11-151所示，在"节目监视器"面板对影片进行预览，效果如图11-152所示。

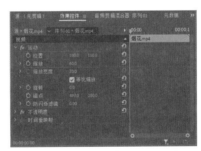

图11-151 设置烟花素材的位置和缩放值

图11-152 素材预览效果

06 在"效果"面板中选择"视频效果"|"键控"|"亮度键"效果，如图11-153所示，将该效果添加到视频1轨道中的烟花素材上，在"效果控件"面板中将显示该效果参数，如图11-154所示。

图11-153 选择"亮度键"效果

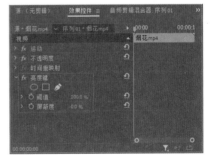

图11-154 亮度键效果参数

07 在"节目监视器"面板中对节目进行播放，可以预览编辑好的影片效果，如图11-155所示。

图11-155　预览影片效果

11.6　疑难解答

问：在抠像中使用的背景颜色有哪些原则？

答：在抠像中常用的背景颜色为蓝色和绿色，主要是因为人体的自然颜色中不包含这两种颜色，这样就不会与人物混合在一起。而在欧美地区拍摄人物时常使用绿色背景，这是因为欧美人的眼睛通常为蓝色。

问：如何创建视频画面的渐隐渐现效果？

答：通过对视频画面添加并设置不透明度的关键帧，可以创建视频画面渐隐渐现的效果。

问：使用什么键控效果可以抠出所有类似于指定的主要颜色的图像像素？

答：使用"颜色键"效果可以抠出所有类似于指定的主要颜色的图像像素。

问："轨道遮罩键"效果的作用是什么？

答："轨道遮罩键"效果通过一个素材(叠加的素材)显示另一个素材(背景素材)，此过程中使用第三个图像作为遮罩，在叠加的素材中创建透明区域。此效果需要两个素材和一个遮罩，每个素材位于自身的轨道上。

第12章 调色技术

在Premiere中可以使用多种调色效果对素材进行色彩调整，使视频画面更加绚丽多彩。本章将学习色彩的基础知识，以及调色效果的使用方法和基本应用等。

本章重点

- 色彩基础知识
- 图像控制效果
- 调整效果
- 颜色校正效果
- 其他调色效果

二维码教学视频

【练习12-1】蓝色妖姬

【练习12-2】火烧云

【12.6】上机实训——唯美时光

12.1　色彩基础知识

色彩作为视频最显著的画面特征，能够在第一时间引起观众的注意。色彩对人们的心理活动有着重要影响，特别是和情绪有非常密切的关系。

12.1.1　色彩设计概述

色彩设计简单来说就是颜色的搭配。自然界的色彩现象绚丽多变，而色彩设计的配色方案同样千变万化。当人们用眼睛观察自身所处的环境，色彩首先闯入人们的视线，产生各种各样的视觉效果，带给人不同的视觉体会，直接影响着人的美感认知、情绪波动，乃至生活状态、工作效率。

12.1.2　色彩三要素

色彩由色相、饱和度、明度3个要素组成，下面介绍各要素的特点。

1. 色相

色相是色彩的一种最基本的感觉属性，这种属性可以使人们将光谱上的不同部分区别开来，即按红、橙、黄、绿、青、蓝、紫等色彩感觉区分色谱段。根据有无色相属性，可以将外界引起的色彩感觉分成两大体系：有彩色系与非彩色系。

- 有彩色系：是指红、橙、黄、绿、青、蓝、紫等颜色。不同明度和纯度的红、橙、黄、绿、青、蓝、紫色调都属于有彩色系。有彩色系是由光的波长和振幅决定的，波长决定色相，振幅决定色调。有彩色系具有色相、饱和度和明度三个量度，如图12-1所示。

- 非彩色系：是指白色、黑色，以及由白色和黑色调和形成的各种深浅不同的灰色系，即不具备色相属性的色觉。非彩色系只有明度一种量度，其饱和度等于零，如图12-2所示。

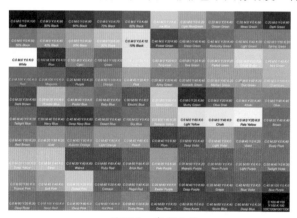

图12-1　有彩色系

图12-2　非彩色系

在阳光的作用下，大自然中的色彩变化是丰富多彩的。人们在这丰富的色彩变化当中，逐渐认识和了解颜色之间的相互关系，并根据它们各自的特点和性质，总结出色彩的变化规律，把颜色概括为原色、间色和复色3大类。

- 原色：也叫"三原色"，即红、黄、蓝3种基本颜色，如图12-3所示。自然界中的色彩种类繁多，变化丰富，但这3种颜色是最基本的原色，原色是其他颜色调配不出来的。把原色相互混合，可以调和出其他颜色。

⊙ 间色：又叫"二次色"，它是由三原色调配出来的颜色。红与黄调配出橙色，黄与蓝调配出绿色，红与蓝调配出紫色。橙、绿、紫三种颜色又叫"三间色"。在调配时，由于原色在分量多少上有所不同，所以能产生丰富的间色变化，如图12-4所示。

⊙ 复色：也叫"复合色"。复色是用原色与间色相调或用间色与间色相调而成的"三次色"。复色是最丰富的色彩家族，千变万化，复色包括除原色和间色以外的所有颜色，如图12-5所示。

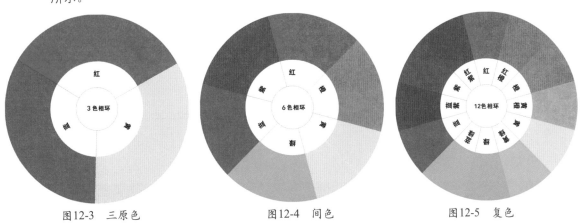

图12-3　三原色　　　　　　　　图12-4　间色　　　　　　　　图12-5　复色

提示：

色相在色相环上的距离超过60~130度的色彩搭配，称为对比色对比。其个性大于共性，相互对立冲突，属于强烈的色彩对比，对比效果鲜明、丰富、刺激。对比适度使人感到兴奋、激动；对比不当则令人眼花缭乱，刺激过度还会引起情绪心烦意乱。

2. 饱和度

饱和度是指色彩的纯度。饱和度是使人们对有色相属性的视觉，在色彩鲜艳程度上做出评判的视觉属性。有彩色系的色彩，其鲜艳程度与饱和度成正比。根据人们使用色素物质的经验，色素浓度越高，颜色越浓艳，饱和度也越高。高饱和度会给人一种艳丽的感觉，如图12-6所示；低饱和度会给人一种灰暗的感觉，如图12-7所示。

图12-6　高饱和度效果

图12-7　低饱和度效果

3. 明度

明度是指可以使人们区分出明暗层次的非彩色觉的视觉属性。这种明暗层次决定亮度的强弱，即光刺激能量水平的高低。根据明度感觉的强弱，从最明亮到最暗可以分成3段水平：白(高明度端的非彩色)、黑(低明度端的非彩色觉)、灰(介于白与黑之间的中间层次明度感觉)，如图12-8和图12-9所示。

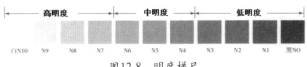

图12-8　明度梯尺

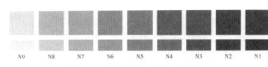

图12-9　各种彩色对应明度

12.1.3　色彩搭配方法

　　颜色绝不会单独存在，一个颜色的效果是由多种因素来决定的，如物体的反射光、周边搭配的色彩、观看者的欣赏角度等。下面将介绍6种常用的色彩搭配方法，掌握好这六种方法，能够让画面中的色彩搭配显得更具有美感。

- ⊙ 互补设计：使用色相环上全然相反的颜色，得到强烈的视觉冲击力。
- ⊙ 单色设计：使用同一个颜色，通过加深或减淡该颜色，调配出不同深浅的颜色，使画面具有统一性。
- ⊙ 中性设计：加入一个颜色的补色或黑色，使其他色彩消失或中性化，这种画面显得更加沉稳、大气。
- ⊙ 无色设计：不用彩色，只用黑、白、灰3种颜色。
- ⊙ 类比设计：在色相环上任选3种连续的色彩，或选择任意一种明色和暗色。
- ⊙ 冲突设计：在色相环中将一种颜色和它左边或右边的色彩搭配起来，形成冲突感。

12.2　图像控制效果

　　"图像控制"素材箱中包含4种图像色彩控制的视频效果，该类效果主要用于改变影片的色彩，如图12-10所示。

12.2.1　Gamma Correction

　　在素材上运用Camma Correction(灰度系数校正)效果，可以通过调整Gamma(灰度系数)参数，在不改变图像的高亮区域和低亮区域的情况下，使图像变亮或变暗，如图12-11所示。

图12-10　"图像控制"类效果

图12-11　调整灰度系数

　　图12-12和图12-13所示是对素材应用"灰度系数校正"效果前后的效果对比。

图12-12　原图像效果

图12-13　灰度系数校正效果

12.2.2 Color Pass

Color Pass(颜色过滤)效果可以将图像中某种颜色以外的图像转换成灰度，颜色过滤参数如图12-14所示。使用颜色过滤效果可强调图像的特定区域，图12-15所示是将图像中红色以外的颜色转换为灰度后的效果。

图12-14 设置颜色过滤参数

图12-15 颜色过滤效果

- ◉ Similarity(相似性)：设置过滤色的相似性。
- ◉ Reverse(反相)：反向设置过滤的颜色。
- ◉ Color(颜色)：设置过滤的颜色，也可以使用吸管工具选择过滤的颜色。

12.2.3 Color Replace

在素材上运用Color Replace(颜色替换)效果，可以用指定的颜色代替选中的颜色，以及与之相似的颜色。在"效果控件"面板中可以设置目标颜色和替换颜色，以及颜色的相似性，如图12-16所示，图12-17所示是将图像中红色替换为紫色后的效果。

图12-16 设置颜色替换参数

图12-17 颜色替换效果

- ◉ Solid Colors(纯色)：设置是否采用纯色进行色彩替换。
- ◉ Target Color(目标颜色)：设置需要替换掉的颜色。
- ◉ Replace Color(替换颜色)：设置需要替换成的颜色。

12.2.4 黑白

在素材上运用黑白效果，可以直接将彩色图像转换成灰度图像，如图12-18所示，该效果没有可设置的参数，如图12-19所示。

图12-18 黑白效果

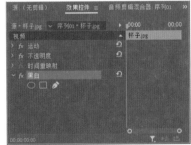

图12-19 选择"黑白"效果

12.3 调整效果

"调整"素材箱中包含4种效果，主要用于对素材进行明暗度调整，以及对素材添加光照效果，如图12-20所示。

12.3.1 Extract

Extract(提取)效果从视频剪辑中移除颜色，从而创建灰度图像。明亮度值小于输入黑色阶或大于输入白色阶的像素将变为黑色，该效果的参数设置如图12-21所示。

- Black Input Level(输入黑色阶)：设置图像暗色的范围。
- White Input Level (输入白色阶)：设置图像亮度的范围。
- Softness(柔和度)：设置明暗过渡的柔和度。
- Innvert(反转)：反转明暗效果。

图12-22和图12-23所示是对素材应用Extract(提取)效果前后的对比效果。

图12-20　"调整"效果类型

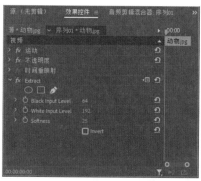

图12-21　Extract效果参数

图12-22　原图像效果

图12-23　Extract效果

12.3.2 Levels

Levels(色阶)效果通过设置RGB色阶、RGB Gamma(灰度系数)、R(红色)色阶、R(红色) Gamma(灰度系数)、G(绿色) 色阶、G(绿色) Gamma(灰度系数)、B(蓝色) 色阶、B(蓝色) Gamma(灰度系数)参数，来调整素材的亮度和对比度，如图12-24所示。图12-25所示是设置R Gamma为200的效果。

图12-24　Levels效果参数

图12-25　Levels效果

12.3.3 ProcAmp

ProcAmp(基本信号控制)效果模仿标准电视设备上的处理放大器。此效果调整剪辑图像的亮度、对比度、色相、饱和度及拆分百分比，参数如图12-26所示。图12-27所示是设置"亮度"为10、"色相"为25的拆分效果。

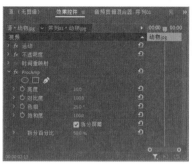

图12-26　ProcAmp效果参数

图12-27　ProcAmp拆分效果

12.3.4 光照效果

此效果可以使素材产生光照效果，最多可采用五个光照来产生有创意的光照效果，其参数设置如图12-28所示。"光照效果"可用于控制光照属性，如光照类型、角度、强度、颜色、光照中心和光照传播。还有一个"凹凸层"控件，可以使用其他素材中的纹理或图案产生特殊光照效果。图12-29所示为默认的光照效果。

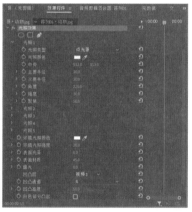

图12-28　光照效果参数

图12-29　默认的光照效果

- ⊙ 光照1：同光照2、3、4、5一样，用于添加灯光效果。
- ⊙ 环境光照颜色：用于设置灯光的颜色。
- ⊙ 环境光照强度：用于控制灯光的强烈程度。
- ⊙ 表面光泽：控制表面的光泽强度。
- ⊙ 表面材质：设置表面的材质效果。
- ⊙ 曝光：控制灯光的曝光大小。
- ⊙ 凹凸层、凹凸通道、凹凸高度、白色部分凹凸：分别用于设置产生浮雕的轨道、通道、大小和反转浮雕的方向。

12.4 颜色校正效果

"颜色校正"素材箱中的效果主要用来校正画面的色彩，如图12-30所示。下面介绍该类效果的几种常用类型。

图12-30　　"颜色校正"效果类型

12.4.1　Brightness & Contrast

该效果用于调整素材的亮度和对比度，并同时调整所有像素的亮部、暗部和中间色，该效果的参数如图12-31所示。

例如，对图12-32所示的素材应用Brightness & Contrast (亮度与对比度)效果，并设置亮度为48，得到的效果如图12-33所示。

图12-31　亮度与对比度效果参数　　　　图12-32　原图像效果　　　　图12-33　调整亮度后的效果

12.4.2　色彩

该效果可以通过指定的颜色对图像进行颜色映射处理，参数如图12-34所示。图12-35所示是设置"着色量"值为60和100的对比效果。

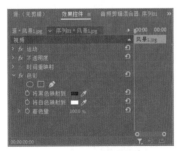

图12-34　色彩效果参数　　　　　　图12-35　不同着色量的对比效果

- ◉ 将黑色映射到：用于设置图像中改变映射颜色的黑色和灰色。
- ◉ 将白色映射到：用于设置图像中改变映射颜色的白色。
- ◉ 着色量：设置色调映射时的映射程度

12.4.3 颜色平衡

该效果用于调整素材的颜色，参数如图12-36所示。图12-37所示是增加"高光蓝色平衡"值的效果。

- ◉ 阴影红色平衡、阴影绿色平衡、阴影蓝色平衡：用于调节阴影的RGB(红绿蓝)色彩平衡。

图12-36 颜色平衡效果参数　图12-37 增加"高光蓝色平衡"值的效果

- ◉ 中间调红色平衡、中间调绿色平衡、中间调蓝色平衡：用于调节中间阴影的RGB(红绿蓝)色彩平衡。
- ◉ 高光红色平衡、高光绿色平衡、高光蓝色平衡：用于调节高光的RGB(红绿蓝)色彩平衡。

【练习12-1】蓝色妖姬。

文件路径	第12章\蓝色妖姬
技术掌握	使用"颜色平衡"效果调整图像色彩

01 新建一个项目，在"项目"面板中导入"玫瑰.JPG"素材，如图12-38所示。

02 新建一个序列，将导入的素材添加到"时间轴"面板的视频1轨道中，如图12-39所示。

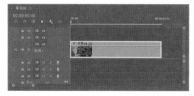

图12-38 导入素材　　图12-39 在视频1轨道中添加素材

03 在"节目监视器"面板中对素材效果进行预览，效果如图12-40所示。

04 在"效果"面板中选择"视频效果"|"颜色校正"|"颜色平衡"效果，将其添加到视频1轨道的素材上，如图12-41所示。

图12-40 预览素材效果　　图12-41 选择效果

05 在"效果控件"面板中展开"颜色平衡"效果参数，参照如图12-42所示的效果设置各个平衡参数。

06 在"节目监视器"面板中对调整色调后的素材进行预览，效果如图12-43所示。

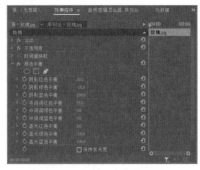

图12-42 设置各个平衡参数

图12-43 预览最终效果

12.5 其他调色效果

除了上述介绍的调色效果，"过时"素材箱中还有"更改颜色""RGB曲线""亮度曲线""均衡"和"阴影/高光"等多种以往版本的调色效果。

12.5.1 更改颜色

该效果允许修改素材色相、饱和度，以及指定颜色或颜色区域的亮度，图12-44和图12-45所示是修改其中树叶色相前后的对比效果。

对素材应用"更改颜色"效果后，其参数面板如图12-46所示。

图12-44 原图像效果

图12-45 更改颜色的效果

- 视图：在右方下拉列表中可以选择"校正的图层"或"颜色校正蒙版"。选择"校正的图层"，在校正图像时会显示该图像。选择"颜色校正蒙版"，通过调节"匹配容差"值，可以显示表示校正区域的黑白蒙版，其中白色区域是颜色调节影响到的区域。图12-47所示为在"节目监视器"面板中的颜色校正蒙版。

图12-46 更改颜色效果参数

图12-47 颜色校正蒙版

- 色相变换：该选项可以调节所应用颜色的色相。
- 亮度变换：该选项增加或减少颜色亮度。使用正数值使图像变亮，使用负数值使图像变暗。

- ⊙ 饱和度变换：该选项增加或减少颜色的浓度。可以降低指定图像区域的饱和度(向左拖曳饱和度滑块)，这样使图像的一部分变成灰色而其他部分保持彩色，从而获得有趣的效果。
- ⊙ 要更改的颜色：使用吸管工具单击图像选择想要修改的颜色，或者单击样本使用Adobe颜色拾取选择一种颜色。
- ⊙ 匹配容差：该选项控制要调整的颜色(基于色彩更改)的相似度。选择低限度会影响与色彩更改相近的颜色。如果选择高的限度值，图像的大部分区域都会受到影响。
- ⊙ 匹配柔和度：该选项用于柔化颜色校正蒙版，也可以柔化实际校正的图像。
- ⊙ 匹配颜色：在右方下拉列表中可以选择一种匹配颜色的方法，包括使用RGB、使用色相和使用色度。
- ⊙ 反转颜色校正蒙版：单击该复选框，可反转颜色校正蒙版。蒙版反转时，蒙版中的黑色区域受到颜色校正的影响，而不是蒙版的亮度区域。

提示:--

"更改为颜色"效果与"更改颜色"效果功能相似，它允许使用色相、饱和度和亮度快速将选中的颜色转换成另一种颜色。修改一种颜色时，其他颜色不会受到影响

12.5.2 RGB曲线

该效果通过曲线参数调节图像的R(红色)、G(绿色)、B(蓝色)值，其参数面板如图12-48所示。图12-49所示为对素材增强红色后的效果。

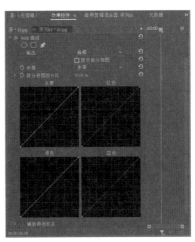

图12-48 RGB曲线效果参数 　　图12-49 增强红色后的效果

12.5.3 亮度曲线

该效果可以通过曲线形式调整素材的亮度，其参数面板如图12-50所示。图12-51所示为对素材增强亮度后的效果。

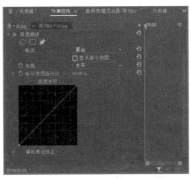

图12-50 亮度曲线效果参数 　　图12-51 增强亮度后的效果

12.5.4 均衡

该效果可以通过RGB、亮度和Photoshop样式3种方式对素材进行色彩均衡，图12-52所示是设置均衡样式为"亮度"时产生的效果。对素材应用该效果后，其参数面板如图12-53所示。

- ◉ 均衡：用来设置补偿的方式，包括RGB、亮度和Photoshop样式3种方式。
- ◉ 均衡量：用来设置补偿的程度。

图12-52 色彩均衡效果

图12-53 均衡效果参数

12.5.5 阴影/高光

该效果可以调整素材的阴影和高光，其参数面板如图12-54所示。图12-55所示是对素材应用"阴影/高光"前后的对比效果。

【练习12-2】火烧云。

文件路径	第12章\火烧云
技术掌握	使用"RGB曲线"效果调整图像色彩

01 新建一个项目，在"项目"面板中导入"登山.JPG"素材，如图12-56所示。

02 新建一个序列，将导入的素材添加到"时间轴"面板的视频1轨道中，如图12-57所示。

03 在"节目监视器"面板中对序列中的素材进行预览，效果如图12-58所示。

04 在"效果"面板中选择"视频效果"|"过时"|"RGB曲线"效果，将其添加到视频1轨道的素材上，如图12-59所示。

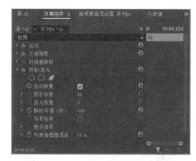
图12-54 阴影/高光效果参数

图12-55 对比效果

图12-56 导入素材

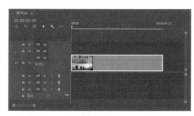
图12-57 在视频1轨道中添加素材

图12-58 预览素材效果

图12-59 选择效果

05 在"效果控件"面板中展开"RGB曲线"效果参数,参照如图12-60所示的效果,增加红色通道的亮度和对比度,降低绿色和蓝色通道的亮度和对比度。

06 在"节目监视器"面板中对调整RGB曲线后的素材进行预览,效果如图12-61所示。

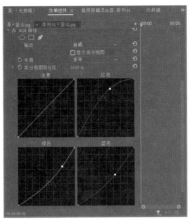

图12-60 调整各通道的亮度和对比度

图12-61 预览最终效果

12.6 上机实训——唯美时光

文件路径	第12章\唯美时光
技术掌握	掌握视频调色的方法

本节上机实训将使用"颜色平衡"和"Brightness & Contrast"(亮度与对比度)视频效果调整影片的色彩,巩固掌握视频调色的方法,本例最终效果如图12-62所示。

图12-62 案例最终效果

01 新建一个项目,在"项目"面板中导入"唯美背景.mp4"素材,如图12-63所示。

02 新建一个序列,将"项目"面板中的素材添加到"时间轴"面板的视频1轨道中,如图12-64所示。

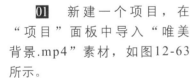

图12-63 导入素材

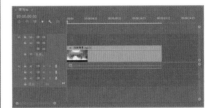

图12-64 添加素材

03 在"节目监视器"面板中对序列中的素材画面进行预览,效果如图12-65所示。

04 在"效果"面板中选择"视频效果"|"颜色校正"|"颜色平衡"效果,将其添加到视频1轨道的素材上,如图12-66所示。

图12-65 预览素材效果(一)

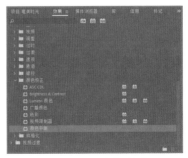

图12-66 选择效果

05　在"效果控件"面板中展开"颜色平衡"效果参数，调整红色平衡值，然后选中"保持发光度"复选框，如图12-67所示。

06　在"节目监视器"面板中对修改后的素材画面进行预览，效果如图12-68所示。

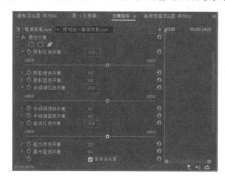

图12-67　设置"颜色平衡"参数　　　　　　　图12-68　预览素材效果(二)

07　在"效果"面板中选择"视频效果"|"颜色校正"|"Brightness & Contrast"(亮度与对比度)效果，将其添加到视频1轨道的素材上。

08　在"效果控件"面板中展开"亮度与对比度"效果参数，然后设置"亮度"值和"对比度"值，如图12-69所示。

09　在"节目监视器"面板中对影片进行播放，预览影片效果，如图12-70所示。

图12-69　设置亮度与对比度参数　　　　　　　图12-70　预览影片效果

12.7　疑难解答

问：进行视频色彩调整中，饱和度的作用是什么？

答：饱和度是使人们对有色相属性的视觉，在色彩鲜艳程度上做出评判的视觉属性。有彩色系的色彩，其鲜艳程度与饱和度成正比。根据人们使用色素物质的经验，色素浓度越高，颜色越浓艳，饱和度也越高。

问：调整视频的明亮度时，通常可以使用哪些效果？

答：调整视频的明亮度时，通常可以使用Brightness & Contrast(亮度与对比度)、RGB曲线、亮度曲线和色阶等效果。

问：调整视频的色彩时，通常可以使用哪些效果？

答：调整视频的色彩时，通常可以使用更改颜色、色彩、颜色平衡和Colors Replace(颜色替换) 等效果。

第13章 编辑音频

在影视作品中，音频的编辑是不可缺少的一部分。适当的背景音乐可以给人们带来喜悦或神秘的感觉。本章将介绍音频编辑的相关知识，包括音频的基础知识、音频素材的编辑方法、添加音频特效，以及音轨混合器的应用等。

本章重点

- Premiere音频处理基础操作
- 编辑音频素材
- 应用音频特效
- 应用音轨混合器

二维码教学视频

【练习13-1】为视频添加背景音乐

【练习13-2】修改背景音乐的长度

【练习13-3】制作淡入淡出的音效

【练习13-4】制作摇摆旋律

【练习13-5】为音频素材添加音频效果

【练习13-6】在音轨混合器中应用音频效果

【13.6】上机实训——倒计时配音

13.1 音频基础知识

在Premiere中进行音频编辑之前，需要对声音及描述声音的术语有所了解，这有助于了解正在使用的声音类型是什么，以及声音的品质如何。

13.1.1 音频采样

在数字声音中，数字波形的频率由采样率决定。许多摄像机使用32kHz的采样率录制声音，每秒录制32 000个样本。采样率越高，声音可以再现的频率范围也就越广。要再现特定频率，通常应该使用双倍于频率的采样率对声音进行采样。因此，要再现人们可以听到的20 000kHz的最高频率，所需的采样率至少是每秒40 000个样本(CD是以44 100Hz的采样率进行录音的)。

将音频素材导入"项目"面板后，会显示声音的采样率和声音位等相关参数，图13-1所示的音频是44 100Hz采样率和16位声音位。

图13-1 声音的相关参数

13.1.2 声音位

在数字化声音时，由数千个数字表示振幅或波形的高度和深度。此时，需要对声音进行采样，以数字方式重新创建一系列的1和0。如果使用Premiere的音轨混合器对旁白进行录音，那么先由麦克风处理来自人们的模拟声波，然后通过声卡将其数字化。在播放旁白时，声卡会将这些1和0转换回模拟声波。

高品质的数字录音使用的位也更多。CD品质的立体声最少使用16位(较早的多媒体软件有时使用8位的声音速率，如图13-2所示，这会提供音质较差的声音，但生成的数字声音文件更小)。因此，可以将CD品质声音的样本数字化为一系列16位的1和0(例如，1011011011101010)。

图13-2 显示信息为8位的声音速率

13.1.3 比特率

比特率是指每秒传送的比特数，单位为 b/s(bit per second)。比特率越高，传送数据的速度就越快。声音中的比特率是指将模拟声音信号转换成数字声音信号后，单位时间内的二进制数据量，它是间接衡量音频质量的一个指标。

声音的比特率类似于图像分辨率，高比特率生成更流畅的声波，就像高图像分辨率能生成更平滑的图像一样。

13.1.4　声音文件的大小

声音的位深越大，采样率就越高，而声音文件也会越大，可以通过位深乘以采样率来估算声音文件的大小。因此，采样率为44 100Hz的16位单声道音轨(8-bit′44 100)1秒钟可以生成705 600位(每秒88 200个字节)，即每分钟5MB多。而立体声素材的大小是单声道的两倍。

13.2　音频编辑基本操作

在Premiere中不仅可以设置音频参数，还可以设置音频声道格式。当需要使用多个音频素材时，还可以添加音频轨道。

13.2.1　音频参数的设置

选择"编辑"|"首选项"|"音频"命令，在打开的"首选项"对话框中，可以对音频素材属性的使用进行一些初始设置，如图13-3所示。在"首选项"对话框左侧的列表中选择"音频硬件"选项，可以对默认输入和输出的音频硬件进行选择，如图13-4所示。

图13-3　音频参数的设置

图13-4　音频硬件的设置

13.2.2　Premiere的音频声道

Premiere中包含3种音频声道：单声道、立体声和5.1声道，各种声道的特点如下。

- ⊙ 单声道：只包含一个声道，是比较原始的声音复制形式。当通过两个扬声器回放单声道声音信号时，可以明显感觉到声音是从两个音箱中间传递到听众耳朵里的。

- ⊙ 立体声：包含左、右两个声道，立体声技术彻底改变了单声道缺乏对声音位置的定位这一状况。声音在录制过程中被分配到两个独立的声道，从而达到了很好的声音定位效果。这种技术在音乐欣赏中显得尤为重要，听众可以清晰地分辨出各种乐器来自何方。

- ⊙ 5.1声道：5.1声音系统来源于4.1环绕，不同之处在于它增加了一个中置单元。这个中置单元负责传送低于80Hz的声音信号，在欣赏影片时有利于加强人声，把对话集中在整个声场的中部，以增加整体效果。

如果要更改素材的音频声道，可以先选中该素材，然后选择"剪辑"|"修改"|"音频声道"命令，在打开的"修改剪辑"对话框中单击"剪辑声道格式"下拉列表按钮，在下拉列表中选择一种声道格式，如图13-5所示，即可将音频素材修改为对应的声道，如图13-6所示。

图13-5　选择音频声道

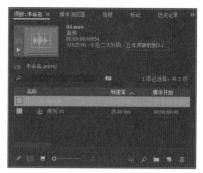

图13-6　修改音频声道

13.2.3　Premiere的音频轨道

在默认情况下，"时间轴"面板的序列中包括三条标准音频轨道和一条主音轨。序列中始终包含一条主音轨，用于控制序列中所有轨道的合成输出。

Premiere Pro 2022的序列中可以包含以下音轨的任何组合。

1. 标准音轨

在Premiere Pro 2022中，标准音轨可以同时容纳单声道和立体声音频剪辑。

2. 单声道音轨

单声道音轨包含一条音频声道。如果将立体声音频素材添加到单声道轨道中，立体声音频素材通道将由单声道轨道汇总为单声道。

3. 5.1声道音轨

5.1声道音轨包含三条前置音频声道(左声道、中置声道、右声道)、两条后置或环绕音频声道(左声道和右声道)和一条超重低音音频声道。5.1声道音轨中只能包含5.1音频素材。

4. 自适应音轨

自适应轨道只能包含单声道、立体声和自适应素材。对于自适应音轨，可以通过最佳的方式将源音频映射至输出音频声道。处理可录制多个音轨的摄像机录制的音频时，这种音轨类型非常有用。处理合并后的素材或多机位序列时，也可使用这种音轨。

13.2.4　添加和删除音频轨道

选择"序列"|"添加轨道"命令，在打开的"添加轨道"对话框中可以设置添加音频轨道的数量。打开"轨道类型"下拉列表，在其中可以选择添加的音频轨道类型，如图13-7所示。

选择"序列"|"删除轨道"命令，在打开的"删除轨道"对话框中可以删除音频轨道。打开"所有空轨道"下拉列表，在其中可以选择要删除的音频轨道，如图13-8所示。

图13-7　添加音频轨道

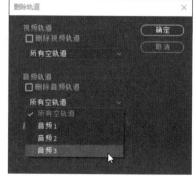

图13-8　删除音频轨道

13.2.5 在影片中添加音频

将视频素材编辑好以后，通过将音频素材添加到"时间轴"面板的音频轨道上，即可将音频效果添加到影片中。

【练习13-1】为视频添加背景音乐。

文件路径	第13章\添加音频
技术掌握	掌握为视频添加背景音乐的方法

01 选择"文件"|"新建"|"项目"命令，新建一个项目文件。

02 选择"文件"|"导入"命令，将视频素材"01.MOV"和音频素材"01.mp3"导入"项目"面板。

03 在"项目"面板中选择视频素材，然后单击鼠标右键，在弹出的快捷菜单中选择"速度/持续时间"命令，如图13-9所示。

04 在打开的"剪辑速度/持续时间"对话框中设置持续时间为6秒，如图13-10所示。

05 新建一个序列，然后将"项目"面板中的视频素材"01.MOV"添加到"时间轴"面板的视频1轨道中，如图13-11所示。

06 将"项目"面板中的音频素材"01.mp3"拖到"时间轴"面板的音频1轨道中，并使其入点与视频轨道中视频素材的入点对齐，如图13-12所示。

07 选择"窗口"|"音频仪表"命令，打开"音频仪表"面板，如图13-13所示。

08 单击"节目监视器"面板下方的"播放-停止切换"按钮▶，可以预览视频效果，并试听添加的音频效果，"音频仪表"面板中会显示声音的波段，如图13-14所示。

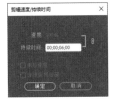

图13-9 选择命令

图13-10 设置持续时间

图13-11 添加视频素材

图13-12 添加音频素材

图13-13 "音频仪表"面板

图13-14 显示声音的波段

注意：

在默认情况下，"音频仪表"面板存放在工作界面的右下方。

13.3 编辑音频素材

在Premiere的"时间轴"面板中可以进行一些简单的音频编辑。例如，可以解除音频与视频的链接，以便单独修改音频对象；也可以在"时间轴"面板中缩放音频素材波形，还可以使用剃刀工具分割音频。

13.3.1 查看音频

为了使"时间轴"面板更好地适用于音频编辑，可以进行轨道的折叠/展开、缩放显示音频素材、显示音频时间单位等设置。

1. 折叠/展开轨道

同视频轨道一样，可以通过拖动音频轨道的下边缘，展开或折叠该轨道。展开音频轨道后，会显示轨道中素材的声道和声音波形，如图13-15所示。

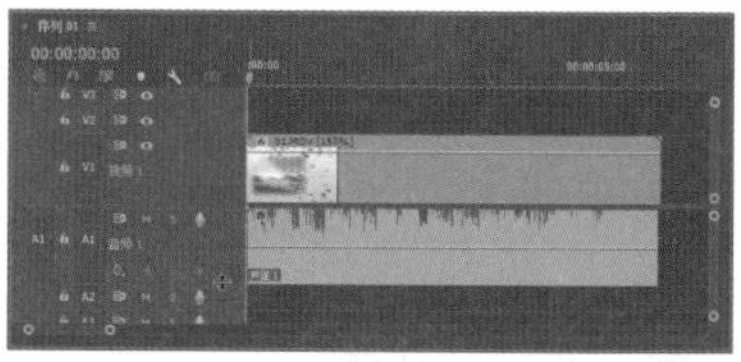

图13-15　展开音频轨道

2. 缩放显示音频素材

在"时间轴"面板中，音频显示过长或过短，都不利于对其进行编辑。可以通过单击并拖动时间轴缩放滑块来缩放显示音频素材，如图13-16所示。

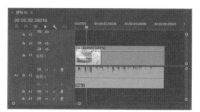

图13-16　拖动时间轴缩放滑块

3. 显示音频时间单位

在默认情况下，"时间轴"面板中的时间单位以视频帧为单位，用户可以通过设置将其修改为音频时间单位。

单击"时间轴"面板右上方的菜单按钮，在弹出的菜单中选择"显示音频时间单位"命令，如图13-17所示。可以将单位更改为音频时间单位，"时间轴"面板中的音频单位为音频样本或毫秒，如图13-18所示。

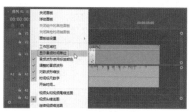

图13-17　选择命令

图13-18　显示音频时间单位

13.3.2 设置音频单位格式

在监视器面板中进行编辑时，标准测量单位是视频帧。对于可以逐帧精确设置入点和出点的视频编辑而言，这种测量单位已经很完美。但是，对于音频则需要更为精确。例如，如果想编辑一段长度小于一帧的声音，Premiere可以使用与帧对应的音频"单位"来显示音频时间。用户可以用毫秒或音频采样来作为音频单位。

选择"文件"|"项目设置"|"常规"命令，打开"项目设置"对话框，在音频"显示格式"下拉列表中可以设置音频单位的格式为"毫秒"或"音频采样"，如图13-19所示。

图13-19　设置音频单位格式

13.3.3 设置音频速度和持续时间

在Premiere中，不仅可以修剪音频素材的长度，也可以通过修改音频素材的速度或持续时间，来增加或减小音频素材的长度。

在"时间轴"面板中选中要调整的音频素材，然后选择"剪辑"|"速度/持续时间"命令，打开"剪辑速度/持续时间"对话框，在"持续时间"选项中可以对音频的长度进行调整，如图13-20所示。

图13-20 调整持续时间

> **注意:**
> 当改变"剪辑速度/持续时间"对话框中的速度值时，音频的播放速度会发生改变，从而可以使音频的持续时间发生改变，但改变后的音频素材其节奏也会被改变。

13.3.4 修剪音频素材的长度

修改音频素材的持续时间会改变音频素材的播放速度，当音频素材过长时，为了不影响音频素材的播放速度，可以通过如下两种方法修剪音频素材的长度。

- 在"时间轴"面板中向左拖动音频的边缘，如图13-21所示，以减小音频素材的长度，如图13-22所示。
- 使用剃刀工具对音频素材进行切割，将多余的音频部分删除，从而改变音频轨道上音频素材的长度。

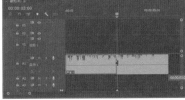

图13-21 拖动音频的边缘

图13-22 修改音频素材的长度

【练习13-2】修改背景音乐的长度。

文件路径	第13章\修改音频长度
技术掌握	掌握修改音频素材播放长度的方法

01 创建一个项目文件和一个序列，然后将视频素材和音频素材导入"项目"面板，如图13-23所示。

02 将视频素材和音频素材分别添加到"时间轴"面板的视频1轨道和音频1轨道中，如图13-24所示。

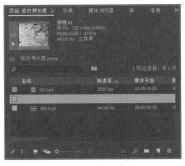

图13-23 导入素材

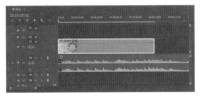

图13-24 添加素材

03 将时间指示器移到视频素材的出点处，然后使用剃刀工具 在时间指示器的位置单击音频素材，对其进行切割，如图13-25所示。

04 使用选择工具 选中被切割的后面部分的音频素材，然后按Delete键将其删除，完成对音频素材的修剪操作，效果如图13-26所示。

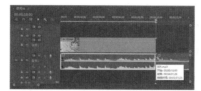

图13-25　切割音频素材　　　　图13-26　删除多余素材

> **注意：**
>
> 由于默认情况下开启了"对齐"功能，因此将时间指示器移到需要的位置后，可以在切割素材时自动对齐到时间指示器的位置；但如果切割位置距离时间指示器太远，则"对齐"功能无效。

13.3.5　音频和视频链接

默认情况下，带音视频素材的视频和音频为链接状态，将带音视频素材放入"时间轴"面板会同时选中视频和音频对象。在移动、删除其中一个对象时，另一个对象也将发生相应的改变。在编辑音频素材之前，用户可以根据实际需要，解除视频和音频的链接。

1. 解除音频和视频的链接

将带音视频素材添加到"时间轴"面板中并将其选中，然后选择"剪辑"|"取消链接"命令，或者在"时间轴"面板中右击音频或视频，然后选择"取消链接"命令，即可解除音频和视频的链接。解除链接后，即可单独选择音频或视频来对其进行编辑。

2. 重新链接音频和视频

在"时间轴"面板中选中要链接的视频和音频素材，然后选择"剪辑"|"链接"命令，或者在"时间轴"面板中右击音频或视频素材，然后从快捷菜单中选择"链接"命令，即可链接音频和视频素材。

> **提示：**
>
> 在"时间轴"面板中先选择一个视频或音频素材，然后按住Shift键，单击其他素材，即可同时选择多个素材，也可以通过框选的方式同时选择多个素材。

3. 暂时解除音频与视频的链接

Premiere 提供了一种暂时解除音频与视频的链接的方法。用户可以先按住Alt键，然后单击素材的音频或视频部分将其选中，再松开Alt键，通过这种方式可以暂时解除音频与视频的链接，如图13-27所示。暂时解除音频与视频的链接后，可以直接拖动选中的音频或视频，在释放鼠标之前，素材的音频和视频仍然处于链接状态，但是音频和视频不再处于同步状态，如图13-28所示。

图13-27　按住Alt键选中音频或　　　图13-28　暂时解除音频与
　　　　　视频素材　　　　　　　　　　　视频素材的链接

> **注意：**
>
> 如果在按住Alt键的同时直接拖动素材的音频或视频，则可以对选中的部分进行复制。

4. 设置音频与视频同步

如果暂时解除了音频与视频的链接，素材的音频和视频将处于不同步状态，这时用户可以通过解除音频与视频链接的操作，重新调整音频与视频素材，使其处于同步状态。首先解除音频与视频的链接，然后在"时间轴"面板中选中要同步的音频和视频，再选择"剪辑"|"同步"命令，打开"同步剪辑"对话框。在该对话框中可以设置素材同步的方式，如图13-29所示。

图13-29 "同步剪辑"对话框

13.3.6 调整音频增益

音频增益指的是音频信号的声调高低。当一个视频片段同时拥有几个音频素材时，就需要平衡这几个素材的增益。如果一个素材的音频信号或高或低，则会严重影响播放时的音频效果。

在"时间轴"面板中选中需要调整的音频素材，然后选择"剪辑"|"音频选项"|"音频增益"命令，打开"音频增益"对话框，如图13-30所示。单击"调整增益值"选项的数值，然后输入新的数值，即可修改音频的增益值，如图13-31所示。

图13-30 "音频增益"对话框

图13-31 修改增益值

完成设置后，播放修改后的音频素材，可以试听音频效果，也可以打开源监视器面板，查看处理前后的音频波形变化，如图13-32和图13-33所示。

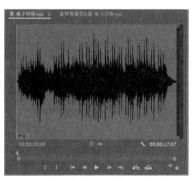

图13-32 修改前的音频波形图

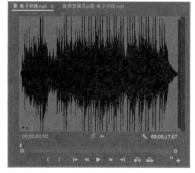

图13-33 修改后的音频波形图

13.4 应用音频特效

在Premiere影视编辑中，可以对音频对象添加特殊效果，如淡入淡出效果、摇摆效果和系统自带的音频效果，从而使音频的内容更加和谐、美妙。

13.4.1 制作淡入淡出的音效

在许多影视片段的开始和结束处，都使用了声音的淡入淡出变化，使场景内容的展示显得更自然和谐。在Premiere中可以通过编辑关键帧，为加入到"时间轴"面板中的音频素材制作淡入淡出的效果。

【练习13-3】制作淡入淡出的音效。

文件路径	第13章\淡入淡出
技术掌握	掌握声音淡入淡出的制作方法

01 新建一个项目文件和一个序列，然后将视频和音频素材导入"项目"面板，如图13-34所示。

02 将视频和音频素材分别添加到"时间轴"面板的视频和音频轨道中，如图13-35所示。

03 在"时间轴"面板中向左拖动音频素材的出点，使其与视频素材的出点对齐，如图13-36所示。

图13-34　导入素材

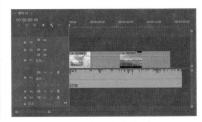

图13-35　添加素材

04 选择音频轨道中的音频素材，然后将时间指示器移到第0秒的位置，再单击音频1轨道上的"添加-移除关键帧"按钮 ◇ ，在此添加一个关键帧，如图13-37所示。

05 将时间指示器移到第2秒的位置，继续在音频1轨道中为音频素材添加一个关键帧，如图13-38所示。

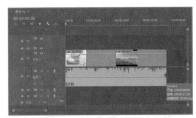

图13-36　拖动音频素材出点

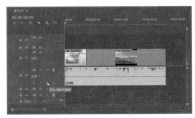

图13-37　添加关键帧(一)

06 将第0秒位置的关键帧向下拖到最下端，使该帧声音大小为0，制作声音的淡入效果，如图13-39所示。

图13-38　添加关键帧(二)

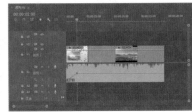

图13-39　制作声音的淡入效果

07 在第16秒和第18秒的位置，分别为音频1轨道中的音频素材添加一个关键帧，如图13-40所示。

08 将第18秒的关键帧向下拖到最下端，使该帧声音大小为0，制作声音的淡出效果，如图13-41所示。

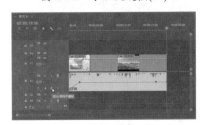

图13-40　添加关键帧(三)

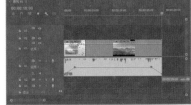

图13-41　制作声音的淡出效果

09 单击"节目监视器"面板下方的"播放-停止切换"按钮 ▶ ，可以试听音频的淡入淡出效果。

> **提示:**
>
> 用户也可以在"效果控件"面板中通过设置和修改音频素材的音量级别关键帧，制作声音的淡入淡出效果。

13.4.2　制作声音的摇摆效果

在"时间轴"面板中进行音频素材的编辑时，在音频素材上的菜单中选择"声像器"|"平衡"命令，可以通过添加控制点来设置音频素材声音的摇摆效果，即把立声道的声音修改为在左右声道间来回切换播放的效果。

【练习13-4】制作摇摆旋律。

文件路径	第13章\摇摆旋律
技术掌握	掌握摇摆旋律的制作方法

01　创建一个项目文件和一个序列，将音频素材导入"项目"面板，如图13-42所示。

02　将音频素材添加到"时间轴"面板的音频1轨道中，如图13-43所示。

03　在音频1轨道中右击音频素材上的图标，在弹出的快捷菜单中选择"声像器"|"平衡"命令，如图13-44所示。

04　展开音频1轨道，当时间指示器处于第0秒的位置时，单击音频1轨道中的"添加-移除关键帧"按钮，在音频1轨道中添加一个关键帧，如图13-45所示。

05　将时间指示器移到第15秒的位置，单击音频1轨道中的"添加-移除关键帧"按钮，如图13-46所示，然后将添加的关键帧向下拖到最下端，如图13-47所示。

06　将时间指示器移到第30秒的位置，单击音频1轨道中的"添加-移除关键帧"按钮，然后将添加的关键帧向上拖到最上端，如图13-48所示。

07　在每隔15秒的位置，分别为音频素材添加一个关键帧，并调整各个关键帧的位置，如图13-49所示。

08　单击"节目监视器"面板下方的"播放-停止切换"按钮，可以试听音乐的摇摆效果。

图13-42　导入素材

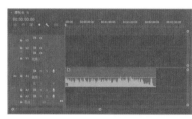
图13-43　添加素材

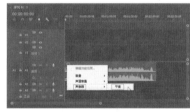
图13-44　选择"声像器"|"平衡"命令

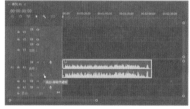
图13-45　添加关键帧

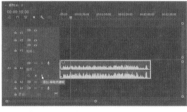
图13-46　继续添加关键帧

图13-47　调整关键帧

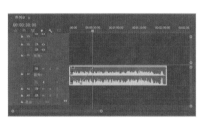
图13-48　添加并调整关键帧

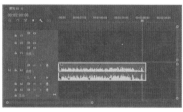
图13-49　继续添加并调整关键帧

13.4.3 应用音频效果

Premiere的"效果"面板中集成了音频过渡和音频效果。音频过渡中提供了3个交叉淡化过渡，如图13-50所示。在使用音频过渡效果时，只需要将其拖曳到音频素材的入点或出点位置，然后在"效果控件"面板中进行具体设置即可。

"音频效果"素材箱中存放着多种声音效果素材箱，展开其中的效果素材箱，可以显示所包含的效果命令，如图13-51所示。将这些声音效果拖放到"时间轴"面板中的音频素材上，即可对该音频素材应用相应的特效。

图13-50　音频过渡效果列表　　　　图13-51　音频效果列表

【练习13-5】为音频素材添加音频效果。

文件路径	第13章\音频效果
技术掌握	掌握为音频素材添加音频效果的方法

01 新建一个项目文件，然后在"项目"面板中导入视频和音频素材，如图13-52所示。

02 新建一个序列，将视频和音频素材分别添加到视频和音频轨道中，如图13-53所示，并调整音频素材和视频素材的出点。

03 在"效果"面板中选择"音频效果"|"混响"|"室内混响"效果，如图13-54所示，然后将其拖到"时间轴"面板中的音频素材"音乐.wav"上，为音频素材添加室内混响效果。

04 选择"窗口"|"效果控件"命令，在打开的"效果控件"面板中可以设置室内混响音频效果的参数，如图13-55所示。

05 单击"节目监视器"面板下方的"播放-停止切换"按钮▶，可以试听添加特效后的音乐效果。

图13-52　导入素材

图13-53　添加素材

图13-54　选择"室内混响"效果

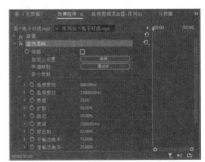

图13-55　室内混响效果参数

13.5 应用音轨混合器

Premiere的音轨混合器是音频编辑中最强大的工具之一，在有效地运用该工具之前，应该熟悉其控件和功能。

13.5.1 认识"音轨混合器"面板

选择"窗口"|"音轨混合器"命令，可以打开"音轨混合器"面板，如图13-56所示。Premiere的"音轨混合器"面板可以对音轨素材的播放效果进行编辑和实时控制。"音轨混合器"面板为每一条音轨提供了一套控制方法，每条音轨也根据"时间轴"面板中的相应音频轨道进行编号。使用该面板，可以设置每条轨道的音量大小、静音等。

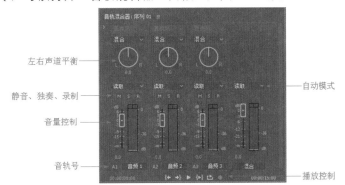

图13-56 "音轨混合器"面板

左右声道平衡、静音、独奏、录制、音量控制、音轨号、自动模式、播放控制

- 左右声道平衡：将该按钮向左转用于控制左声道，向右转用于控制右声道。也可以单击按钮下面的数值栏，然后输入数值来控制左右声道，如图13-57所示。

- 静音、独奏、录制：M(静音轨道)按钮控制静音效果；S(独奏轨道)按钮可以使其他音轨上的片段成为静音效果，只播放该音轨片段；R(启用轨道以进行录制)按钮用于录音控制，如图13-58所示。

图13-57 左右声道平衡

图13-58 静音、独奏、录制

- 音量控制：将滑块向上下拖动，可以调节音量的大小，旁边的刻度用来显示音量值，单位是dB，如图13-59所示。

- 音轨号：对应"时间轴"面板中的各个音频轨道，如图13-60所示。如果在"时间轴"面板中增加了一条音频轨道，则在音轨混合器窗口中也会显示出相应的音轨号。

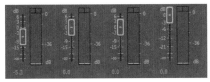

图13-59 音量控制

图13-60 音轨号

- 自动模式：在该下拉列表中可以选择一种音频控制模式，如图13-61所示。

○ 播放控制：这些按钮包括转到入点、转到出点、播放-停止切换、从入点到出点播放视频、循环和录制按钮，如图13-62所示。

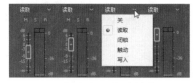

图13-61 自动模式

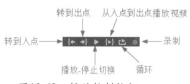

图13-62 播放控制按钮

13.5.2 声像调节和平衡控件

在输出到立体声轨道或5.1轨道时，"左/右平衡"旋钮用于控制单声道轨道的级别。因此，通过声像平衡调节，可以增强声音效果，比如随着鸟儿从视频监视器的右边进入视野，右声道中发出鸟儿的鸣叫声。

平衡用于重新分配立体声轨道和5.1轨道中的输出。在一条声道中增加声音级别的同时，另一条声道的声音级别将减少，反之亦然。可以根据正在处理的轨道类型，使用"左/右平衡"旋钮来控制平衡和声像调节。在使用声像调节或平衡时，可以单击并拖动"左/右平衡"旋钮上的指示器，或拖动旋钮下方的数字读数，也可以单击数字读数并输入一个数值，如图13-63、图13-64和图13-65所示。

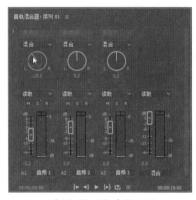

图13-63 拖动指示器

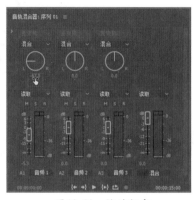

图13-64 拖动数字

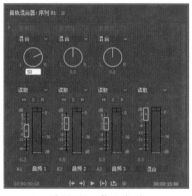

图13-65 输入数值

13.5.3 添加效果

在进行音频编辑的操作中，可以将效果添加到音轨混合器中。先在"音轨混合器"面板中展开效果区域，然后将效果加载到音轨混合器的效果区域，再调整效果的个别控件。

注意：

在"音轨混合器"面板中，用户可以同时对一条音频轨道添加1~5种效果。

【练习13-6】在音轨混合器中应用音频效果。

文件路径	第13章\音轨混合器效果
技术掌握	掌握在音轨混合器中应用音频效果的方法

01 新建一个项目和一个序列，然后导入音频素材，并将其添加到"时间轴"面板的音频1轨道中，如图13-66所示。

02 展开音频1轨道，在音频1轨道中单击"显示关键帧"按钮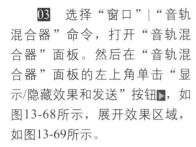，然后选择"轨道关键帧"|"音量"命令，如图13-67所示。

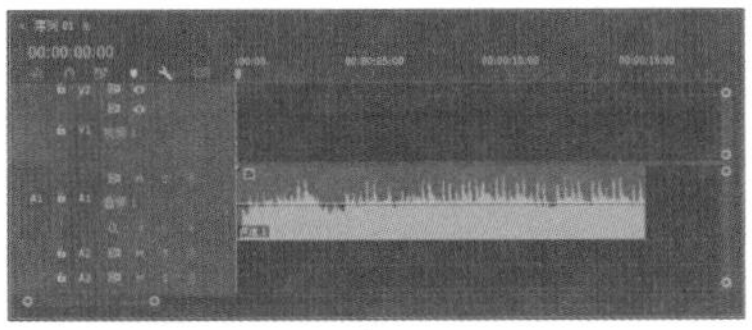

图13-66 添加音频素材

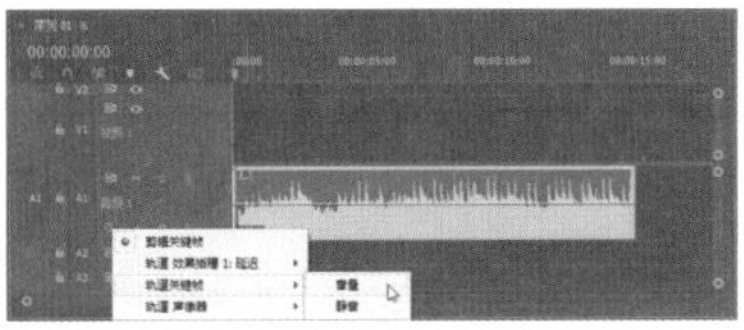

图13-67 选择"音量"命令

03 选择"窗口"|"音轨混合器"命令，打开"音轨混合器"面板。然后在"音轨混合器"面板的左上角单击"显示/隐藏效果和发送"按钮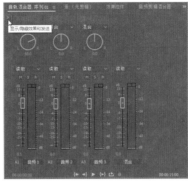，如图13-68所示，展开效果区域，如图13-69所示。

图13-68 单击"显示/隐藏效果和发送"按钮

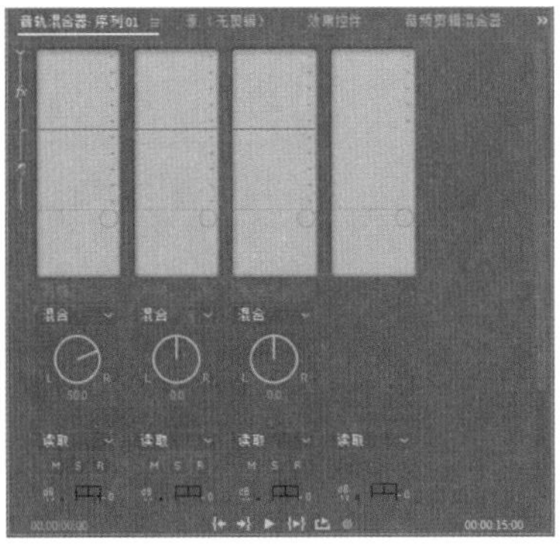

图13-69 展开效果区域

04 在要应用效果的轨道中，单击效果区域中的"效果选择"下拉按钮，打开一个音频效果列表，从效果列表中选择想要应用的效果，如图13-70所示。"音轨混合器"面板的效果区域会显示该效果，如图13-71所示。

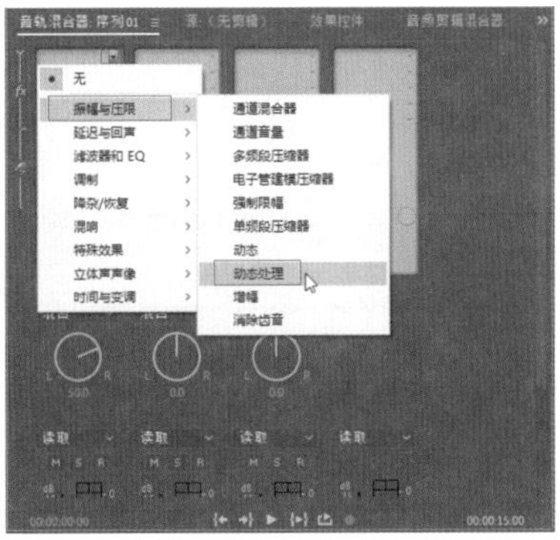

图13-70 选择要应用的效果

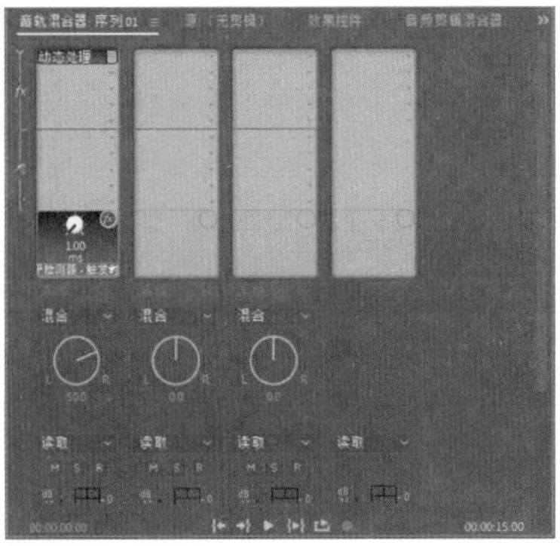

图13-71 显示所应用的效果

05 如果要切换到效果的另一个控件，可以单击控件名称右方的下拉按钮，并在弹出的下拉列表中选择另一个控件，如图13-72所示。

06 单击音频1中的"自动模式"下拉按钮，然后在弹出的下拉菜单中选择"触动"命令，如图13-73所示。

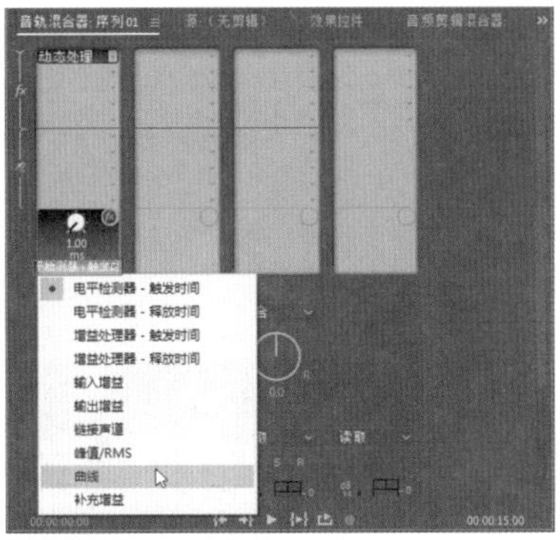

图13-72 选择另一个控件

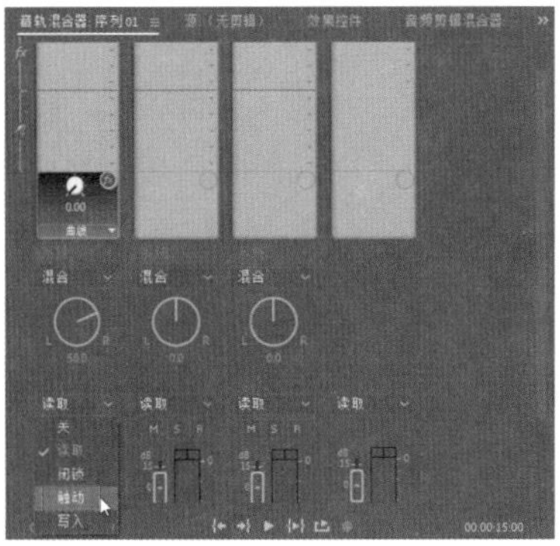

图13-73 选择"触动"命令

07 单击"音轨混合器"
面板中的"播放-停止切换"按
钮▶，同时根据需要调整效果
音量，如图13-74所示。调整后
的轨道关键帧将发生相应的变
化，效果如图13-75所示。

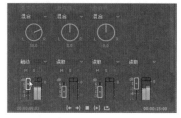 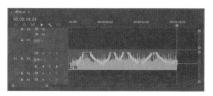

图13-74　根据需要调整效果音量　　　图13-75　调整后的轨道关键帧

13.5.4　关闭音频效果

在"音轨混合器"面板中，单击效果控件旋钮右边的旁路开
关按钮🅱️，该图标上会出现一条斜线，此时可以关闭相应的音频
效果，如图13-76所示。如果要重新开启该音频效果，只需再次单
击旁路开关按钮即可。

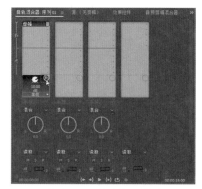

图13-76　关闭音频效果

13.5.5　移除音频效果

如果要移除"音轨混合器"面板中的音频效果，可以单击该
效果名称右边的"效果选择"下拉按钮，然后在下拉列表中选择
"无"选项，如图13-77所示。

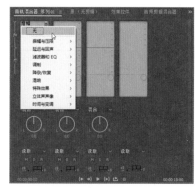

图13-77　移除音频效果

13.6　上机实训——倒计时配音

文件路径	第13章\倒计时配音
技术掌握	掌握音频的添加和编辑方法

本节上机实训将对倒计时影片进行配音，巩固掌握音频的添加和编辑方法，本例最终效果如
图13-78所示。

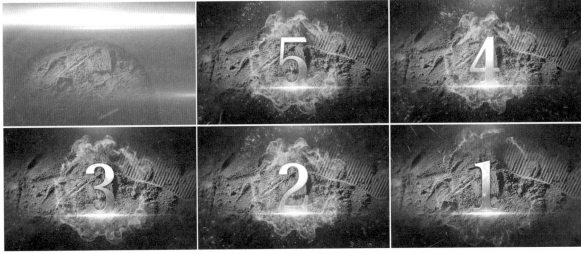

图13-78　案例最终效果

01　新建一个项目，将"倒计时.mp4"和"配音.mp3"素材导入"项目"面板，如图13-79所示。

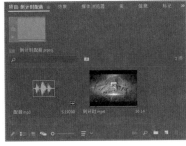

图13-79　导入素材

02　新建一个序列，将"项目"面板中的"倒计时.mp4"和"配乐.mp3"素材分别导入"时间轴"面板的视频1轨道和音频1轨道，如图13-80所示。

图13-80　添加素材

03　在第2秒2帧的位置对音频素材进行切割，如图13-81所示，然后将音频的后面部分删除，如图13-82所示

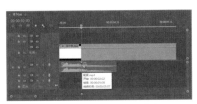

图13-81　切割音频素材

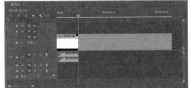

图13-82　删除多余音频

04　选中剩余的音频，在按住Alt键的同时单击并向右拖曳鼠标，即可将该音频进行复制，如图13-83所示。

05　参照上一步的操作，重复复制音频3次，完成音频的编辑，如图13-84所示。

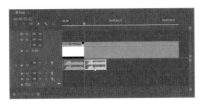

图13-83　复制音频素材

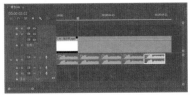

图13-84　重复复制音频

06　在"节目监视器"面板中单击"播放-停止切换"按钮 ▶ ，对影片效果进行预览，本例最终效果如图13-85所示。

图13-85　预览影片效果

13.7　疑难解答

问：音频采样是指什么？

答：音频取样是指将模拟音频转成数字音频的过程。

问："音轨混合器"面板的作用是什么？

答："音轨混合器"面板可以对音轨素材的播放效果进行编辑和实时控制。"音轨混合器"面板为每一条音轨提供了一套控制方法，每条音轨也根据"时间轴"面板中的相应音频轨道进行编号。使用该面板，可以设置每条轨道的音量大小、静音等。

问：如何制作声音的淡入淡出效果？

答：调整声音效果时，可以在"效果控件"面板中制作声音的淡入淡出效果。将时间指示器移动到相应的位置，在"效果控件"面板中设置音量的级别数值，即可添加音量的关键帧。设置音量级别关键帧从低到高，即得到声音的淡入效果；设置音量级别关键帧从高到低，即得到声音的淡出效果。另外，也可以在"时间轴"面板中通过对声音素材进行关键帧设置，还可以制作声音的淡入淡出效果。

第14章　视频渲染与输出

在应用Premiere编辑视频的过程中，如果添加了视频过渡和视频效果等特效，要想看到实时的画面效果，则需要对工作区进行渲染。当完成项目的编辑后，需要将项目输出为影片，以便在其他计算机中对影片效果进行保存和观看。本章将介绍项目渲染和输出的操作方法及相关知识，包括项目的渲染和生成、项目文件导出的格式、图片导出与设置、视频导出与设置、音频导出与设置等操作。

本章重点
- 项目渲染
- 项目输出

二维码教学视频
【练习14-1】导出影片文件
【练习14-2】导出序列图片
【练习14-3】导出单帧图片
【练习14-4】导出音频文件
【14.3】上机实训——年货节

14.1 项目渲染

在Premiere中，渲染是在编辑过程中不生成文件而只浏览节目实际效果的一种播放方式。在编辑工作中应用渲染，可以检查素材之间的组接关系和观看应用特效后的效果。由于渲染可以采用较低的画面质量，因此速度比输出节目快，便于随时对节目进行修改，从而能够提高编辑效率。

14.1.1 Premiere的渲染方式

Premiere对项目文件支持两种渲染方式，即实时渲染和生成渲染。

1. 实时渲染

实时渲染支持所有的视频效果、过渡效果、运动设置和字幕效果。使用实时渲染不需要进行任何生成工作，可节省时间。如果在项目中应用了较复杂的效果，可以降低画面品质或降低帧速率，以便在渲染过程中达到正常的渲染效果。

2. 生成渲染

生成渲染需要对序列中的所有内容和效果进行生成。生成的时间与序列中素材的复杂程度有关。使用生成渲染播放视频的质量较高，便于检查细节上的纰漏，通常只选择一部分内容进行生成渲染。

> **注意：**
> 当视频素材不能以正常帧速率播放时，"时间轴"面板的时间标尺处将出现红线提示；当能够以正常帧速率播放时，"时间轴"面板的时间标尺处将出现绿线提示。

14.1.2 渲染文件的暂存盘设置

实时渲染和生成渲染在渲染视频时都会生成渲染文件。为了提高渲染的速度，应选择转速快、空间大的本地硬盘来暂存渲染文件。

选择"文件"|"项目设置"|"暂存盘"命令，打开"项目设置"对话框，可以在"视频预览"和"音频预览"选项中设置渲染文件的暂存盘路径，如图14-1所示。

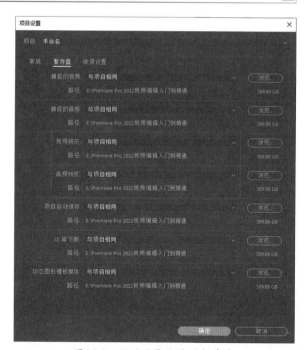

图14-1 设置渲染文件的暂存盘

14.1.3 项目的渲染与生成

完成视频作品的后期编辑处理后，选择"序列"|"渲染入点到出点"命令，即可渲染入点到出点的效果。此时将会出现正在渲染的进度，如图14-2所示。

渲染文件生成后，"时间轴"面板中工作区上方和时间标尺下方之间的红线会变成绿线(如图14-3所示)，这表明相应的视频素材片段已生成渲染文件，在节目监视器中将自动播放渲染后的效果。生成的渲染文件将暂存在所设置的暂存盘文件夹中，如图14-4所示。

图14-2 渲染进度

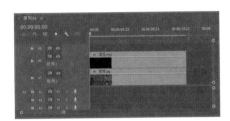

图14-3 渲染文件生成后的"时间轴"面板

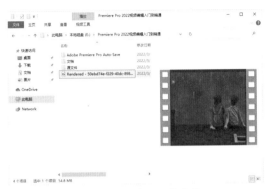

图14-4 暂存的渲染文件

提示：

选中"时间轴"面板，按Enter键也可以渲染编辑好的影片。如果项目文件未被保存，在退出Premiere后，暂存的渲染文件将会被自动删除。

14.2 项目输出

项目输出工作就是对编辑好的项目进行导出，将其发布为最终作品。在完成Premiere项目的视频和音频编辑后，即可将其作为数字文件输出进行观赏。

14.2.1 项目输出类型

在Premiere中，可以将项目以多种类型的对象进行输出。选择"文件"|"导出"命令，可以在弹出的子菜单中选择导出文件的类型，如图14-5所示。

在Premiere Pro 2022中，项目输出类型主要有如下几种。

- 媒体：用于导出影片文件，是常用的导出方式。
- 字幕：用于导出字幕文件。

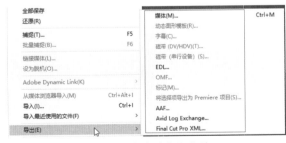

图14-5 文件的导出类型

- ⊙ 磁带：将文件导出到磁带中。
- ⊙ EDL：将项目文件导出为EDL格式。EDL(editorial determination list，编辑决策列表)是一个表格形式的列表，由时间码值形式的电影剪辑数据组成。EDL是在编辑时由很多编辑系统自动生成的，并可保存到磁盘中。当在脱机/联机模式下工作时，EDL极为重要。脱机编辑下生成的EDL会被读入联机系统，作为最终剪辑的基础。
- ⊙ OMF：将项目文件导出为OMF格式。OMF(OMF interchange image file)扩展名的主要关联属于开放媒体框架交换（OMF，OMFI）格式和各自的.omf文件类型。OMF格式文件用于在不同的和其他不兼容的音频编辑应用程序之间传输音轨，其中许多应用程序能够导出/导入OMF文件。除音频外，OMF文件还用于共享动画和视频轨道，大多数视频编辑应用程序都支持OMFI。
- ⊙ AAF：将项目文件导出为AAF格式。AAF(advanced authoring format)意为"高级制作格式"，是一种用于多媒体创作及后期制作、面向企业界的开放式标准。AAF是自非线性编辑系统之后电视制作领域最重要的新进展之一，它解决了多用户、跨平台及多台计算机协同进行创作的问题，给后期制作带来了极大便利。
- ⊙ Final Cut Pro XML：将项目文件导出为XML格式。XML(extensible markup language)意为"可扩展标记语言"，它与HTML一样，都是SGML(standard generalized markup language，标准通用标记语言)。XML是Internet环境中跨平台的、依赖于内容的技术，是当前处理结构化文档信息的有力工具。

14.2.2 影片的导出与设置

在Premiere Pro 2022中，将项目文件作为影片导出的格式通常包括Windows Media、AVI、Quick Time和MEPG等，用户可以在计算机中直接双击这些格式的视频对象进行观看。

1. 影片导出的常用设置

在导出项目的设置中，可以在"导出设置"对话框中进行必要的设置，以便达到需要的导出效果。

选择"文件"|"导出"|"媒体"命令，可以在"导出设置"对话框中进行基本的导出设置，包括导出的源范围、导出的类型和格式、视频设置和音频设置等，如图14-6所示。

图14-6 "导出设置"对话框

1) 预览视频效果

在"导出设置"对话框中选择"源"选项卡，可以预览源文件的效果；选择"输出"选项卡，可以预览基于当前设置的视频效果。

2) 设置导出内容

在"导出设置"对话框下方单击"源范围"下拉按钮，在弹出的下拉列表中可以选择要导出的内容是整个序列还是工作区域，或是其他内容，如图14-7所示。

图14-7 选择要导出的内容

3) 设置导出格式

在"导出设置"对话框右方单击"导出设置"选项组中的"格式"下拉按钮，在弹出的下拉列表中可以选择导出项目的格式，其中包括各种图片和视频格式，如图14-8所示。

4) 设置视频编解码器

当设置导出格式为AVI格式时，可以选择视频编解码器。在"导出设置"对话框右方选择"视频"选项卡，单击"视频编解码器"下拉按钮，在弹出的下拉列表中可以选择导出影片的视频编解码器，如图14-9所示。

5) 基本视频设置

在"视频"选项卡中展开"基本视频设置"选项组，在其中可以设置视频画面的质量、宽度、高度和帧速率等，如图14-10所示。

图14-8　选择导出的格式

图14-9　选择视频编解码器

图14-10　基本视频设置

注意：

对影片设置不同的视频编解码器，得到的视频质量和视频大小也不相同。

6) 画面裁剪

在导出文件前，用户可以根据需要对源视频进行裁剪，还可以对画面裁剪的纵横比进行设置。

选择"源"选项卡，然后选择"裁剪导出视频"工具 ![裁剪图标] 进行裁剪。如果要使用像素精确地进行裁剪，可以分别单击"左侧""顶部""右侧"或"底部"右侧的数字并输入准确的值。另外，可以在想保留的视频区域上单击并拖动一角，此时会显示一个读数，表示以像素为单位的帧大小，如图14-11所示。

如果想更改裁剪的纵横比，可以单击"裁剪比例"下拉按钮，然后在弹出的下拉列表中选择所需要的裁剪纵横比，如图14-12所示。

若要预览裁剪的视频效果，可以选择"输

图14-11　裁剪源视频

出"选项卡。如果想缩放视频的帧大小以填充剪裁边框，可以在"源缩放"下拉列表中选择"缩放以填充"选项，如图14-13所示。

图14-12　选择裁剪纵横比　　　　图14-13　预览视频裁剪效果

7) 保存、导出和删除预设

如果对预设进行更改，可以将自定义预设保存到磁盘中，以便以后使用。在保存预设后，还可以导入或删除它们。

- 保存预设：要保存一个编辑过的预设以备将来使用，或将其作为比较导出效果的样本，则单击"保存预设"按钮■，如图14-14所示。然后在打开的"选择名称"对话框中输入名称。如果想保存效果设置，则选中"保存效果设置"复选框；如果想保存发布设置，则选中"保存发布设置"复选框，如图14-15所示。

图14-14　单击"保存预设"按钮　　　图14-15　"选择名称"对话框

- 导入预设：导入自定义预设最简单的方法是单击"预设"下拉按钮，并从下拉列表的顶部选择它。另外，可以单击"导入预设"按钮■，然后从磁盘加载预设，预设文件的扩展名为.epr，如图14-16所示。

- 删除预设：要删除预设，首先加载预设，然后单击"删除预设"按钮■，在所出现的对话框中会显示一条警告，警告此删除过程不可恢复，如图14-17所示。

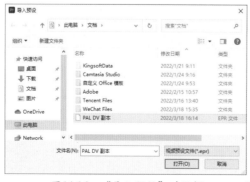

图14-16　"导入预设"对话框　　　图14-17　"删除预设"对话框

2. 导出影片对象

要将编辑好的项目导出为影片对象，首先需要在"时间轴"面板中选中要导出的序列，然后选择"文件"|"导出"|"媒体"命令对其进行导出。

【练习14-1】导出影片文件。

文件路径	第14章\导出影片
技术掌握	掌握导出影片文件的方法

01 打开"导出影片.prproj"文件，单击"时间轴"面板中的"序列01"将其选中，如图14-18所示。

02 选择"文件"|"导出"|"媒体"命令，打开"导出设置"对话框。在"导出设置"对话框下方单击"源范围"下拉按钮，选择Premiere项目要导出的内容为"整个序列"，如图14-19所示。

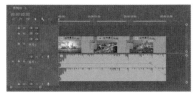

图14-18 选中要导出的序列

图14-19 选择"整个序列"选项

03 在"导出设置"对话框下方单击"适合"下拉按钮，在弹出的下拉列表中选择导出影片的比例为100%，如图14-20所示。

04 在"导出设置"选项组中单击"格式"下拉按钮，在弹出的下拉列表中选择导出项目的影片格式为H.264，如图14-21所示。

图14-20 选择要导出的比例

图14-21 选择导出的影片格式

05 在"导出设置"选项组中单击"输出名称"选项，如图14-22所示。然后在打开的"另存为"对话框中设置导出的路径和文件名，如图14-23所示。

06 根据需要设置导出的类型，如果不想导出音频，可以取消选中"导出音频"复选框，如图14-24所示。

07 选择"视频"选项卡，在"基本视频设置"选项组可以更改视频设置，如视频的宽度和高度、帧速率等，如图14-25所示。

图14-22 单击"输出名称"选项　　图14-23 设置导出路径和文件名

图14-24 设置导出的类型　　图14-25 更改视频设置

08　单击"导出"按钮，即可将项目序列导出为指定的视频文件。然后使用播放软件即可播放导出的视频文件，如图14-26所示。

图14-26　播放视频文件

14.2.3　图片的导出与设置

在Premiere 中，不仅可以将编辑好的项目文件导出为影片格式，还可以将其导出为序列图片或单帧图片。

1. 图片的导出格式

在Premiere Pro 2022中可以将编辑好的项目文件导出为图片格式，其中主要包括BMP、GIF、TAG、TIF、JPG和PNG等格式。

- ◉　BMP(windows bitmap)：这是一种由Microsoft公司开发的位图文件格式。几乎所有的常用图像软件都支持这种格式。该格式的图像支持1位、4位、8位、16位、24位和32位颜色，对图像大小无限制，并支持RLE压缩，缺点是占用空间大。
- ◉　GIF：这是流行于Internet上的图像格式，是一种较为特殊的格式。
- ◉　TAG(targa)：这是一种由True Vision公司开发的位图文件格式，是国际上的图形图像工业标准，是一种常用于数字化图像等高质量图像的格式。一般文件为24位和32位，是使图像由计算机向电视转换的首选格式。
- ◉　TIF(TIFF)：这是一种由Aldus公司开发的位图文件格式，支持大部分操作系统，支持24位颜色，对图像大小无限制，支持RLE、LZW、CCITT以及JPEG压缩。
- ◉　JPG(JPEG)：JPG 图片以24位颜色存储单个光栅图像。JPG 是与平台无关的格式，支持最高级别的压缩，不过这种压缩是有损耗的。
- ◉　PNG：这是一种于20世纪90年代中期开始开发的图像文件存储格式，其目的是试图替代GIF和TIF文件格式，同时增加一些GIF文件格式所不具备的特性。

2. 导出序列图片

编辑好项目文件后，可以将项目文件中的序列导出为序列图片，即以序列图片的形式显示序列中每一帧的图片效果。

【练习14-2】导出序列图片。

文件路径	第14章\导出序列图片
技术掌握	掌握导出序列图片的方法

01 打开"导出影片.prproj"项目文件，在"时间轴"面板中选择要导出的序列。

02 选择"文件"|"导出"|"媒体"命令，打开"导出设置"对话框。然后单击"格式"下拉按钮，在弹出的下拉列表中选择导出的图片格式为JPEG，如图14-27所示。

03 在"导出名称"选项中单击导出的名称，打开"另存为"对话框，设置存储文件的名称和路径后，单击"保存"按钮，如图14-28所示。

图14-27　选择导出的图片格式　　图14-28　设置保存路径和名称

04 返回"导出设置"对话框，在"视频"选项卡中设置图片的质量、宽度和高度，并保持选中"导出为序列"复选框，然后设置"帧速率"值，如图14-29所示。

05 单击"导出"按钮导出项目序列，会导出静止图像的序列，视频的每个帧导出一个序列，本例导出的序列图像如图14-30所示。

 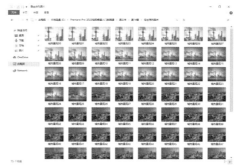

图14-29　设置图片属性　　　　图14-30　预览图片效果

注意:

要设置导出图片的宽度、高度、帧速率和长宽比，首先要取消选中各选项后面的复选框。

3. 导出单帧图片

完成项目文件的创建时，有时需要将项目中的某一帧画面导出为静态图片文件，例如，对影片项目中制作的视频特效画面进行取样操作等。

【练习14-3】导出单帧图片。

文件路径	第14章\导出单帧图片
技术掌握	掌握导出单帧图片的方法

01 打开"导出影片.prproj"项目文件，然后在"时间轴"面板中将时间指示器拖到需要导出帧的位置，如图14-31所示。

02 在"节目监视器"面板中可以预览当前帧的画面，确定需要导出内容的画面，如图14-32所示。

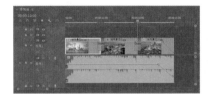

图14-31　定位时间指示器　　　　图14-32　预览画面

03 选择"文件"|"导出"|"媒体"命令，打开"导出设置"对话框，单击"格式"下拉按钮，在弹出的下拉列表中选择导出的图片格式为TIFF，如图14-33所示。

04 在"导出名称"选项中单击导出的名称，打开"另存为"对话框，设置存储文件的名称和路径。

05 返回"导出设置"对话框，在"基本设置"选项组中设置图片的宽度和高度。取消选中"导出为序列"复选框，然后单击"导出"按钮导出图片，如图14-34所示。

图14-33　选择导出的图片格式　　　图14-34　设置图片属性

06 导出项目序列后，即可在导出位置预览导出的单帧图片效果，如图14-35所示。

图14-35　预览图片效果

注意：

要将项目序列中的某帧图像导出为单帧图片，一定要在"基本设置"选项组中取消选中"导出为序列"复选框。

14.2.4　音频的导出与设置

在Premiere中，除了可以将编辑好的项目导出为图片文件和影音文件，也可以将项目文件导出为纯音频文件。Premiere Pro 2022可以导出的音频文件包括WAV、MP3、ACC等格式。下面通过具体的练习讲解音频文件的导出及设置。

【练习14-4】导出音频文件。

文件路径	第14章\导出音频文件
技术掌握	掌握导出音频文件的方法

01 打开"导出影片.prproj"项目文件，选择"文件"|"导出"|"媒体"命令，打开"导出设置"对话框，在"格式"下拉列表中选择一种音频格式，如图14-36所示。

02 在"导出名称"选项中单击导出的名称，打开"另存为"对话框，设置存储文件的名称和路径，然后单击"保存"按钮，如图14-37所示。

图14-36　选择音频格式

图14-37　设置文件的路径和名称

03 在"音频编解码器"下拉列表中选择需要的编解码器，如图14-38所示。

04 在"采样率"下拉列表中选择需要的音频采样率，如图14-39所示。

图14-38　设置音频编解码器

图14-39　设置音频采样率

- ⊙ 采样率：降低采样率可以减少文件大小，并加速最终产品的渲染。采样率越高，质量越好，但处理时间也越长。例如，CD品质的采样率是44kHz。
- ⊙ 样本大小：立体32位是最高设置，8位单声道是最低设置。样本大小的位深度越低，生成的文件就越小，渲染时间也会减少。

05 在"声道"选项中选择声道模式，然后单击"导出"按钮，将项目文件导出为音频文件，如图14-40所示。

06 在相应的位置可以找到所导出的音频文件，并且可以双击该文件进行播放，如图14-41所示。

图14-40　选择声道

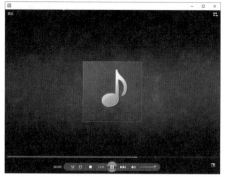

图14-41　播放音频文件

14.3　上机实训——年货节

文件路径	第14章\年货节
技术掌握	掌握导出媒体文件的方法

　　本节上机实训将通过导出编辑好的年货节宣传片，巩固掌握导出媒体文件的操作方法，本例最终效果如图14-42所示。

图14-42　案例最终效果

　　01　打开"年货节.prproj"项目文件，选择"时间轴"面板中的序列作为导出对象，如图14-43所示。

　　02　选择"文件"|"导出"|"媒体"命令，打开"导出设置"对话框，如图14-44所示。

　　03　在"导出设置"对话框下方单击"源范围"下拉按钮，选择Premiere项目要导出的内容为"整个序列"，如图14-45所示。

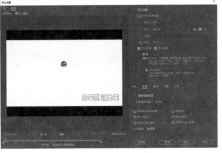

图14-43　选择序列　　　　　图14-44　"导出设置"对话框　　　　图14-45　设置导出的内容

04 在"导出设置"选项组中单击"格式"下拉按钮，在弹出的下拉列表中选择导出项目的影片格式为H.264，如图14-46所示。

05 在"导出设置"选项组中单击"输出名称"选项，如图14-47所示。然后在打开的"另存为"对话框中设置导出的路径和文件名，如图14-48所示。

图14-46　选择导出的影片格式　图14-47　单击"输出名称"选项　　图14-48　设置导出的路径和文件名

06 返回到"导出设置"对话框，单击"导出"按钮，即可将序列导出为指定的视频文件。使用播放软件播放导出的视频，效果如图14-49所示。

图14-49　播放视频文件

14.4　疑难解答

问：为什么输出很短的AVI格式视频，文件也非常大？

答：AVI是一种无损的压缩模式，这种视频格式的好处是兼容性好、调用方便、图像质量好，缺点是占用空间大。如果选择无压缩的AVI输出格式，输出的文件会更大。所以在对图像质量要求不是特别高的情况下，输出影片时，通常选择MP4、MOV等格式。

问：Premiere支持哪几种渲染方式，各种渲染方式有什么特点？

答：Premiere对项目文件支持实时渲染和生成渲染两种方式。实时渲染支持所有的视频效果、过渡效果、运动设置和字幕效果。使用实时渲染不需要进行任何生成工作，可节省时间。如果项目中应用了较复杂的效果，可以降低画面品质或降低帧速率，以便在渲染过程中达到正常的渲染效果。生成渲染需要对序列中的所有内容和效果进行生成，生成的时间与序列中素材的复杂程有关。使用生成渲染播放视频的质量较高，便于检查细节的纰漏，通常只选择一部分内容进行生成渲染。

问：输出音频时，通常可以使用什么方法压缩文件大小？

答：输出音频时，可以通过适当降低音频的采样率来压缩文件大小。

第15章　婚礼MV

前面已经学习了Premiere的软件功能，本章将通过制作婚礼MV来讲解本书所学知识的具体应用，帮助初学者掌握Premiere在实际工作中的应用，并达到举一反三的效果，为今后的影视后期制作工作奠定良好基础。

本章重点
- 案例分析
- 案例制作

二维码教学视频

【15.3.1】创建项目　　　　　【15.3.2】添加素材

【15.3.3】编辑影片　　　　　【15.3.4】创建字幕

【15.3.5】编辑字幕动画　　　【15.3.6】编辑音频

【15.3.7】输出影片

15.1 案例效果

文件路径	第15章
技术掌握	掌握婚礼MV的制作流程和技巧

本章将以婚礼MV为例，介绍Premiere在影视后期制作中的具体应用，带领读者掌握使用Premiere进行影视编辑的具体操作流程和技巧，本例的最终效果如图15-1所示。

图15-1　制作婚礼MV

15.2 案例分析

在制作该影片前，首先要构思该影片所要展现的内容和希望达到的效果，然后收集需要的素材，再使用Premiere进行视频编辑。在本案例的制作中，主要包括以下几个方面。

01　收集或制作所需要的素材，然后导入Premiere进行编辑。

02　选用合适的背景素材，根据视频所需长度，在Premiere中对背景素材的长度进行调整。

03　根据视频所需长度，调整各个照片素材所需的持续时间。

04　根据背景素材的效果，适当调整各个照片素材在"时间轴"面板中的入点位置。

05　对背景素材应用键控效果，丰富视频画面。

06　在字幕设计器中创建需要的字幕，然后根据需要将这些字幕添加到"时间轴"面板的视频轨道中。

07　对素材添加视频运动效果和淡入淡出效果，使影片效果更加丰富。

08　添加合适的音乐素材，并根据视频所需长度，对音乐素材进行编辑。

15.3　案例制作

根据对本综合案例的制作分析，可以将其分为7个主要部分进行操作，即创建项目、添加素材、编辑影片、创建字幕、编辑字幕动画、编辑音频和输出影片，具体操作如下。

15.3.1　创建项目

01 启动Premiere应用程序，在欢迎界面中单击"新建项目"按钮，如图15-2所示，或在Premiere工作窗口中选择"文件"|"新建"|"项目"命令，然后在打开的"新建项目"对话框中设置文件的名称，如图15-3所示。

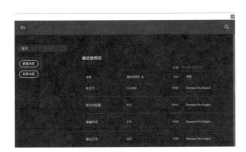

图15-2　单击"新建项目"按钮

图15-3　设置项目名称

02 在"新建项目"对话框中单击"浏览"按钮，在打开的"请选择新项目的目标路径"对话框中设置项目的保存路径，如图15-4所示。

03 返回"新建项目"对话框中单击"确定"按钮，新建一个项目，如图15-5所示。

图15-4　设置项目的保存路径

图15-5　创建新项目

04 选择"编辑"|"首选项"|"时间轴"命令，打开"首选项"对话框，设置"静止图像默认持续时间"为4秒，然后单击"确定"按钮，如图15-6所示。

05 选择"文件"|"新建"|"序列"命令，打开"新建序列"对话框，如图15-7所示。

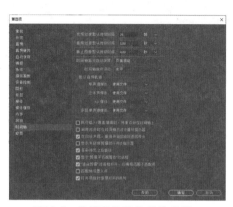

图15-6　设置图像默认持续时间　　　　　图15-7　"新建序列"对话框

06　选择"设置"选项卡，在"编辑模式"的下拉列表中选择"DV 24p"视频编辑模式，如图15-8所示。

07　选择"轨道"选项卡，设置视频轨道数量为4，然后单击"确定"按钮，如图15-9所示。

图15-8　选择编辑模式　　　　　　　　图15-9　设置轨道数

15.3.2　添加素材

01　选择"文件"|"导入"命令，打开"导入"对话框，导入本例中需要的素材，如图15-10所示。

02　在"项目"面板中单击"新建素材箱"按钮，创建3个素材箱，然后分别对各个素材箱进行命名，如图15-11所示。

图15-10　导入素材　　　　　图15-11　新建素材箱并重命令

03 在"项目"面板中将照片、视频和音乐素材分别拖入对应的素材箱，对项目中的素材进行分类管理，如图15-12所示。

04 选中"项目"面板中所有的照片素材，然后选择"剪辑"|"速度/持续时间"命令，打开"剪辑速度/持续时间"对话框，设置照片的持续时间为7秒，如图15-13所示。

图15-12　管理素材

图15-13　设置持续时间

15.3.3 编辑影片

01 将"爱心背景.mp4"和"光效.mp4"素材添加到"时间轴"面板的视频2轨道和视频3轨道中，各素材的入点位置为第0秒，如图15-14所示。

02 将时间轴指示器移到第3秒的位置，在"节目监视器"面板中预览到的效果如图15-15所示。

03 选择视频3轨道中的"光效.mp4"素材，打开"效果控件"面板，展开"不透明度"选项组，在"混合模式"下拉列表中选择"变亮"选项，如图15-16所示。

04 在"节目监视器"面板中对影片进行预览，效果如图15-17所示。

05 将各个照片素材添加到"时间轴"面板的视频1轨道中，各素材的入点位置分别为第4秒、第12秒、第21秒、第29秒、第37秒，如图15-18所示。

06 将时间轴指示器移到第7秒的位置，在"节目监视器"面板中预览到的效果如图15-19所示。

07 打开"效果"面板，展开"视频效果"|"键控"素材箱，然后选中"颜色键"效果，如图15-20所示。

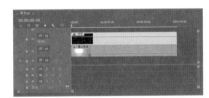

图15-14　添加背景和光效素材

图15-15　预览效果(一)

图15-16　设置混合模式

图15-17　预览效果(二)

图15-18　添加照片素材

图15-19　预览效果(三)

08 将"颜色键"效果添加到视频2轨道中的"爱心背景.mp4"素材上,然后切换到"效果控件"面板中,单击"主要颜色"选项右方的吸管工具,如图15-21所示。

09 将光标移到"节目监视器"面板中,吸取心形中的绿色作为抠图的颜色,如图15-22所示。

10 在"效果控件"面板中,设置"颜色容差"为30、"边缘细化"为5、"羽化边缘"为30,如图15-23所示。

11 在"节目监视器"面板中对"颜色键"效果进行预览,效果如图15-24所示。

12 选择视频1轨道中的"01.png"素材,切换到"效果控件"面板中,在第4秒的位置为"缩放"选项添加一个关键帧,设置缩放值为200,如图15-25所示。

13 在第7秒的位置为"缩放"选项添加一个关键帧,设置缩放值为80,如图15-26所示。

14 在"效果控件"面板中框选所创建的缩放关键帧,然后右击鼠标,在弹出的快捷菜单中选择"复制"命令,如图15-27所示。

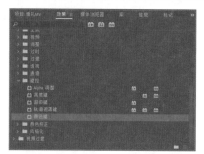

图15-20　选中"颜色键"效果

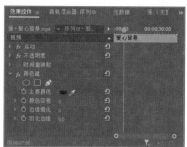

图15-21　单击吸管工具

图15-22　吸取抠图的颜色

图15-23　设置颜色键参数

图15-24　预览效果(四)

图15-25　添加并设置关键帧(一)

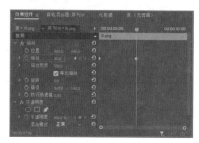

图15-26　添加并设置关键帧(二)

图15-27　选择"复制"命令

15 在"时间轴"面板中选择视频1轨道中的"02.png"素材,并将时间指示器移到第12秒的位置,然后在"效果控件"面板中右击鼠标,在弹出的快捷菜单中选择"粘贴"命令,如图15-28所示。

16 在第21秒、第29秒、第37秒的位置分别为"03.png""04.png"和"05.png"素材粘贴所复制的缩放关键帧。

17 在"节目监视器"面板中预览影片的缩放动画,效果如图15-29所示。

图15-28　选择"粘贴"命令

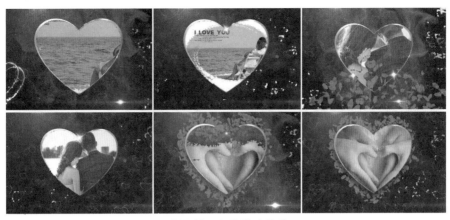

图15-29 预览影片效果

15.3.4 创建字幕

01 选择"文件"|"新建"|"旧版标题"命令，在打开的"新建字幕"对话框中输入字幕名称并单击"确定"按钮，如图15-30所示。

02 在字幕设计器中单击工具栏上的"文字工具"按钮，在绘图区单击鼠标并输入文字内容，然后适当调整文字的位置、字体、字体大小和行距，如图15-31所示。

图15-30 输入字幕名称

图15-31 设置文字属性

03 在"字幕属性"面板中向下拖动滚动条，然后选中"阴影"复选框，设置阴影的颜色为红色，设置大小为81，如图15-32所示。

04 关闭字幕设计器，使用同样的方法创建其他字幕。在"项目"面板中新建一个名为"字幕"的素材箱，并将创建的字幕拖入该素材箱，如图15-33所示。

图15-32 设置文字阴影

图15-33 创建其他字幕对象

15.3.5 编辑字幕动画

01 分别在第0秒、第5秒、第10秒、第15秒、第20秒、第25秒、第30秒、第35秒和第40秒的位置，依次将"字幕01~字幕09"素材添加到视频4轨道中，效果如图15-34所示。

02 选择视频4轨道中的"字幕01"素材，然后打开"效果控件"面板，在第0秒的位置为"缩放"选项添加一个关键帧，如图15-35所示。

03 在第2秒的位置为"缩放"选项添加一个关键帧，设置缩放值为80，如图15-36所示。

图15-34　添加字幕素材(一)

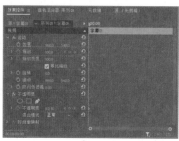

图15-35　添加并设置关键帧(二)

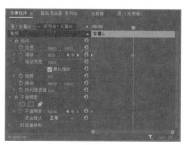

图15-36　添加并设置关键帧(三)

04 在第0秒的位置为"不透明度"选项添加一个关键帧，设置不透明度为0，如图15-37所示。

05 在第0秒15帧的位置为"不透明度"选项添加一个关键帧，设置不透明度为100%，制作渐现效果，如图15-38所示。

06 分别在第3秒15帧和第3秒24帧的位置为"不透明度"选项各添加一个关键帧，保持第3秒15帧的参数不变，设置第3秒24帧的不透明度为0，制作渐隐效果，如图15-39所示。

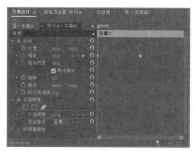

图15-37　添加并设置关键帧(四)

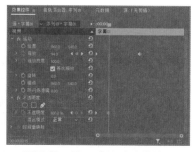

图15-38　添加并设置关键帧(五)

图15-39　添加并设置关键帧(六)

07 在"效果控件"面板中框选已创建好的所有关键帧，然后右击鼠标，在弹出的快捷菜单中选择"复制"命令，如图15-40所示。

08 分别在第5秒、第10秒、第15秒、第20秒、第25秒、第30秒、第35秒和第40秒的位置，依次为其他字幕素材粘贴不透明度关键帧。

09 在"节目监视器"面板中单击"播放-停止切换"按钮，预览字幕的变化效果，如图15-41所示。

图15-40　选择"复制"命令

图15-41　预览字幕效果

15.3.6　编辑音频

01　将"项目"面板中的"音乐.mp3"素材添加到"时间轴"面板的音频1轨道中,将其入点放置在第0秒的位置,如图15-42所示。

02　将时间轴移到第44秒的位置,单击工具面板中的"剃刀工具"按钮 ✎,然后在此时间位置上单击鼠标,将音频素材切割开。

03　选择音频素材后面多余的音频,按Delete键将其删除,如图15-43所示。

04　展开音频1轨道,分别在第0秒、第1秒、第43秒和第44秒的位置为音乐素材添加关键帧,如图15-44所示。

05　向下拖动第0秒和第44秒的关键帧,将其音量调节为最小,制作声音的淡入淡出效果,如图15-45所示。

图15-42　添加音频素材

图15-43　切割并删除多余的音频

图15-44　添加音频关键帧

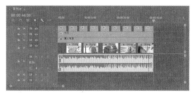
图15-45　调节音频关键帧

15.3.7　输出影片

01　选中"时间轴"面板中的序列,然后选择"文件"|"导出"|"媒体"命令,打开"导出设置"对话框,在"格式"下拉列表中选择一种影片格式(如H.264),如图15-46所示。

02　在"输出名称"选项中单击输出影片文件的名称,如图15-47所示。

图15-46　选择影片格式

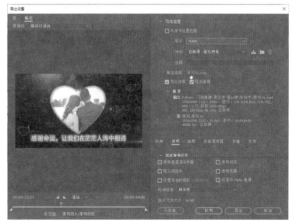
图15-47　单击输出影片文件的名称

03　在打开的"另存为"对话框中设置存储文件的名称和路径,然后单击"保存"按钮,如图15-48所示。

04　返回"导出设置"对话框,在"音频"选项卡中设置音频的参数,如图15-49所示。

05　单击"导出"按钮,将项目文件导出为影片文件。至此,完成本案例的制作。

图15-48 设置文件的路径和名称　　　　图15-49 设置音频参数

06　将项目文件导出为影片文件后，可以在相应的位置找到这个导出的影片，使用媒体播放器对该文件进行播放，效果如图15-50所示。

图15-50 播放影片

第16章　旅游宣传片

旅游宣传片是对一个旅游景地精要的展示和表现，通过一种视觉的传播路径，提高旅游景地的知名度和曝光率，以便更好地吸引游客，彰显旅游景地品质及个性，挖掘出景地特色的地域文化特征，增强景地吸引力。本章将通过制作旅游宣传片来巩固本书所学知识，帮助读者掌握Premiere在实际工作中的应用。

本章重点

● 案例分析

● 案例制作

二维码教学视频

【16.3.1】创建项目　　　　　　【16.3.2】制作片头效果

【16.3.3】创建字幕　　　　　　【16.3.4】编辑影片文字

【16.3.5】制作片尾效果　　　　【16.3.6】编辑音频

【16.3.7】输出影片

16.1 案例效果

文件路径	第16章
技术掌握	掌握旅游宣传片的制作流程和技巧

本章将以旅游宣传片为例，介绍Premiere在影视后期制作中的具体应用，本例的最终效果如图16-1所示。

图16-1 制作旅游宣传片

16.2 案例分析

在制作该宣传片前，首先要构思该宣传片所要展现的内容和希望达到的效果，然后收集需要的素材，再使用Premiere进行视频编辑。具体操作如下。

01 创建视频项目和序列，设置视频大小和模式。

02 导入需要的素材，并添加到"时间轴"面板的轨道中，在素材间添加视频切换效果。

03 在素材之间添加视频过渡效果，使影片过渡效果更丰富。

04 在字幕设计器中创建需要的字幕对象，然后根据需要将这些字幕添加到"时间轴"面板的视频轨道中。

05 为了使影片效果更自然，需要对影片的开始和结尾部分制作淡入淡出效果。

06 对特别的素材添加视频效果，以及添加动画效果。

07 添加和编辑音乐背景，然后将项目文件输出为影片文件。

16.3　案例制作

根据对本案例的制作分析，可以将其分为7个主要部分进行操作，即创建项目、制作片头效果、创建字幕、编辑影片文字、制作片尾效果、编辑音频和输出影片，具体操作如下。

16.3.1　创建项目

01　启动Premiere应用程序，在欢迎界面中单击"新建项目"按钮，新建一个项目，如图16-2所示。

02　选择"编辑"|"首选项"|"时间轴"命令，打开"首选项"对话框，设置"静止图像默认持续时间"为4秒，如图16-3所示。

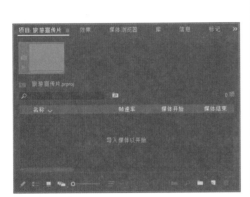

图16-2　新建一个项目

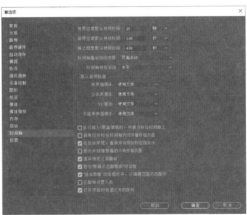

图16-3　设置图片默认持续时间

03　选择"文件"|"新建"|"序列"命令，打开"新建序列"对话框，选择如图16-4所示的预设序列。

04　选择"轨道"选项卡，设置视频轨道数量为4，然后单击"确定"按钮，如图16-5所示。

图16-4　选择预设序列

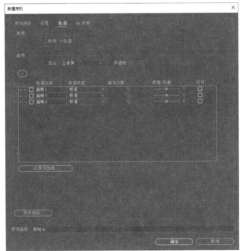

图16-5　设置轨道数

05 选择"文件"|"导入"命令，打开"导入"对话框，选择本案例需要的素材，如图16-6所示，然后单击"打开"按钮，将选择的素材导入项目文件，如图16-7所示。

 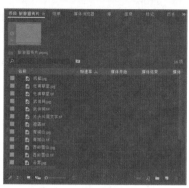

图16-6　选择素材　　　　　　图16-7　导入素材

06 在"项目"面板中单击"新建素材箱"按钮▣，创建两个新素材箱，然后分别对各个素材箱进行命名，如图16-8所示。

07 在"项目"面板中将风景和地名素材分别拖入对应的素材箱，对项目中的素材进行分类管理，如图16-9所示。

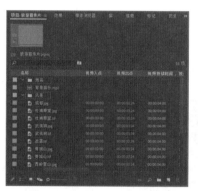 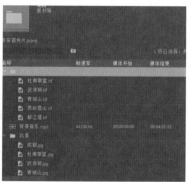

图16-8　新建素材箱并重命名　　　图16-9　管理素材

16.3.2　制作片头效果

01 将各个风景图片依次拖到"时间轴"面板的视频1轨道中，将第一张图片的入点设在第0秒的位置，如图16-10所示。

02 打开"效果"面板，展开"视频过渡"|"溶解"素材箱，然后选择"白场过渡"过渡效果，如图16-11所示。

03 将"白场过渡"效果拖动到时间轴面板内视频1轨道中第一个素材的出点处，如图16-12所示。

04 将"交叉溶解"和"黑场过渡"效果依次添加到其他素材的出点处，如图16-13所示。

图16-10　添加图片素材　　　图16-11　选择过渡效果

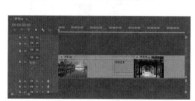 

图16-12　添加过渡效果　　　图16-13　添加其他过渡效果

05 将"遮罩"和"片头片尾文字"素材依次添加到"时间轴"面板的视频2轨道和视频3轨道中，入点在第0秒的位置，如图16-14所示。

06　选择"时间轴"面板中的"片头片尾文字"素材，打开"效果控件"面板，在第2秒的位置为"不透明度"选项添加一个关键帧，保持不透明度为100%，如图16-15所示。

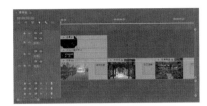

图16-14　添加其他素材

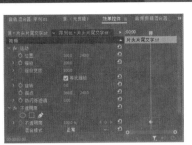

图16-15　添加一个关键帧

07　将时间指示器移到第3秒，为"不透明度"选项添加一个关键帧，设置该关键帧的不透明度为0，如图16-16所示。

08　将时间指示器移到第0秒，选择"时间轴"面板中的"遮罩"图片，然后切换到"效果控件"面板中，分别为"缩放"和"不透明度"选项各添加一个关键帧，如图16-17所示。

图16-16　添加并设置关键帧

图16-17　添加关键帧

09　将时间指示器移到第3秒，为"缩放"选项添加一个关键帧，设置缩放值为150%，如图16-18所示。

10　在第3秒的位置为"不透明度"选项添加一个关键帧，设置不透明度为80%，如图16-19所示。

11　在第4秒的位置为"不透明度"选项添加一个关键帧，设置不透明度为0，如图16-20所示。

图16-18　设置"缩放"关键帧

图16-19　设置"不透明度"关键帧

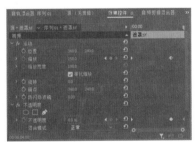

图16-20　继续设置关键帧

12　在"节目监视器"面板中单击"播放-停止切换"按钮 ▶，观看片头的影片效果，如图16-21所示。

图16-21　片头效果

16.3.3　创建字幕

01　选择"文件"|"新建"|"旧版标题"命令，在打开的"新建字幕"对话框中输入字幕名称并单击"确定"按钮，如图16-22所示。

02 在字幕设计器中单击工具栏上的"文字工具"按钮 **T**，在绘图区单击鼠标，然后输入文字内容，如图16-23所示。

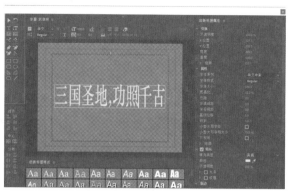

图16-22　输入字幕名称　　　　　　　　　　　图16-23　输入文字内容

03 在字幕设计器中单击"显示背景视频"按钮 显示背景视频内容，再将时间设置在第6秒的位置，然后适当调整文字的位置和字体大小，如图16-24所示。

04 关闭字幕设计器，然后使用同样的方法继续创建名为"杜甫草堂"的字幕，其文字及属性效果如图16-25所示。

图16-24　设置文字位置和字体大小　　　　　　图16-25　创建字幕对象

05 创建名为"西岭雪山"的字幕，其文字及属性效果如图16-26所示。

06 创建名为"青城山"的字幕，其文字及属性效果如图16-27所示。

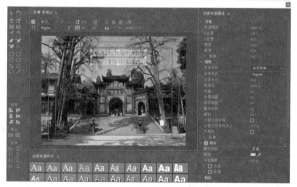

图16-26　继续创建字幕对象　　　　　　　　　图16-27　再次创建字幕对象

07 创建名为"都江堰"的字幕，其文字及属性效果如图16-28所示。

08　在项目面板中创建一个名为"描述"的素材箱，然后将创建好的字幕放入"描述"素材箱，如图16-29所示。

图16-28　继续创建字幕对象

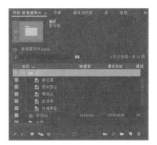

图16-29　管理字幕

16.3.4　编辑影片文字

01　将各个文字素材依次添加到"时间轴"面板的视频2轨道和视频3轨道中，各个文字与视频1轨道中的图片相对应，如图16-30所示。

02　选择视频2轨道中的"武侯祠.tif"素材，然后打开"效果控件"面板，在第4秒的位置为"不透明度"选项添加一个关键帧，设置不透明度为0，如图16-31所示。

03　在第5秒的位置为"不透明度"选项添加一个关键帧，设置不透明度为100%，如图16-32所示。

图16-30　添加文字素材

图16-31　添加并设置关键帧

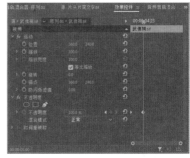

图16-32　继续添加并设置关键帧

04　分别在第6秒和第7秒的位置为"不透明度"选项各添加一个关键帧，保持第6秒的关键帧参数不变，设置第7秒的关键帧的不透明度为0，如图16-33所示。

05　在"效果控件"面板中框选设置的不透明度关键帧，如图16-34所示，然后右击关键帧，在弹出的菜单中选择"复制"命令，如图16-35所示。

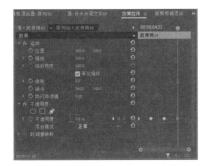

图16-33　再次添加并设置关键帧

图16-34　选择关键帧

图16-35　选择"复制"命令

06 在"时间轴"面板中选择视频2轨道中的"杜甫草堂.tif"素材，将时间指示器移到第8秒的位置，然后在"效果控件"面板中右击鼠标，在弹出的菜单中选择"粘贴"命令，粘贴所复制的关键帧，效果如图16-36所示。

07 在第12秒、第16秒、第20秒的位置分别为"西岭雪山.tif""青城山.tif"和"都江堰.tif"素材粘贴不透明度关键帧，在"时间轴"面板中可以查看复制得到的不透明度关键帧，效果如图16-37所示。

08 选择视频3轨道中的"武侯祠"字幕素材，然后打开"效果控件"面板，在第5秒的位置为"不透明度"选项添加一个关键帧，设置不透明度为0，如图16-38所示。

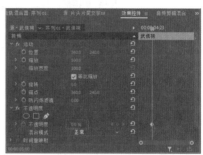

图16-36　粘贴所复制的关键帧　　　　图16-37　复制并粘贴其他关键帧　　　　图16-38　添加并设置关键帧

09 在第5秒12帧的位置为"不透明度"选项添加一个关键帧，设置不透明度为100%，如图16-39所示。

10 分别在第6秒12帧和第7秒的位置为"不透明度"选项各添加一个关键帧，保持第6秒12帧的关键帧参数不变，设置第7秒关键帧的不透明度为0，如图16-40所示。

11 在"效果控件"面板中复制设置好的不透明度关键帧，然后在第9秒、第13秒、第17秒、第21秒的位置分别为"杜甫草堂""西岭雪山""青城山"和"都江堰"字幕素材粘贴不透明度关键帧，效果如图16-41所示。

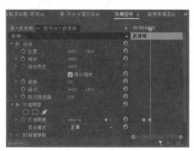
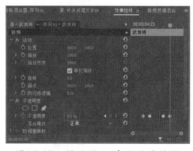

图16-39　继续添加并设置关键帧　　　　图16-40　再次添加并设置关键帧　　　　图16-41　复制并粘贴关键帧

12 在节目监视器面板中单击"播放-停止切换"按钮 ▶，预览编辑好的影片效果，如图16-42所示。

图16-42　预览影片效果

16.3.5 制作片尾效果

01 将时间指示器移动到第24秒的位置，然后在视频1轨道和视频2轨道中分别添加片尾图片和片尾文字，如图16-43所示。

02 打开"效果"面板，展开"视频过渡"|"溶解"素材箱，找到"交叉溶解"和"黑场过渡"过渡效果，如图16-44所示。

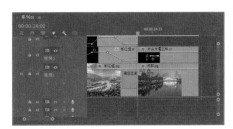
图16-43 添加素材

图16-44 找到过渡效果

03 参照图16-45所示的效果，将"交叉溶解"和"黑场过渡"视频过渡效果添加到相应素材的入点和出点处。

04 将时间指示器移动到第23秒12帧的位置，然后将"云雾"图片添加到视频4轨道中，如图16-46所示。

05 在"效果"面板中展开"视频效果"|"键控"素材箱，找到"亮度键"视频效果，然后将该效果添加到视频轨道4的"云雾"素材中，如图16-47所示。

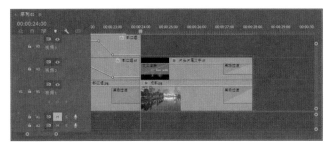
图16-45 添加过渡效果

06 选择"云雾"图片，打开"效果控件"面板，在第23秒12帧的位置分别为"缩放"和"不透明度"选项各添加一个关键帧，设置不透明度为50%，如图16-48所示。

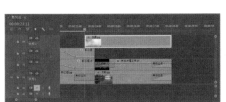
图16-46 继续添加素材

图16-47 选择视频效果

图16-48 设置关键帧

07 将时间指示器移到第24秒的位置，为"不透明度"选项各添加一个关键帧，设置不透明度为100%，如图16-49所示。

08 将时间指示器移到第26秒的位置，分别为"缩放"和"不透明度"选项各添加一个关键帧，设置缩放为200，设置不透明度为0，如图16-50所示。

图16-49 继续设置关键帧

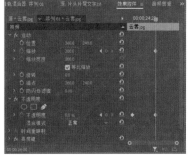
图16-50 再次设置关键帧

09 在节目监视器面板中单击"播放-停止切换"按钮 ，预览片尾的播放效果，如图16-51所示。

图16-51　片尾效果

16.3.6　编辑音频

01 将"项目"面板中的"背景音乐.mp3"素材添加到"时间轴"面板的音频1轨道中，将其入点放置在第0秒的位置，如图16-52所示。

02 将时间指示器移动到第27秒23帧的位置，使用"剃刀工具"在此时间位置将音频素材切割开，然后将后面部分的音频素材清除，如图16-53所示。

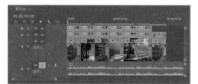
图16-52　添加音频素材

图16-53　切割并删除多余音频素材

03 在"效果"面板中展开"音频过渡"素材箱，选择"交叉淡化"|"指数淡化"过渡效果，如图16-54所示。

04 将"指数淡化"音频过渡效果拖动到"时间轴"面板中音频1轨道上的素材出点处，如图16-55所示。

图16-54　选择音频过渡效果

图16-55　添加音频过渡效果

16.3.7　输出影片

01 选择当前编辑好的序列，然后选择"文件"|"导出"|"媒体"命令，打开"导出设置"对话框，在"格式"下拉列表框中选择一种影片格式(H.264)，如图16-56所示。

02 在"输出名称"选项中单击输出的名称，如图16-57所示。

图16-56 选择影片格式

图16-57 单击输出的名称

03 在打开的"另存为"对话框中设置存储文件的名称和路径，然后单击"保存"按钮，如图16-58所示。

04 返回"导出设置"对话框，在"音频"选项卡中设置音频的参数，如图16-59所示，然后单击"导出"按钮，将项目文件导出为影片文件。

图16-58 设置文件路径和名称

图16-59 设置音频参数

05 将项目文件导出为影片文件后，可以在相应的位置找到导出的文件，并且可以使用媒体播放器对该文件进行播放，如图16-60所示。

图16-60 播放影片

第17章　企业宣传片

企业宣传片是介绍企业主营业务、产品、企业规模及人文历史的专题片，主要用于展现企业历史、经营理念和企业文化等。本章将介绍使用Premiere制作企业宣传片的操作流程和技巧。

本章重点
- 案例分析
- 案例制作

二维码教学视频

17.1 案例效果

文件路径	第17章
技术掌握	掌握企业形象宣传片的制作流程和技巧

本章将以企业宣传片为例，介绍Premiere在影视后期制作中的具体应用，带领读者熟悉使用Premiere进行影视编辑的具体操作流程和技巧，本例的最终效果如图17-1所示。

图17-1　制作企业宣传片

17.2 案例分析

本案例将展现企业形象宣传效果，在案例制作前，需要构思该案例所要展现的内容和效果。在本案例的制作中，主要包括以下几个方面。

01　将收集和制作的素材导入Premiere进行编辑。

02　对背景素材的长度进行适当调节，然后根据视频所需长度，调整各个照片素材所需的持续时间。

03　在字幕设计器中创建需要的字幕，并设置好文字样式。

04　根据背景素材的效果，适当调整各个字幕素材和图片素材在"时间轴"面板的入点位置。

05　对素材添加视频运动效果和淡入淡出效果，使影片效果更加丰富。

17.3 案例制作

由于本例选用的背景影片中的音频存在淡入淡出的效果，因此不需要对音频进行编辑。本例宣传片的制作，主要分为创建项目文件、创建字幕、编辑影片素材和输出影片等环节，具体操作如下。

17.3.1 创建项目

01 启动Premiere应用程序，新建一个项目，如图17-2所示。

02 选择"编辑"|"首选项"|"时间轴"命令，打开"首选项"对话框，设置"静止图像默认持续时间"为3秒并单击"确定"按钮，如图17-3所示。

图17-2 新建项目　　　　　图17-3 设置图像默认持续时间

03 选择"文件"|"新建"|"序列"命令，打开"新建序列"对话框，选择"设置"选项卡，设置编辑模式为"自定义"，帧大小水平值为1920、垂直值为1080，如图17-4所示。

04 在"项目"面板中导入需要的素材，并将素材进行分类管理，如图17-5所示

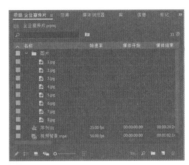

图17-4 设置序列帧大小　　　　图17-5 导入并管理素材

17.3.2 创建字幕

01 选择"文件"|"新建"|"旧版标题"命令，在打开的"新建字幕"对话框中输入字幕名称并单击"确定"按钮，如图17-6所示。

02 在字幕设计器中单击工具栏上的"文字工具"按钮，在绘图区单击鼠标并输入文字内容，然后适当调整文字的位置、字体和字体大小，再选中"填充"复选框，设置填充类型为"斜面"、填充颜色为黄色、阴影颜色为暗红色，如图17-7所示。

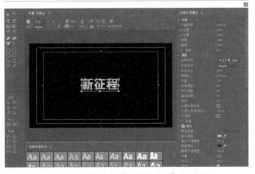

图17-6 输入字幕名称　　　　图17-7 设置文字属性和填充效果

03 在字幕属性面板中向下拖动滚动条，添加一个外描边，并设置外描边参数；再选中"阴影"复选框，并设置阴影参数，如图17-8所示。

04 关闭字幕设计器，使用同样的方法创建其他字幕。在项目面板中新建一个名为"文字"的素材箱，将创建的字幕加入该素材箱，如图17-9所示。

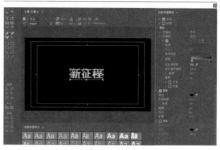

图17-8 设置外描边和阴影

图17-9 管理"字幕"素材箱

17.3.3 编辑影片

01 将"视频背景.png"素材添加到"时间轴"面板的视频1轨道1中，素材的入点位置为第0秒，如图17-10所示。

02 将时间轴指示器移动到第29秒的位置，单击工具箱中的"剃刀工具"按钮，然后在此时间位置单击鼠标，将视频背景素材切割开，如图17-11所示。

03 选择视频素材后面多余的视频，按Delete键将其清除，如图17-12所示。

图17-10 添加背景素材

图17-11 切割视频背景素材

04 将时间轴指示器移动到第5秒的位置，然后将"1.jpg~8.jpg"图片素材依次添加到"时间轴"面板的视频2轨道中，如图17-13所示。

图17-12 删除多余视频

图17-13 添加图片素材

05 选择视频2轨道中的"1.jpg"素材，打开"效果控件"面板，在"混合模式"下拉列表中选择"滤色"选项，如图17-14所示。

06 在"节目监视器"面板对应用"滤色"混合模式的结果进行预览，效果如图17-15所示。

07 切换到"效果控件"面板中，在第5秒和第7秒的位置为"缩放"选项各添加一个关键帧，并保持第5秒的缩放值不变，设置第7秒的缩放值为120，如图17-16所示。

图17-14 设置混合模式

图17-15 预览效果

图17-16 添加并设置关键帧

08 在"节目监视器"面板中单击"播放-停止切换"按钮 ，预览图片的缩放效果，如图17-17所示。

图17-17　预览效果

09 在"效果控件"面板中框选创建的缩放关键帧，如图17-18所示，然后右击缩放关键帧，在弹出的菜单中选择"复制"命令，如图17-19所示。

图17-18　选择缩放关键帧　　　　图17-19　选择"复制"命令

10 在"时间轴"面板中选择"2.jpg"素材，将时间指示器移到第8秒的位置，然后在"效果控件"面板中右击鼠标，在弹出的菜单中选择"粘贴"命令，如图17-20所示，将复制的关键帧粘贴到此处，如图17-21所示。

图17-20　选择"粘贴"命令　　　　图17-21　粘贴缩放关键帧

11 在"混合模式"下拉列表中选择"滤色"选项，如图17-22所示。

12 在第11秒、第14秒、第17秒、第20秒、第23秒、第26秒的位置分别为其他图片素材粘贴所复制的缩放关键帧，并将各图片的"混合模式"修改为"滤色"，如图17-23所示。

图17-22　设置混合模式　　　　图17-23　设置其他图片的混合模式

17.3.4　编辑字幕动画

01 在"项目"面板中选中所有的字幕素材，然后右击鼠标，在弹出的菜单中选择"速度/持续时间"命令，如图17-24所示。

02 在打开的"剪辑速度/持续时间"对话框中设置照片的持续时间为2秒，如图17-25所示。

03 分别在第2秒、第5秒、第8秒、第11秒、第14秒、第17秒、第20秒、第23秒和第26秒的位置，依次将"字幕01~字幕09"素材添加到视频3轨道中，如图17-26所示。

图17-24 选择"速度/持续时间"命令　　图17-25 设置持续时间　　图17-26 添加字幕素材

04 选择视频3轨道中的"字幕01"素材，然后打开"效果控件"面板，在第2秒的位置为"缩放"选项添加一个关键帧，设置该帧缩放值为400，如图17-27所示。

05 在第2秒20帧的位置为"缩放"选项添加一个关键帧，设置缩放值为100，如图17-28所示。

06 在第2秒和第2秒05帧的位置为"不透明度"选项各添加一个关键帧，设置第2秒的不透明度为0，设置第2秒05帧的不透明度为100，如图17-29所示。

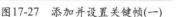

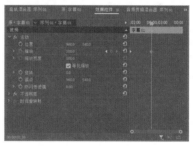

图17-27 添加并设置关键帧(一)　　图17-28 添加并设置关键帧(二)　　图17-29 添加并设置关键帧(三)

07 在第3秒20帧和第3秒24帧的位置为"不透明度"选项各添加一个关键帧，设置第3秒20帧的不透明度为100，设置第3秒24帧的不透明度为0，如图17-30所示。

08 在"节目监视器"面板对字幕的变化效果进行预览，效果如图17-31所示。

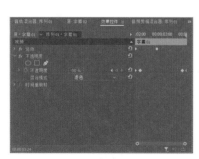

图17-30 添加并设置关键帧(四)　　　图17-31 字幕预览效果

09 在"效果控件"面板中选择创建好的缩放关键帧，如图17-32所示，然后右击关键帧，在弹出的快捷菜单中选择"复制"命令，如图17-33所示。

图17-32 选择缩放关键帧　　　图17-33 选择"复制"命令

10 在"时间轴"面板中选择"字幕02"素材，将时间指示器移到第5秒，然后在"效果控件"面板中右击鼠标，在弹出的快捷菜单中选择"粘贴"命令，如图17-34所示，将复制的关键帧粘贴到此处，如图17-35所示。

图17-34 选择"粘贴"命令　　　图17-35 粘贴缩放关键帧

11 在第8秒将缩放关键帧粘贴到"字幕03"素材中，在第26秒将缩放关键帧粘贴到"字幕09"素材中，如图17-36所示。

12 使用同样的方法，将"字幕01"的不透明度关键帧依次复制，然后粘贴到其他字幕素材中，在"时间轴"面板中可以显示素材的不透明度关键帧，如图17-37所示。

图17-36 在其他字幕上粘贴缩放关键帧　图17-37 复制不透明度关键帧

17.3.5 输出影片

01 在"时间轴"面板中选择当前编辑好的序列，然后选择"文件"|"导出"|"媒体"命令，打开"导出设置"对话框，在"格式"下拉列表中选择一种影片格式(如H.264)，如图17-38所示。

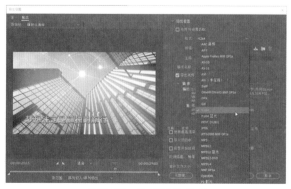

图17-38 选择影片格式

02 在"输出名称"选项中单击输出的名称,在打开的"另存为"对话框中设置存储文件的名称和路径,然后单击"保存"按钮,如图17-39所示。

03 返回"导出设置"对话框,在"音频"选项卡中设置音频的参数,如图17-40所示,然后单击"导出"按钮,将项目文件导出为影片文件。

04 将项目文件导出为影片文件后,可以在相应的位置找到导出的文件,并且可以使用媒体播放器对该文件进行播放,如图17-41所示。至此,完成本案例的制作。

图17-39 设置文件路径和名称

图17-40 设置音频参数

图17-41 播放影片

第18章　产品广告

产品广告是为了引导目标消费者去购买广告主的产品或服务而产生的广告，广告的对象可能是消费者或最终使用者，也可能是渠道成员。本章将以化妆品为例，介绍使用Premiere制作产品广告的操作流程和技巧。

本章重点

- 案例分析
- 案例制作

二维码教学视频

【18.3.1】创建项目　　　　　　　【18.3.2】创建气泡

【18.3.3】合成气泡　　　　　　　【18.3.4】创建倒影

【18.3.5】创建总合成　　　　　　【18.3.6】编辑音频素材

【18.3.7】输出影片

18.1　案例效果

文件路径	第18章
技术掌握	掌握产品广告的制作流程和技巧

　　本章将以化妆品广告为例，介绍Premiere在影视后期制作中的具体应用，拓展读者使用Premiere在影视编辑方面的应用思维，本例的最终效果如图18-1所示。

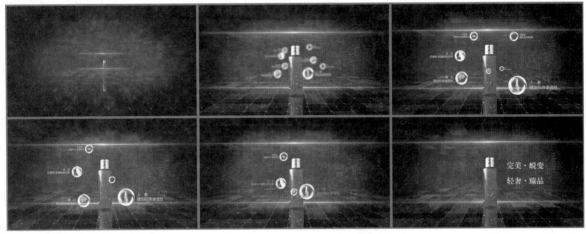

图18-1　制作化妆品广告

18.2　案例分析

　　本案例将展现化妆品产品效果，在案例制作前，需要构思该案例所要展现的产品内容和效果。在本案例的制作中，主要包括以下几个方面。

01　将收集和制作的素材导入Premiere进行编辑。

02　根据视频所要展示的内容，依次创建各种气泡效果，然后对各气泡序列进行合成。

03　创建图像倒影效果。

04　通过创建嵌套序列，对气泡合成序列、倒影序列和其他素材进行总合成。

05　在本例中创建简单文字时，可以直接使用"文字工具"创建。

18.3　案例制作

　　根据对本案例的制作分析，可以将其分为7个主要部分进行操作，即创建项目、创建气泡、创建气泡合成、创建倒影、创建总合成、编辑音频和输出影片，具体操作如下。

18.3.1 创建项目

01 启动Premiere应用程序，新建一个项目。

02 选择"文件"|"导入"命令，将所需素材导入"项目"面板，如图18-2所示。

03 分别创建名为"图片""视频"和"音频"的素材箱，然后对素材进行分类管理，如图18-3所示。

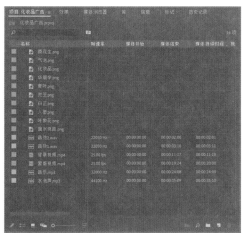 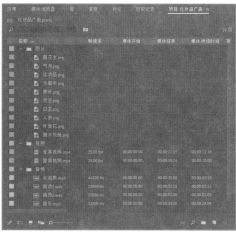

图18-2 导入素材　　　　　　　　　图18-3 分类管理素材

18.3.2 创建气泡

01 选择"文件"|"新建"|"序列"命令，打开"新建序列"对话框，输入序列名称为"气泡1"，如图18-4所示。

02 选择"设置"选项卡，设置编辑模式为"自定义"，帧大小水平值为1920、垂直值为1080，如图18-5所示。

 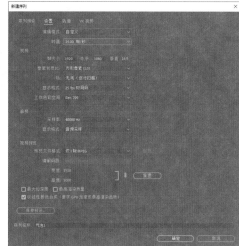

图18-4 输入序列名称　　　　　　　图18-5 设置序列模式和帧大小

03 将"项目"面板中的"气泡.png"和"灵芝.png"素材分别添加到视频1轨道和视频2轨道中，如图18-6所示。

04 选中视频1轨道和视频2轨道中的两个素材,然后选择"剪辑"|"速度/持续时间"命令,打开"剪辑速度/持续时间"对话框,设置"持续时间"为19秒,如图18-7所示。

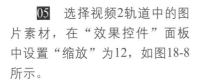

图18-6 在视频轨道中添加素材

图18-7 设置素材的持续时间

05 选择视频2轨道中的图片素材,在"效果控件"面板中设置"缩放"为12,如图18-8所示。

06 在"节目监视器"面板中适当调整灵芝图片的位置,使灵芝放入气泡中,效果如图18-9所示。

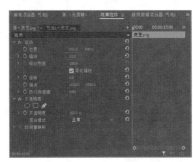

图18-8 设置素材缩放值

图18-9 调整图片位置

07 在"工具"面板中选择"文字工具"，然后在"节目监视器"面板中单击,再输入字幕文字,如图18-10所示。

08 打开"基本图形"面板,然后参照图18-11所示的参数设置字幕文字的字体、字号和填充颜色。

提示:

使用"文字工具"创建字幕文字时,创建的文字将自动添加在"时间轴"面板的空视频轨道中。如果没有空视频轨道,将在"时间轴"面板中自动添加一个文字图形视频轨道。

图18-10 输入字幕文字

图18-11 设置文字的属性

09 在"时间轴"面板中拖动文字图形的出点,将其与其他视频轨道中的素材出点对齐,如图18-12所示。

10 打开"效果控件"面板,将时间指示器移到第13秒20帧,为"不透明度"选项添加一个关键帧,并保持"不透明度"的值不变,如图18-13所示。

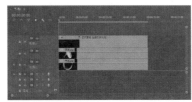

图18-12 调整文字图形的出点

图18-13 设置"不透明度"关键帧(一)

11 将时间指示器移到第15秒，为"不透明度"选项添加一个关键帧，并修改"不透明度"的值为0，如图18-14所示。

12 使用同样的方法，创建其他的气泡序列，如图18-15所示。

图18-14　设置"不透明度"关键帧(二)　　图18-15　创建其他的气泡序列

13 创建的气泡序列都将存放在"项目"面板中，如图18-16所示，创建一个名为"气泡"的素材箱，将所有气泡序列都放入"气泡"素材箱进行管理，如图18-17所示。

图18-16　创建的气泡序列　　　　　图18-17　管理气泡序列

18.3.3　创建气泡合成

01 选择"文件"|"新建"|"序列"命令，打开"新建序列"对话框，输入序列名称为"气泡合成"，如图18-18所示。

02 选择"设置"选项卡，设置编辑模式为"自定义"，帧大小水平值为1920、垂直值为1080，如图18-19所示。

 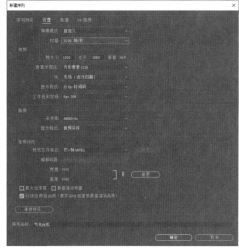

图18-18　输入序列名称　　　　图18-19　设置序列模式和帧大小

03 选择"轨道"选项卡，设置视频轨道数为8，然后单击"确定"按钮，如图18-20所示。

04 将创建的"气泡1"~"气泡8"序列分别嵌套到"气泡合成"序列的视频1~视频8轨道中，然后取消各视频与音频的链接，并删除音频对象，如图18-21所示。

图18-20　设置视频轨道数　　　　　　　图18-21　嵌套各个气泡序列

05　将时间指示器移到第2秒，选择视频1轨道中的"气泡1"嵌套序列，然后在"效果控件"面板中为"位置"选项添加一个关键帧，设置"位置"坐标为(753，464)，如图18-22所示。

06　将时间指示器移到第5秒20帧，为"位置"选项添加一个关键帧，并修改"位置"坐标为(691，503)，如图18-23所示。

图18-22　设置"位置"关键帧(一)　　　图18-23　设置"位置"关键帧(二)

07　将时间指示器移到第10秒10帧，为"位置"选项添加一个关键帧，并修改"位置"坐标为(690，500)，如图18-24所示。

08　将时间指示器移到第14秒20帧，为"位置"选项添加一个关键帧，并修改"位置"坐标为(1006，812)，如图18-25所示。

图18-24　设置"位置"关键帧(三)　　　图18-25　设置"位置"关键帧(四)

09　将时间指示器移到第13秒，为"缩放"选项添加一个关键帧，并设置"缩放"值为43，如图18-26所示。

10　将时间指示器移到第14秒，为"缩放"选项添加一个关键帧，并设置"缩放"值为0，如图18-27所示。

图18-26　设置"缩放"关键帧(一)　　　图18-27　设置"缩放"关键帧(二)

11　使用同样的方法，对其他视频轨道中的气泡序列设置"位置"和"缩放"关键帧，使各个气泡产生运动效果，并在不同时间依次消失，如图18-28所示。

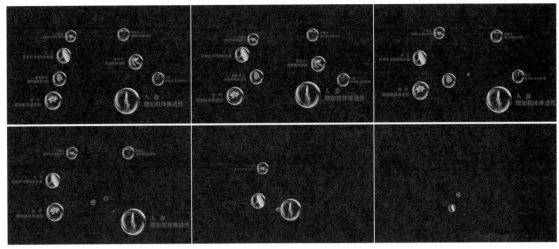

图18-28 气泡合成及运动效果

18.3.4 创建倒影

01 选择"文件"|"新建"|"序列"命令,打开"新建序列"对话框,输入序列名称为"倒影",如图18-29所示。

02 选择"设置"选项卡,设置编辑模式为"自定义",帧大小水平值为1920、垂直值为1080,如图18-30所示。

图18-29 输入序列名称

图18-30 设置序列模式和帧大小

03 将"项目"面板中的"化妆品.png"素材依次添加到视频2轨道和视频3轨道中,并修改其持续时间为29秒,如图18-31所示。

04 将时间指示器移到第0秒,选择视频2轨道中的图片素材,然后在"效果控件"面板中分别为"位置""缩放"和"不透明度"选项各添加一个关键帧,设置"位置"坐标为(980,580)、"缩放"为10、"不透明度"为20,如图18-32所示。

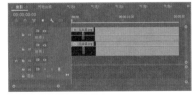

图18-31 在视频轨道中添加素材

图18-32 设置关键帧属性

05 将时间指示器移到第1秒，为"不透明度"选项添加一个关键帧，并修改"不透明度"的值为100，如图18-33所示。

06 将时间指示器移到第2秒，为"位置"和"缩放"选项各添加一个关键帧，并修改"位置"坐标为(980，530)、"缩放"为70，如图18-34所示。

07 打开"效果"面板，展开"视频效果"|"变换"素材箱，选择"垂直翻转"视频效果，如图18-35所示。

08 将"垂直翻转"视频效果添加到视频3轨道中的图片素材上，对图片进行垂直翻转，效果如图18-36所示。

09 将时间指示器移到第0秒，选择视频3轨道中的图片素材，然后在"效果控件"面板中分别为"位置""缩放"和"不透明度"选项各添加一个关键帧，设置"位置"坐标为(980，680)、"缩放"为10、"不透明度"为0，如图18-37所示。

10 将时间指示器移到第1秒，为"不透明度"选项添加一个关键帧，并修改"不透明度"的值为50，如图18-38所示。

图18-33　设置"不透明度"关键帧(一)

图18-34　设置"位置"和"缩放"关键帧(一)

图18-35　选择"垂直翻转"视频效果

图18-36　素材垂直翻转效果

图18-37　设置关键帧属性

图18-38　设置"不透明度"关键帧(二)

11 将时间指示器移到第2秒，为"位置"和"缩放"选项各添加一个关键帧，并修改"位置"坐标为(980，1110)、"缩放"为70，如图18-39所示。

12 在"节目监视器"面板中对创建的倒影进行预览，效果如图18-40所示。

图18-39　设置"位置"和"缩放"关键帧(二)

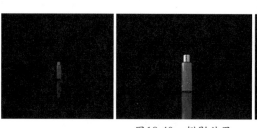
图18-40　倒影效果

18.3.5　创建总合成

01 选择"文件"|"新建"|"序列"命令，打开"新建序列"对话框，输入序列名称为"总合

成"，如图18-41所示。

02 选择"设置"选项卡，设置编辑模式为"自定义"，帧大小水平值为1920、垂直值为1080，如图18-42所示。

图18-41 输入序列名称　　　　　　　　图18-42 设置序列模式和帧大小

03 选择"轨道"选项卡，设置视频轨道数为5，然后单击"确定"按钮，如图18-43所示。

04 将"项目"面板中的"背景视频.mp4"素材添加到"总合成"序列的视频1轨道中，并删除其音频部分，如图18-44所示。

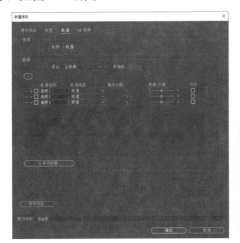

图18-43 设置视频轨道数　　　　　　　图18-44 在视频1轨道中添加素材

05 选择视频1轨道中的"背景视频.mp4"素材，然后选择"剪辑"|"速度/持续时间"命令，在打开的"剪辑速度/持续时间"对话框中设置持续时间为18秒，如图18-45所示。修改后的视频长度如图18-46所示。

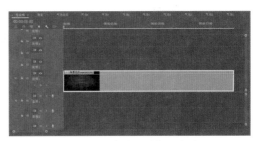

图18-45 设置持续时间　　　　　　　　图18-46 修改后的视频长度

06 将"项目"面板中的"蒙版视频.mp4"素材添加到"总合成"序列的视频4轨道中，并调整其出点与视频1轨道中"背景视频.mp4"的出点对齐，如图18-47所示。

07 选择视频4轨道中的"蒙版视频.mp4"素材，在"效果控件"面板中展开"不透明度"选项组，单击其中的"创建椭圆形蒙版"按钮 ⬭，创建一个椭圆形蒙版，设置"蒙版羽化"值为300，选中"已反转"复选框，如图18-48所示。

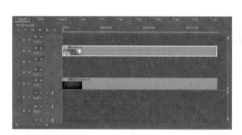

图18-47　添加"蒙版视频.mp4"素材

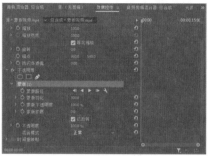

图18-48　创建椭圆形蒙版

08 在"节目监视器"面板中适当调整椭圆形蒙版的大小和形状，如图18-49所示。

09 在"效果控件"面板中设置不透明度的"混合模式"为"颜色"，如图18-50所示。

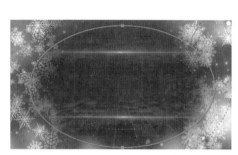

图18-49　调整椭圆形蒙版

图18-50　设置"混合模式"为"颜色"

10 在"节目监视器"面板中对修改混合模式后的影片进行预览，效果如图18-51所示。

11 将创建的"倒影"序列嵌套到"总合成"序列的视频2轨道中，然后调整"倒影"序列的出点与其他视频的出点对齐，如图18-52所示。

图18-51　预览混合模式的效果

图18-52　嵌套"倒影"序列

12 右击视频2轨道中的"倒影"嵌套序列，在弹出的快捷菜单中选择"取消链接"命令，如图18-53所示。

13 选择"倒影"嵌套序列的音频对象，然后按Delete键将其删除，如图18-54所示。

14 将"气泡合成"序列嵌套到"总合成"序列的视频3轨道中，设置其入点在第2秒，如图18-55所示。

⓯ 取消"气泡合成"嵌套序列中视频和音频之间的链接，然后将音频对象删除，并设置视频的出点与其他素材的出点对齐，如图18-56所示。

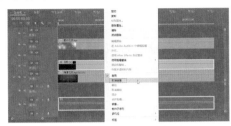
图18-53 选择"取消链接"命令

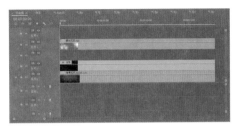
图18-54 删除"倒影"的音频

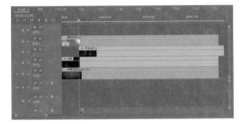
图18-55 嵌套"气泡合成"序列

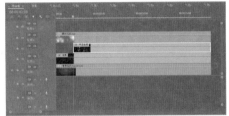
图18-56 删除"气泡合成"的音频

⓰ 打开"效果"面板，展开"视频效果"|"模糊与锐化"素材箱，选择"高斯模糊"视频效果，如图18-57所示。

⓱ 将"高斯模糊"视频效果添加到视频3轨道的"气泡合成"嵌套序列中，对嵌套序列进行高斯模糊，视频效果如图18-58所示。

图18-57 选择"高斯模糊"视频效果

图18-58 气泡模糊效果

⓲ 将时间指示器移到第2秒，在"效果控件"面板中分别为"缩放"和"模糊度"选项各添加一个关键帧，设置"缩放"值为0、"模糊度"为100，如图18-59所示。

⓳ 将时间指示器移到第3秒13帧，分别为"缩放"和"模糊度"选项各添加一个关键帧，设置"缩放"值为93、"模糊度"为0，如图18-60所示。

图18-59 设置关键帧

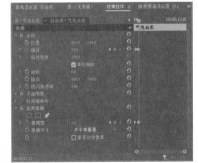
图18-60 继续设置关键帧

20 在"工具"面板中选择"文字工具" T ，然后在"节目监视器"面板中单击，再输入字幕文字，如图18-61所示。

21 参照图18-62所示的参数，在"基本图形"面板中设置字幕文字的字体、字号和填充颜色。

图18-61 输入字幕文字

图18-62 设置文字的属性

22 继续使用"文字工具" T 创建另一个字幕文字，并设置为相同的属性，如图18-63所示。

23 将时间指示器移到第15秒的位置，然后将字幕文字的入点设置到此处，如图18-64所示。

图18-63 输入另一个字幕文字

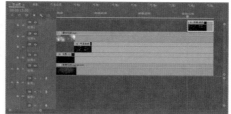

图18-64 调整字幕文字的入点

18.3.6 编辑音频

01 将"项目"面板中的"音乐.mp3"素材添加到"时间轴"面板的音频1轨道中，将其入点放置在第0秒的位置，如图18-65所示。

02 向左拖动"音乐.mp3"素材的出点，将该素材的出点与视频1轨道中的素材出点对齐，如图18-66所示。

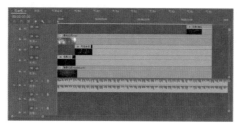

图18-65 添加"音乐.mp3"素材

图18-66 调整音频素材的出点

[03] 将"项目"面板中的"音效1.wav"素材添加到"时间轴"面板的音频2轨道中,将其入点放置在第0秒的位置,如图18-67所示。

[04] 将"项目"面板中的"音效2.wav"素材添加到"时间轴"面板的音频2轨道中,将其入点放置在第2秒15帧的位置,如图18-68所示。

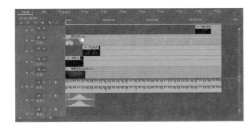 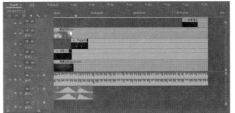

图18-67 添加"音效1.wav"素材　　　　图18-68 添加"音效2.wav"素材

[05] 将"项目"面板中的"水泡声.mp3"素材添加到"时间轴"面板的音频2轨道中,将其入点放置在第8秒的位置,如图18-69所示。

[06] 适当调整"水泡声.mp3"素材的入点和出点,使其处于水泡声阶段,如图18-70所示。

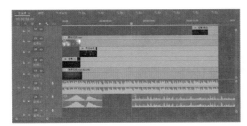 

图18-69 添加"水泡声.mp3"素材　　　　图18-70 调整素材的入点和出点

[07] 按住 Alt键拖动编辑好的"水泡声.mp3"素材并对其复制3次,分别设置其入点在第9秒15帧、第12秒和第14秒的位置,如图18-71所示。

[08] 将时间指示器移到第15秒12帧的位置,将最后的一个"水泡声.mp3"素材的出点调整到该时间位置,如图18-72所示。

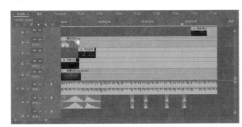 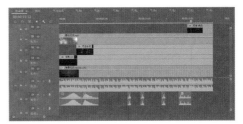

图18-71 复制"水泡声.mp3"素材　　　　图18-72 调整素材的出点

18.3.7 输出影片

[01] 在"时间轴"面板中选择当前编辑好的序列,然后选择"文件"|"导出"|"媒体"命令,打开"导出设置"对话框,在"格式"下拉列表中选择一种影片格式(如H.264),如图18-73所示。

[02] 在"输出名称"选项中单击输出的名称,在打开的"另存为"对话框中设置存储文件的名称和路径,然后单击"保存"按钮,如图18-74所示。

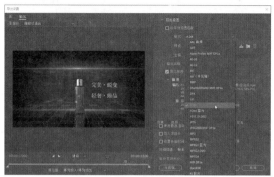

图18-73　选择影片格式　　　　　　　图18-74　设置文件路径和名称

03　返回"导出设置"对话框，在"音频"选项卡中设置音频的参数，如图18-75所示，然后单击"导出"按钮，将编辑好的序列导出为影片文件。

04　将序列导出为影片文件后，可以在相应的位置找到导出的文件，并且可以使用媒体播放器对该文件进行播放，如图18-76所示。至此，完成本案例的制作。

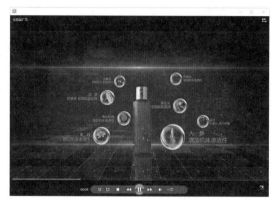

图18-75　设置音频参数　　　　　　　图18-76　播放影片